CULTIVANDO SOSTENIBILIDAD SOCIAL

*Un enfoque comparativo para una mirada integradora
de la agricultura*

© Carmen Capdevila Murillo
© De la presente edición, Prensas de la Universidad de Zaragoza
  (Vicerrectorado de Cultura y Patrimonio)
  1.ª edición, 2025

Imagen de cubierta: Mario Lafuente Gómez

Colección: Monografías de Historia Rural, n.º 21
Director de la colección: Adrián Palacios Mateo
Sociedad Española de Historia Agraria (SEHA)

Prensas de la Universidad de Zaragoza. Edificio de Ciencias Geológicas, c/ Pedro Cerbuna, 12. 50009 Zaragoza, España. Tel.: 976 761 330
puz@unizar.es   http://puz.unizar.es

La colección Monografías de Historia Rural de la Universidad de Zaragoza está acreditada con el sello de calidad en ediciones académicas CEA-APQ, promovido por la Unión de Editoriales Universitarias Españolas y avalado por la Agencia Nacional de Evaluación de la Calidad y Acreditación (ANECA) y la Fundación Española para la Ciencia y la Tecnología (FECYT).

ISBN 979-13-87705-54-1

Impreso en España
Imprime: Servicio de Publicaciones. Universidad de Zaragoza
D.L.: Z 1722-2025

A mi familia, de aquí y de allá.

A Alberto y a Elsa, porque también es suyo este libro

Prólogo

Hace décadas que la idea de sostenibilidad se ha incorporado al vocabulario político, económico y social. Un eco ya lejano del término nos recuerda las proyecciones demográficas neomalthusianas de Paul y Anne Ehrlich[1] quienes, a finales de los años 1960, previeron un mundo incapaz de repartir los recursos existentes entre todos, siendo la principal causa de graves problemas ecológicos que comprometerían el futuro de la Tierra y de la humanidad. Aunque tales predicciones, en buena medida catastrofistas, han resultado ser mayoritariamente erróneas, estas acompañaron la expansión de una recurrente inquietud y conciencia sobre cuestiones medioambientales y nuestro futuro en el planeta que ha conseguido consolidar una preocupación a escala mundial acerca de la compatibilidad de nuestra existencia con la conservación de la naturaleza. A finales de los mismos años 1960 se empieza a utilizar en documentos oficiales el concepto de *desarrollo sostenible*, llamando a articular el desarrollo económico con la protección del medio ambiente, y esta noción de sostenibilidad se afirma especialmente a partir del conocido como Informe Bruntland de 1987,[2] que asienta el terreno para plantear hoy día un conjunto de objetivos institucionales globales orientados al equilibrio ecológico, económico y social.

Aunque el debate sobre la sostenibilidad tiene en sus orígenes tres facetas principales, la demográfica, la ecológica y la económica, hoy día no se entiende la idea de sostenibilidad sin abarcar todas las dimensiones

---

1 Paul Ehrlich y Anne Ehrlich, *La explosión demográfica. El principal problema ecológico*. Barcelona: Salvat, 1993 (ed. original, 1968).
2 United Nations, *Report of the World Commission on Environment and Development: Our Common Future*. United Nations General Assembly document A/42/427, 1987.

de lo social. Si bien pronto fue patente que el crecimiento acelerado de la población mundial no iba a ser *per se* la fuente de grandes desastres medioambientales, la mirada más dominante en la agenda pública se ha centrado en la interrelación entre el crecimiento económico y el equilibrio ecológico, perspectiva que ha encontrado un fructífero terreno tanto para la investigación académica como para el planteamiento de objetivos políticos. La pregunta sobre la compatibilidad de un desarrollo económico ilimitado con la protección del medio ambiente se vincula necesariamente con la evaluación de sus efectos sobre la organización de la sociedad, entendiendo desde hace tiempo que los excesos del desarrollo económico tienen consecuencias ecológicas y sociales patentes. Parece evidente entonces que pensar en la sostenibilidad medioambiental como objetivo de la humanidad, además de en sus determinantes y consecuencias económicas, nos invita irremediablemente a un trabajo sociológico: la sostenibilidad, en términos ecológicos, remite sobre todo a las condiciones de existencia, reproducción y mejora de nuestras propias relaciones sociales y de nuestra existencia en sociedad.

Sin embargo, probablemente debido al dominio de los campos académicos que respaldan las distintas miradas sobre la cuestión, la *sostenibilidad social*, esto es, los elementos de la estructura social que se ven comprometidos ante la incertidumbre ecológica, no ha sido tan observada y tenida en cuenta en comparación con la comprensión de la sostenibilidad desde las propias esferas medioambiental y económica. Entender este desafío es el que motiva la lectura de este libro, ya que tiene como trasfondo una potente reivindicación desde el campo de las ciencias sociales: si queremos comprender realmente los desafíos medioambientales, no podemos únicamente cruzarlos con una evaluación económica en cierto modo deshumanizada, sino que, más bien al contrario, debemos preguntarnos cómo son las experiencias y los modos de vida de aquellos que se encuentran directamente de cara ante un terreno de gran incertidumbre, en el presente y en su proyección hacia el futuro. Este es, sin duda, el caso de todos los actores sociales involucrados en la agricultura, espacio social clave de la producción y la distribución de alimentos y sector paradigmático para visibilizar la complejidad de las exigencias de la sostenibilidad ecológica. Así, sobre la agricultura se descargan a menudo buena parte de los estigmas y las culpas sobre unos modos de producción vistos como insostenibles y contrarios a los criterios predominantes para la protección del medio ambiente.

Hay en este libro una verdadera afirmación del papel central de la sociología para el análisis de la sostenibilidad, atreviéndose a mostrar las limitaciones habituales de los enfoques medioambientales que, a través de metodologías a menudo encorsetadas, reducen las dimensiones sociológicas del problema a meras variables e indicadores «sociales». La comprensión sociológica[3] de la sostenibilidad profundiza, efectivamente, en la específica relevancia de dichos sistemas de indicadores, yendo mucho más allá de ellos a través de las voces, experiencias e interpretaciones de los propios actores involucrados, necesitados de expresar públicamente su perspectiva en cuestiones, como la agricultura y la fragilidad de la existencia y continuidad de la vida en los territorios rurales, en las que juegan un papel central.

Carmen Capdevila estudia la sostenibilidad social de la agricultura en la España actual, como un caso paradigmático de la complejidad de las exigencias de la sostenibilidad ecológica para hacerse compatible con la continuidad de los diversos modos de vida en nuestras sociedades y, en particular, en los sensibles entornos rurales donde se desarrolla. Lo hace a través de una extensa, profunda y fructífera investigación sociológica sobre la materialización del concepto de sostenibilidad teniendo en cuenta la relevancia de factores sociales y elementos de análisis sociológico que no son comúnmente considerados en las evaluaciones de la actividad agraria y de producción de alimentos. La investigación es ejemplar en varios aspectos: en primer lugar, destaca, en ella, el excelente rigor metodológico, aproximándose a los discursos de los diversos actores implicados en la producción agroalimentaria a través de técnicas discursivas como la entrevista semiestructurada o *en profundidad*, pero sin conformarse con una mera presentación descriptiva de las narrativas. Los discursos de los agricultores sobre su lugar en las cadenas locales y globales de producción de alimentos, así como los de los demás actores involucrados en los procesos de producción y comercialización, se analizan aquí con todas las herramientas disponibles para una auténtica comprensión sociológica del fenómeno. A su vez, la información proporcionada por los actores sociales se ha trabajado con excelentes herramientas técnicas para convertirse en sofisticados sistemas de indicadores que han permitido elaborar un mapa de conjunto «macro» de la sostenibilidad social

---

3   D. Schnapper, *La compréhension sociologique*. París: Presses Universitaires de France, 1999.

habiendo partido de una aproximación inicial microsociológica. Esta articulación es la que permite alcanzar una muy completa visión de conjunto sobre el problema actual de la sostenibilidad social de la producción agroalimentaria, desde el caso español y con posibles lecturas e interpretaciones tanto en otros contextos como a nivel global.

En este sentido, y en segundo lugar, el libro maneja con éxito y muy notorios resultados la perspectiva analítica de la comparación de casos de estudio: los dos territorios analizados, el sistema de producción agroindustrial orientado a la exportación de fruta de la comarca aragonesa del Bajo Cinca, en la provincia de Huesca, y el caso del Baix Llobregat (Barcelona), territorio periurbano en busca de canales alternativos de producción y distribución, convergen en la evidencia del peso de la estructura de los mercados globales de la alimentación sobre los escenarios de futuro, y así de la sostenibilidad, de la agricultura y de los modos de vida que se le asocian. Los casos no podrían haber sido mejor elegidos: son ejemplos muy relevantes de la evolución reciente de la fruticultura, en España y con claras implicaciones globales, siguiendo la exigencia de un riguroso método científico hecho a través del «pensamiento mediante casos»[4] situados en su contexto histórico para una profunda comprensión sociológica. De este modo, los casos no funcionan únicamente como ejemplos que eventualmente pudieran sustituirse por otros cercanos o similares, sino que sirven de modelos paradigmáticos de un análisis más global que, a través de las narrativas de la experiencia de administración y gestión de las explotaciones agrarias, su organización interna y del trabajo o la relación con los actores locales y globales en mercados tanto localizados como globalizados, nos están hablando en su conjunto de la difícil situación y los grandes desafíos ante los que se encuentra la agricultura en España, en el escenario europeo y también a la búsqueda de patrones generales. Los casos sirven así de referentes de una excelente evaluación actual del complejo futuro de la agricultura y de su contexto social.

En tercer lugar, esta investigación, siendo profundamente sociológica y reivindicando el papel fundamental de la sociología en los análisis de la sostenibilidad, destaca por abrir con gran naturalidad e inteligencia un diálogo interdisciplinar que no siempre es fácil de abordar: partiendo de la

---

4   J.-C. Passeron y J. Revel, *Penser par cas*. París, Éditions de l'École des Hautes Études en Sciences Sociales, 2005.

aproximación teórica y metodológica de la sociología y navegando con solvencia entre sus diversos subcampos del análisis de la alimentación, la sociología rural, económica, del trabajo y de las organizaciones, el libro enseguida circula por los debates propios de la evaluación ambiental y agraria, para insertarse con gran solvencia en los propios análisis interdisciplinares sobre la sostenibilidad medioambiental y de la producción agroalimentaria. Este enfoque permite a Carmen Capdevila insertarse con éxito en los debates académicos de múltiples disciplinas, y en el debate político en general, acerca de la proyección hacia el futuro de la agricultura, sus consecuencias sociales en cuanto a la redefinición de los espacios y comunidades rurales, así como el diseño de alternativas de futuro para la producción agroalimentaria. Todo esto ocurre sin menoscabo de una perspectiva sociológica sólida que visibiliza problemas ya conocidos, aunque centrales, como el relevo generacional en las explotaciones agrícolas cuyos titulares, mayoritariamente hombres, se caracterizan por edades medias superiores a los 60 años, o como el papel de la juventud en la continuación de actividades agrícolas que busquen ser sostenibles, no solo en términos medioambientales, aspecto sobre el que en el contexto europeo existe extensa normatividad, sino también económicos y sociales, haciendo del campo un medio de vida en el que poder desarrollar expectativas plenas y satisfactorias. La sostenibilidad social aparece, así, como una medida excelente para evaluar la calidad de vida y la mejora de las condiciones de existencia en nuestras sociedades actuales.

Y es que el problema de la sostenibilidad, como se muestra en este libro, es tanto el de la preservación del paisaje natural como social, esto es, el de las condiciones de existencia y futuro de comunidades rurales donde se puedan seguir desarrollando actividades económicas que, compatibles con la protección del medioambiente, garanticen formas de vida suficientes para aquellos que deciden vivir en ellas. Permanecer en el entorno rural dedicado a la agricultura hace décadas que resulta de una libre elección: la mayoría de los agricultores entrevistados por Carmen lo son porque quisieron dedicar sus vidas a este sector productivo. La agricultura en España hace décadas que se profesionalizó abandonando el modelo tradicional de subsistencia. El desafío es hoy el de su viabilidad económica y sostenibilidad a medio plazo. Pero ¿qué significa hoy concretamente la sostenibilidad? Este libro trabaja intensamente para explicárnoslo: una agricultura compatible con la protección del medio ambiente, rentable económicamente y que permita a los actores involucrados y a sus familias hacer posible una vida próspera y satisfactoria en territorios rurales que puedan proyectarse hacia el futuro. Aunque esto no solo implica una referencia a la agricultura, sino también a la dotación de servicios y recursos públicos suficientes para hacer atractivo el entorno rural a las nuevas generaciones, la evolución y transformación del sector es fundamental para garantizar un futuro viable.

Este trabajo es, en síntesis, el de una investigadora auténtica, muy seria, que se afianza con paso firme en una carrera profesional como socióloga con excelentes resultados en el presente y llena de un futuro muy prometedor. Sin duda, su orientación en los próximos años, a través de las investigaciones en las que actualmente se encuentra trabajando, nos permitirá completar la visión en profundidad que aporta en este libro buscando siempre alternativas factibles a la sostenibilidad de la agricultura y de la existencia, continuidad y transformación, también sostenible, de los modos de vida en los entornos rurales.

Alberto Martín Pérez

Capítulo 1
Introducción

La *sostenibilidad* se define como la capacidad de satisfacer las necesidades presentes sin comprometer la posibilidad de las futuras generaciones para satisfacer las suyas propias, a través del equilibrio entre el crecimiento económico, la preservación del medio ambiente y el bienestar social (WCED, 1987). Actualmente se ha convertido en un valor deseable, transversal a todos los sectores de la sociedad, siendo la agricultura uno de los elementos clave para su consecución.

Los sistemas agroalimentarios ejemplifican el vínculo entre los sistemas sociales y ecológicos donde interaccionan los problemas medioambientales, económicos y sociales de las sociedades actuales (Ericksen, 2008a; Recanati *et al.*, 2019). Por un lado, el modelo agroalimentario actual ha demostrado que provoca graves impactos ambientales: pérdida de biodiversidad, contribución al cambio climático o alteración de los usos del suelo, entre otros (IPCC, 2022). Por otro, por su propia naturaleza, la agricultura es uno de los sectores más vulnerables a los efectos del cambio climático, lo que sitúa la transición sostenible como una prioridad para su futuro (IPCC, 2022).

Sin embargo, mientras que las dimensiones económica y ecológica han sido ampliamente estudiadas, la sostenibilidad social se ha considerado, a menudo, como una parte de la económica, equiparada a la generación de empleo y no considerada como una dimensión en sí misma (Camarero *et al.*, 2009). A nivel social, la agricultura europea se enfrenta a problemas como la disminución de los ingresos agrarios y la falta de relevo generacional, que acrecientan la crisis de las pequeñas explotaciones de agricultura familiar; la situación de los trabajadores de origen inmigrante que cubren los puestos más precarios del sector agroalimentario o el papel de las mujeres (Davidova y Kenneth, 2014; Kalantaryan *et al.*, 2021). Por ello, cada vez son más los estudios que abordan los componentes sociales de la actividad agraria. Sin embargo, se trata de un ámbito relativamente reciente en comparación con los estudios ambientales, por lo que no existe un consenso claro sobre cómo definir y evaluar la sostenibilidad social.

Un sistema socialmente sostenible es aquel que garantiza el cumplimiento de los objetivos sociales y la satisfacción de las necesidades humanas (presentes y futuras) para mejorar la calidad de vida mientras que asegura la conservación de los recursos naturales (Camarero *et al.*, 2009; Janker *et al.*, 2019). No obstante, la sostenibilidad social aparece de forma recurrente como un concepto amplio que se mide a través de múltiples parámetros elegidos según los objetivos particulares de cada investigación, que incluyen tanto aspectos normativos como analíticos (Littig y Grießler, 2005). La idea de sostenibilidad social adquiere relevancia en contextos específicos, conformada por la diversidad de simbologías, representaciones y valores atribuidos por los diferentes actores (Boogaard *et al.*, 2011). Los aspectos culturales y subjetivos deben integrarse dentro de las evaluaciones de sostenibilidad como elementos esenciales para el desarrollo de los sistemas agrarios (Janker *et al.*, 2019). Por ello, deben examinarse las interrelaciones sociales, ecológicas y económicas que los conforman (Chambers y Gordon, 1991; Littig y Grießler, 2005; Robinson, 2004).

En esta línea, este libro contribuye a la discusión sobre el concepto de sostenibilidad social de los sistemas agrarios[1] mediante una evaluación integrada de dos sistemas agrarios diferenciados (figura 1): la fruticultura agroindustrial de la comarca del Bajo Cinca (Huesca) y las explotaciones hortofrutícolas diversificadas del Baix Llobregat (Barcelona). La primera es un sistema agrario altamente modernizado y especializado que sitúa la zona como un referente en la producción de fruta dulce enfocada a la ex-

---

1 En este libro se entiende el término «sistema agrario» como un conjunto de explotaciones que comparten recursos, modelo de empresa, medios de vida y a las que se les podría aplicar estrategias de desarrollo similares (Madry *et al.*, 2013). Están determinados por las decisiones sobre la producción y el consumo que se toman a nivel de explotación, incluyendo el tipo de cultivo y ganado, las actividades no agrarias y el consumo dentro de la explotación o unidad familiar (Köbrich *et al.*, 2003). Los componentes están unidos en una red de interacciones e intercambios que operan en un espacio delimitado (Stephens *et al.*, 2018).

FIGURA 1. SITUACIÓN DE LOS CASOS DE ESTUDIO: COMARCA DEL BAJO CINCA (NEGRO) Y COMARCA DEL BAIX LLOBREGAT (GRIS).

FUENTE: Elaboración propia.

portación a Europa. Se encuentra en la comarca del Bajo Cinca y constituye uno de los principales enclaves agrarios de este tipo a nivel nacional (Hueso y Cuevas, 2014). Por el contrario, el sistema agrario del Baix Llobregat enfoca su producción a la distribución al mercado central mayorista Mercabarna, y cada vez más, a la venta a través de circuitos cortos de comercialización, constituyendo así una pieza clave para la elaboración de estrategias urbanas de alimentación sostenibles (Callau *et al.*, 2022). Se trata de una zona de agricultura periurbana en el área metropolitana de Barcelona, protegida bajo la figura del Parc Agrari del Baix Llobregat donde predominan las explotaciones de policultivo. Se trata de examinar las dinámicas sociales que subyacen a la agricultura y que explican su complejidad. Comparar casos de estudio tan dispares permite identificar tanto los elementos particulares de cada tipo de sistema agrario, como los rasgos en común que permean las prácticas diarias de los agricultores y que dan sentido a la sostenibilidad.

Este libro nace de la preocupación por la situación del declive de la agricultura familiar y el impacto que tiene para el medio ambiente y las comunidades rurales. Por ello, la investigación se vincula a los campos de

i) la sociología de la alimentación porque la actividad agraria juega un papel esencial en la forma en que nos alimentamos como sociedad, ii) la sociología medioambiental porque la agricultura es uno de los principales responsables de la degradación medioambiental y más vulnerable a los efectos del cambio climático, pero también es uno de sectores con mayor capacidad para mitigarlo, e iii) la sociología rural porque no se puede entender su evolución sin atender a las dinámicas de cambio que han experimentado las sociedades rurales en el último siglo. La justificación de este trabajo está en la necesidad de poner en valor la importancia de las relaciones sociales, valores culturales y la agencia de los agricultores, elementos escasamente explorados para la definición y medición de la sostenibilidad social.

1.1. BREVE APUNTE METODOLÓGICO

En el libro se aborda la *sostenibilidad social* como un concepto multinivel que debe interpretarse desde una óptica relacional, es decir, como resultado de la interacción entre los diferentes actores del sistema agrario. Para ello, se optó por una metodología cualitativa de estudios de casos basada en el análisis intensivo de unidades de análisis determinadas, en este caso dos regiones con modelos agrarios diferenciados, con el objetivo de poder generalizar los resultados a un grupo mayor.

Las comarcas del Baix Llobregat y del Bajo Cinca representan dos áreas distintivas de dos sistemas agrícolas basados en diferentes trayectorias de desarrollo: economías de escala y economías de alcance (De Roest *et al.*, 2018). Al poner el énfasis en la dimensión social de la agricultura, la selección de casos no respondía a criterios estructurales de la explotación. sino al perfil concreto de agricultor. Conforme a esta lógica, se eligió a agricultores cuyo trabajo principal fuera la actividad agraria. Es decir, se buscaron agricultores profesionales a tiempo completo, para los cuales la agricultura es su modo de vida y su medio de subsistencia, y que estaban al frente de explotaciones con modelos agrícolas alternativos. Esta estrategia metodológica permite captar la diversidad de dinámicas presentes en contextos específicos y, al mismo tiempo, identificar patrones comunes. A la vez, ambos casos de estudio encarnan la dualidad del sistema agroalimentario actual entre un modelo que tiende a la modernización y eficiencia tecnológica a gran escala, industrial y de alto rendimiento, como es el caso del Bajo Cinca y un modelo agrario territorializado, de explotaciones de menor tamaño y enfocado a circuitos de proximidad como es el caso del Baix Llobregat.

Sin embargo, para permitir la comparativa, la elección de las explotaciones estudiadas se realizó siguiendo unos criterios muestrales específicos (tabla 1). Se estudiaron explotaciones regentadas por un agricultor o empresas familiares con una trayectoria generacional en el territorio, excluyendo así grandes grupos empresariales que operan en ambas comarcas. También se acotó la investigación a la producción hortofrutícola, especialmente al cultivo de fruta de hueso (melocotón, nectarina, paraguayo). De manera concreta, en el caso del Baix Llobregat, los criterios utilizados para la selección de los agricultores fueron, en primer lugar, que se tratara de explotaciones orientadas preferentemente al cultivo de frutales. No obstante, posteriormente, también se incorporaron explotaciones dedicadas exclusivamente a cultivos hortícolas, dado que estas representan la actividad predominante en la zona. En segundo lugar, se consideró el tipo de comercialización, distinguiendo entre aquellas que distribuyen a través de canales de venta directa y las que venden a través de Mercabarna. Por lo que respecta al Bajo Cinca, los criterios de muestreo incluyeron, por un lado, la especialización en cultivos frutales, y por otro, el modelo de comercialización adoptado. En este caso, se contemplaron explotaciones que comercializan a través de empresas propias, aquellas que utilizan centrales frutícolas y otras que emplean otras modalidades.

La investigación se basa en el análisis del discurso de una serie de entrevistas en profundidad con diferentes actores del sistema agrario, principalmente agricultores. Primero, entrevisté a diversos agentes clave de cada zona para entender las dinámicas de la agricultura en cada caso (tabla A1 de Anexos). Después, entrevisté a más de treinta agricultores de ambos casos con perfiles muy diversos (tabla A2 de Anexos) y a tres trabajadores del Bajo Cinca (tabla A3 de Anexos). El trabajo de campo se realizó entre abril y julio de 2021 de manera presencial, en las fincas de los propios agricultores. Después, fueron grabadas y transcritas para su posterior análisis.

Se recogen de esta manera los discursos sobre la agricultura, las visiones de los productores sobre el sector y se ahonda en las dinámicas de funcionamiento. Se utiliza esta técnica para descubrir las formas sociales concretas como el tipo de relaciones, prácticas, instituciones o actores que caracterizan a los sistemas agrarios estudiados para entender su evolución y las encrucijadas que afronta el sector agrario en la actualidad. A partir del análisis de las narrativas, se vislumbraron los elementos clave para la sostenibilidad social de los sistemas.

TABLA 1. **CARACTERIZACIÓN DE LAS EXPLOTACIONES ESTUDIADAS**

Identificación, caso de estudio al que pertenecen, hectáreas totales de producción, porcentaje destinado a cultivo de frutas de hueso y distribución de la mano de obra durante un año productivo.

ID	Caso de estudio	Ha totales	% frutales	Familiar[1]	Asalariados[2]	Temporales[3]
P1		340	88 %	4	27	150
P3		250	100 %	2	25	100
P4		718	4 %	2	2	20
P5		40	70 %	1	2	12
P6		360	69 %	2	50	200
P7		30	100 %	2	2	10
P8		100	100 %	2	12	50
P9	Bajo	44	91 %	1	0	20
P10	Cinca	68	100 %	1	5	35
P11		65	100 %	3	7	25
P12		20	100 %	2	1	7
P13		40	100 %	1	5	19
P14		23	61 %	2	4	7
P15		7	100 %	2	0	4
P16		25	100 %	0	2	0
P17		16	88 %	2	2	20
P2		3.5	0 %	2	1	0
P18		7	0 %	3	1	2
P19		7	29 %	2	0	2
P20		4	0 %	3	0	0
P21		17.5	66 %	2	2	1
P22		10	70 %	1	2	0
P23	Baix	7.5	7 %	3	5	0
P24	Llobregat	10	60 %	2	2	0
P25		6.5	38 %	2	0	1
P26		20	0 %	1	11	0
P27		35	0 %	2	13	10
P28		50	0 %	3	6	0
P29		8	0 %	2	0	1
P30		5	< 1 %	2	0	7
P31		20.6	83 %	2	1.5	9

1 Contando trabajo del propio agricultor como de familiares directos, generalmente el padre jubilado o la esposa.
2 Personas contratadas durante todo el año, tanto aquellos que trabajan a tiempo completo como a tiempo parcial.
3 Trabajadores que se contratan durante periodos específicos del año, desde días puntuales hasta meses.

FUENTE: Elaboración propia a partir de los datos recogidos en las entrevistas con los agricultores.

1.2. EL CONCEPTO DE *DESARROLLO SOSTENIBLE*

El informe de la Comisión Brundland en 1987, adoptado posteriormente en 1992 en la Cumbre de la Tierra de Río de Janeiro (WCED, conocido por sus siglas en inglés) determina que el desarrollo sostenible es «el tipo de desarrollo que "satisface las necesidades del presente sin comprometer la capacidad de las generaciones futuras para satisfacer sus propias necesidades"» (WCED, 1987). La sostenibilidad es entendida, por tanto, como la satisfacción de las necesidades básicas, presentes y futuras y se estructura en tres dimensiones: la ambiental, la económica y la social.

El informe de la WCED plasma las reflexiones de la primera conferencia sobre el medio ambiente celebrada en Estocolmo 1972, acuñada como la Primera Cumbre de la Tierra y que se basó en la idea de interrelación y dependencia entre medio ambiente, sociedad y economía. En ella, se plantea la cuestión del cambio climático por primera vez, aunque no como un asunto prioritario, y se establecen un conjunto de medidas de seguimiento y control de una serie de problemas medioambientales como los recursos hídricos, la desertificación, el uso de los bosques, energías renovables, etc. (Naciones Unidas, n. d. *a*).

Tanto la Conferencia de Estocolmo como la creación del informe WCED fueron determinantes para incluir la sostenibilidad y la protección del medioambiente en la agenda internacional. A partir de ese momento, el medio ambiente pasa a ser visto como una preocupación internacional. Desde la primera conferencia de Estocolmo se han ido sucediendo las conferencias y cumbres por el clima con el objetivo de crear un marco legislativo común basado en la cooperación para el desarrollo entre países. Se estableció el marco de la sostenibilidad en las agendas políticas globales a través de nuevos discursos sobre la relación entre naturaleza y sociedad. Sin embargo, el nuevo lenguaje utilizado (ciudadanía, deliberación, derechos de las especies, etc.) ocultaba también otros temas principales como las desigualdades o las diferencias culturales (Redclift, 2005). Se asumió de manera implícita que en el desarrollo económico debe encajar la protección del medio ambiente (Mensah, 2019).

El desarrollo sostenible busca cubrir las necesidades básicas de la población presente y futura, a través de un desarrollo económico de carácter social que conlleve un impacto positivo también en la gestión de los recursos naturales (Vallance *et al.*, 2011). El concepto se acuñó desde la economía y está arraigado en la creencia de que la mejora de la tecnología

puede resolver los problemas ambientales sin comprometer la modernización y el crecimiento económico (Hobson y Lynch, 2018; Mensah, 2019).
Entiende que el crecimiento ilimitado se basa en un paradigma equivoca-
do y ofrece la alternativa de «modernización ecológica» que se apoya en
la idea de crear un crecimiento basado en el consumo responsable de
productos verdes, basado en tecnologías limpias y en el uso más eficiente
de las materias primas (Lemkow y Espluga, 2017). Se trata de una perspectiva no conflictiva que busca la cooperación entre los actores sociales
para resolver los problemas ambientales (Lemkow y Espluga, 2017). De
ahí las críticas desde posiciones postmarxistas, entre otras, por naturalizar el *statu quo* existente sin cuestionar los orígenes del desarrollo desigual y las causas de la insostenibilidad del sistema socioeconómico
actual (Tellería y García-Arias, 2022). Por su parte, Moore (2015) critica que
el pensamiento verde, que emana de esta trayectoria, hace una simplificación de la humanidad a un agente único. Además, reduce las relaciones
de mercado, producción, política y cultura a relaciones «sociales» y con-
ceptualiza la naturaleza como independiente a las personas.

La cuestión de los valores subyacentes en el concepto sostenibilidad
es un debate central para la transición de las sociedades (Boda, 2021;
Martin, 2015; Thompson, 2007). Hablar de sostenibilidad es hablar de qué
queremos sostener, para quién, cuándo y cómo (Slätmo *et al.*, 2017). El
Informe Brundland hace hincapié en la satisfacción de las necesidades
presentes y futuras, lo que plantea dos cuestiones principales: ¿cuáles
son las necesidades sociales que hay que satisfacer? y ¿serán las mismas
para las generaciones futuras? Las necesidades se deben analizar desde
múltiples perspectivas y escalas (Redclift, 2007).

1.2.1. La dimensión social de la sostenibilidad

Del Informe Brundtland (WCED, 1987) se desprende el marco analítico por el cual la sostenibilidad se mide a través de tres pilares fundamen-
tales: el económico, el social y el medioambiental. Se trata de una
distinción ideal, en el sentido que las tres dimensiones están constantemente interconectadas y todos los cambios que se realicen para lograr el
objetivo final de una sociedad sostenible afectarán a los tres pilares y, en
ocasiones, pueden entrar en conflicto (Littig y Grießler, 2005). Es por eso
por lo que algunos autores advierten del peligro de despolitizar el concepto y recuerdan que las nociones como la sostenibilidad del medio ambiente están ligadas a una ontología concreta (Boström, 2012; Davidson,

2009). Desde un primer momento existió el debate sobre los elementos que conformaban un sistema sostenible y sus vías de implantación (Dixon y Fallon, 1989; Redclift, 2005). Ya en 1989, pocos años después del Informe Brundland, Dixon y Fallon (1989) expusieron algunas preocupaciones sobre la sostenibilidad, como las implicaciones intergeneracionales en la gestión de los recursos, la cuestión de la equidad entre el Norte y Sur Global, los horizontes temporales y las alternativas no negociables.

Se trata de un concepto que entrelaza relaciones complejas entre ciencia, política y sociedad (Barnaud y Couix, 2020) y su definición sigue siendo un campo de batalla abierto entre diversas visiones del mundo cuyos argumentos no son solo científicos, sino también ideológicos (Boström, 2012). Por ello, requiere un análisis más profundo basado en el diálogo entre disciplinas, que incluya la diversidad de opiniones de los actores implicados (De Fine Licht y Folland, 2019; Vallance *et al.*, 2011).

Un sistema socialmente sostenible sería aquel que garantizase el cumplimiento de los objetivos sociales y la satisfacción de las necesidades humanas (presentes y futuras) para mejorar la calidad de vida mientras que se asegura la conservación de los recursos naturales (Camarero *et al.*, 2009; Janker *et al.*, 2019). En su definición, el término *sostenibilidad* implica algo que debe mantenerse. Sin embargo, también implica cambios que deben hacerse para una mejor gestión de los recursos, entendida como un sistema más eficiente y equitativo que garantice la calidad de vida, intra e intergeneracional, sin afectar a los ecosistemas naturales (Mensah, 2019). En términos sociales, no se trata solamente de mejorar las condiciones materiales de las personas, sino de asegurar espacios de vida donde las relaciones sociales y los procesos económicos se orienten a mejorar la calidad de vida y preservar el medio ambiente (Camarero *et al.*, 2009; Chambers y Gordon, 1991). Es decir, donde todas las personas tengan la capacidad de satisfacer sus necesidades si lo desean, por lo que todo lo que lo impida se considera un obstáculo para la sostenibilidad social (Mensah, 2019).

Boström (2012) detecta varios retos conceptuales y organizativos a la hora de establecer una definición operativa de sostenibilidad social. Primero, las altas expectativas que se quieren abarcar con el concepto, ya que incluye múltiples aspectos sociales relacionados con la justicia, el estado de bienestar, la calidad de vida, el desarrollo de derechos sociales, etc., por lo que lograr el éxito en todos estos aspectos es una tarea ambiciosa. Segundo, su definición parece ser de carácter más subjetivo, suave, menos científica y más ideológica y local que la definición medioambiental, características que la hacen más difícil de legitimar en los proyectos. Tercero, el marco analítico de las tres esferas de la sostenibilidad que nace con el Informe Brundtland funciona mejor para el análisis medioambiental que para el social. Mientras que la sostenibilidad del medio ambiente se relaciona con la conservación, la sostenibilidad social busca cambiar la situación presente. Además de la propia distinción entre las tres esferas, que oculta su interconexión y el carácter social de la economía y la ordenación del medio ambiente. Con relación a ello, el autor apunta al cuarto reto que es la separación institucional entre los asuntos medioambientales y sociales, que hace que las decisiones políticas tomadas no estén coordinadas y perpetúa la desconexión entre las dimensiones de la sostenibilidad. En quinto lugar, la cuestión de la gobernanza sobre quién debe incentivar las prácticas sostenibles de producción y consumo, cada vez más reguladas por las lógicas del mercado global, lo que presenta serias limitaciones a la hora de hacer frente a fallos estructurales como la pobreza o la redistribución de la riqueza.

Todos estos retos señalados muestran la complejidad y las limitaciones del concepto que debe analizarse en un tiempo y espacio concreto y viendo su relación con otros fenómenos sociales relevantes como el capital social, la estructura del trabajo, la calidad de vida, etc. (Boström, 2012).

Vallance *et al.* (2011) encuentran tres grandes corrientes de estudio sobre el significado de sostenibilidad social. La primera es el desarrollo sostenible (*sustainability development*) que se entronca en la perspectiva que nace con el Informe Brundtland (1987). La segunda son los estudios enfocados a «tender puentes hacia la sostenibilidad social» (*bridge social sustainability*), donde se engloban los trabajos sobre la transición hacia prácticas de consumo y producción sostenibles. Se trata de cambios en el comportamiento de las personas para lograr los objetivos medioambientales. Por último, la sostenibilidad como mantenimiento (*maintenance sustainability*) que hace referencia a todos los trabajos que ponen de relieve la importancia de preservar las características socioculturales. Las medidas de cada corriente pueden estar en conflicto, ya que los objetivos que persiguen requieren diferentes decisiones. Por ello, los autores defienden la necesidad de entender el concepto de sostenibilidad como una cuestión social que requiere tener en cuenta las consecuencias sociales de las medidas que se toman para proteger el medio ambiente y mitigar el cambio climático, incorporando la valoración de los grupos afectados sobre esas cuestiones.

De Fine, Licht y Folland (2019) proponen algunas condiciones para construir el marco teórico de la sostenibilidad social. Se trata de una serie de elementos que deben estar incluidos en la definición del concepto y aseguran su idoneidad. El primero es la condición del lenguaje común, es decir, considerar la forma en la que se va a utilizar el concepto en el uso corriente y no solo su definición técnico-científica. El segundo elemento son los criterios de coherencia, precisión, fiabilidad, mensurabilidad y simplicidad. El primero requiere que el concepto sea lógico y consistente en la forma en que se defina. La precisión hace referencia a la necesidad de describir el término de tal forma que se pueda observar si un cambio en las condiciones dadas supone un aumento o disminución de la sostenibilidad social. La fiabilidad alude a la condición de practicidad y aplicabilidad del concepto. Por último, su condición de mensurabilidad exige que el concepto contenga diferentes grados y puedan así compararse. Para ello, es necesario que la definición de las partes sea simple en el sentido de lo más homogénea posible para poder compararse y aplicarse a diferentes contextos. Además de estos criterios de idoneidad, también defienden que el concepto de «*sostenibilidad social*» lleva implícito unos valores deseados determinados, por lo que todas las personas que se ven afectadas deben poder exponer los suyos para establecer el concepto (condición de valor). Sin embargo, el concepto de *sostenibilidad social* no debe considerarse moralmente superior a otros valores sociales (condición de amoralidad), es decir, que las medidas que se tomen para conseguir la sostenibilidad social pueden estar en choque con otros factores morales relevantes que puedan tener las personas.

Littig y Grießler (2005) atribuyen la dificultad de conceptualizar la sostenibilidad social a la escasa separación que existe entre el significado analítico y político-normativo del concepto «social». La perspectiva analítica no debe centrarse en reivindicar un tipo concreto de organización social, sino en examinar las estructuras y procesos sociales que explican el tipo de relaciones que se establecen entre la sociedad y la naturaleza. La definición normativa, por el contrario, implica un consenso sobre los estándares ideales de desarrollo a los que la sociedad debe aspirar y asegurar a las generaciones futuras. En esta línea, Davidson (2009) pone el foco en la normatividad implícita en las políticas actuales destinadas a las transformaciones sostenibles que se presentan a escala local y que no siempre son analizadas críticamente. Frente al peligro de despolitizar el concepto de sostenibilidad, aboga por poner el componente social y político en el centro de las decisiones.

En el mismo sentido, Chambers y Gordon (1991) proponen tres conceptos definitorios para que sirvan tanto a las ciencias biológicas como a las sociales: la capacidad, la equidad y la sostenibilidad. Cada uno tiene, por un lado, una vertiente normativa, que supone un objetivo deseable o el criterio para la evaluación y, por tanto, es una herramienta para la toma de decisiones. Por otro lado, consideran la vertiente descriptiva, ya que pueden observarse empíricamente. El concepto de capacidad lo toman del trabajo desarrollado por Amartya Sen (2000) y hace referencia a la capacidad de las personas para cumplir con sus funciones básicas para tener calidad de vida y bienestar. La equidad hace referencia a la distribución del ingreso para evitar la desigualdad y todos los tipos de discriminación: contra las mujeres, las minorías, los débiles y la pobreza. Por último, la sostenibilidad hace referencia a la esfera ecológica, entendiéndola como la habilidad de mantener y mejorar el entorno mientras mantienes y mejoras los recursos necesarios para ello. Estos tres conceptos combinados conforman lo que los autores denominan los «medios de vida sostenibles» (*sustainable livelihoods*). Su vertiente social, la que hace referencia a la capacidad interna de los sistemas para asegurar unos medios de vida sostenibles, implica dos dimensiones: una negativa, relacionada con la capacidad de resistir a eventos de estrés y *shocks*, para asegurar la seguridad y evitar la vulnerabilidad. Otra positiva que hace referencia a la habilidad de adaptarse y ser proactivo para generar esas condiciones de vida adecuadas, tanto para las generaciones presentes como futuras.

En este sentido, Eizenberg y Jabareen (2017) proponen un marco conceptual para la sostenibilidad social basado en cuatro conceptos interrelacionados que deben orientar las prácticas: i) La equidad o justicia. Existe un gran consenso sobre las consecuencias desiguales que el cambio climático tiene para los diferentes grupos de población, por lo tanto, las acciones para la sostenibilidad deben promover una distribución más equitativa del poder y los recursos. El concepto incluye tres dimensiones: la redistribución, que asegure así el derecho de las personas a varios derechos (derecho a la energía, a vivir dignamente, al aire limpio, etc.), el reconocimiento de los colectivos más vulnerables e históricamente oprimidos y la participación de las personas en la toma de decisiones. ii) La *seguridad*, entendida como protección ante los efectos adversos del cambio climático, las situaciones de riesgo que se generan de ello y la incertidumbre del futuro. iii) El *urbanismo sostenible*, concepto que hace referencia a los aspectos físicos del espacio que contribuyen al bienestar de la comunidad y en armonía con los recursos naturales. El diseño del espacio debe orientarse a promover las condiciones saludables, el sentido del lugar, seguridad, etc. iv) Actitudes eco-prosumidoras hacia modos de consumir y producir que sean social y medioambientalmente responsables basadas en iniciativas comunitarias. Este modelo se basa en la idea de sostenibilidad como la interrelación entre las tres esferas: económica, social y medioambiental.

Por su parte, Colantonio (2009) señala que, además de las preocupaciones centrales para la sostenibilidad social como la equidad, el trabajo y las necesidades básicas, han emergido otros elementos centrales para medir la sostenibilidad como son la felicidad, el bienestar personal y comunitario o el capital social. Boström (2012) distingue entre los aspectos substantivos de la sostenibilidad social, que son objetivos que lograr (necesidades básicas cubiertas, justicia generacional, acceso a recursos, igualdad de derechos, calidad de vida, etc.) y aspectos procedimentales que se refieren a cómo lograr esos logros (representación democrática, participación y deliberación).

Por su parte, desde la economía feminista se acuñó el término «sostenibilidad de la vida humana» para enfatizar la importancia de la ética de los cuidados y las relaciones sociales para la sostenibilidad (Carrasco, 2009), como punto en común entre el feminismo y el ecologismo (Bosch *et al.,* 2005). Es un concepto que hace referencia al proceso histórico de reproducción social, de carácter complejo, dinámico y multidimensional, que se focaliza en la satisfacción de las necesidades sociales. Requiere tanto recursos materiales como los contextos propicios y relaciones de cuidados y afecto que, en gran medida, han sido históricamente proporcionados por el trabajo no remunerado realizado en los hogares, por las mujeres (Carrasco, 2009). Ponen de relieve la dependencia de las sociedades y los individuos, hacia los demás (interdependencia), en la vida en común y de los recursos naturales y energéticos (ecodependencia) (Pérez-Orozco, 2010). Por ello, en un contexto de crisis global, abogan por soluciones que persigan el bienestar social, entendido como asegurar a las personas las condiciones aceptables para tener «vidas que merezcan ser vividas» a través de la organización social del trabajo en base al cuidado (Carrasco, 2009; Pérez-Orozco, 2010). Una concepción de la sostenibilidad entendida como armonía entre humanidad y naturaleza, y entre humanos y humanas, es decir, donde la equidad es un elemento central (Bosch *et al.*, 2005). Las actividades domésticas y de cuidados han sido determinantes para el mantenimiento de los espacios y los bienes, que incluyen la educación, el cuidado de los cuerpos, las relaciones sociales y el apoyo psicológico a los miembros de la familia, elementos necesarios para reproducir la sociedad (Marco *et al.*, 2020).

La falta de una definición común de sostenibilidad social afecta a la forma en que se operacionaliza el concepto en la evaluación de planes y políticas, que suelen considerar a la sostenibilidad como un objetivo estático y definido y no como un proceso (Janker y Mann, 2018; Slätmo *et al.*, 2017). Los análisis de la sostenibilidad más comunes se basan en indicadores que miden diferentes aspectos sociales, normalmente derechos humanos, condiciones de trabajo, calidad de vida e impacto en la sociedad (Janker y Mann, 2018) y los comparan con una referencia ideal (Slätmo *et al.*, 2017).

1.3. LA SOSTENIBILIDAD DEL SISTEMA AGROALIMENTARIO ACTUAL

Tanto en la academia como en el desarrollo de políticas se ha pasado de concebir la agricultura como una actividad primaria que se desarrolla en zonas rurales a un enfoque holístico que estudia la alimentación y la cadena de valor agroalimentaria en su conjunto, lo que permite considerar su complejidad y el conjunto de actores y sectores implicados (Ericksen, 2008*a*; Kugelberg *et al.*, 2021). Su sostenibilidad vincula la seguridad alimentaria y nutricional, la integridad de los ecosistemas, el clima y la justicia social (Adolph y Grieg-Gran, 2013; Caron *et al.*, 2018). Además, pone de manifiesto la importancia del abordaje de los problemas sociales, medioambientales y alimentarios desde una perspectiva de sistema agroalimentario integral (Recanati *et al.*, 2019).

A nivel ambiental, el sistema agroalimentario se ve afectado por los a los retos derivados de la crisis climática (IPCC, 2022). La producción de alimentos es responsable del 23 % del total de emisiones de gas de efecto invernadero, afectando la integridad de la biosfera y los flujos biogeoquímicos (Campbell *et al.*, 2017; IPCC, 2022). Además, el desarrollo intensivo de la agricultura puede entrar en competencia con otros usos del suelo. Actualmente, un tercio de la producción global de alimentos ocurre en lugares de alto valor ecológico, lo que conlleva una pérdida de biodiversidad (Hoang *et al.*, 2023).Sin embargo, al mismo tiempo, la agricultura es uno de los sectores que más se verá afectado por los eventos extremos derivados del cambio climático (Ericksen, 2008*b*), que cada vez se producen con una frecuencia mayor como inundaciones o sequías, lo que reduce la seguridad alimentaria y obstaculiza el cumplimiento de los ODS.

A nivel social, la prioridad de los sistemas agroalimentarios ha sido la reducción del hambre y la malnutrición global (Adolph y Grieg-Gran, 2013). Sin embargo, las repetidas crisis de precios han demostrado que el sistema agroalimentario globalizado no está bien adaptado para asegurar la seguridad alimentaria de todos, sino que deben tomarse medidas específicas para asegurar la sostenibilidad del sistema (Adolph y Grieg-Gran, 2013). Paradójicamente, mientras 2000 millones de adultos tienen sobrepeso u obesidad y se ha producido un aumento de la oferta de calorías per cápita, 821 millones de personas siguen estando desnutridas y el 25 % de la producción de alimentos se pierde o desperdicia (Campbell *et al.*, 2017; IPCC, 2022). En el lado de la producción, se identifican algunos asuntos relevantes como la reducción de las explotaciones familiares relacionada con la bajada de la rentabilidad, la falta de relevo generacional y el reto de la igualdad de oportunidades entre hombres y mujeres en el sector (Davidova y Kenneth, 2014).

Cuando se habla de sostenibilidad en la agricultura, se tiende a hablar de sistemas productivos sostenibles con el medio ambiente (Janker y Mann, 2018) y dentro de ellos encontramos diferentes concepciones sobre qué significa agricultura ecológica y sostenible (Rosset y Altieri, 1997; Thompson, 2007). Thompson (2007) distingue entre la intensificación sostenible y la perspectiva agroecológica.

El paradigma de intensificación sostenible se asienta sobre la biología molecular y la ingeniería genética para avanzar hacia modelos productivos con menor impacto sobre el medio ambiente (Petersen y Snapp, 2015; Thompson, 2007). Se basan en una sustitución de los insumos químicos externos por productos orgánicos, siguiendo el mismo modelo de negocio (Thompson, 2007). Sin embargo, no se profundiza en cuáles son las características sociales que debe tener dicho sistema sostenible (Janker *et al.*, 2019).

Por su parte, la perspectiva agroecológica utiliza un enfoque inter-disciplinar y holístico para abordar la sostenibilidad de la agricultura (Thompson, 2007). La agroecología se basa en el principio de diversidad agraria para asegurar la sostenibilidad, lo que técnicamente consiste en crear sistemas de uso múltiple que proporcionen la protección de cultivos y del suelo, mejorando su fertilidad a través de la integración de árboles, animales y cultivos (Altieri, 1999). Pretende dar respuestas para alcanzar objetivos económicos, sociales y ambientales mediante la aplicación de tecnologías de bajos insumos en armonía con el crecimiento económico, la equidad social y la preservación ambiental (Altieri, 1999). Dentro de los fines económicos se encontraría la viabilidad y equidad económica, la de-pendencia de los recursos locales y los rendimientos sostenibles; los fines ambientales englobarían la biodiversidad, las funciones ecosistémicas y la estabilidad y, por último, los fines sociales sería la autosuficiencia de ali-mento para la población, la satisfacción de las necesidades locales y el desarrollo de las pequeñas explotaciones (Altieri, 1999). La agroecología incluye diversidad de prácticas y modelos productivos como la agricultura ecológica, la regenerativa o la de conservación que no siempre trabajan por alcanzar todos los objetivos sociales y políticos que abarca la agro-ecología (Silva *et al.*, 2022).

La agroecología emerge como la alternativa ecológica tanto al siste-ma agroalimentario actual como a las opciones de desarrollo sostenible basadas en el crecimiento económico ilimitado. Por ejemplo, Mcgreevy *et al.* (2022) proponen el marco agroecológico para la transformación del sistema agroalimentario global en un poscrecimiento que se asiente en los principios de suficiencia, regeneración, distribución, bienes comunes y cuidados. La suficiencia representa el nivel de nutrientes y alimentos son necesarios para satisfacer las necesidades de la población según los límites naturales, lo que implica la conceptualización e institucionaliza-ción de nuevas formas jurídicas que no sean antropocéntricas y conside-ren el derecho integral a la vida. La regeneración conlleva producir a ritmos compatibles con los ciclos naturales de los ecosistemas y las per-sonas, respetando la biodiversidad y la fertilidad de los suelos que sean la base de la reproducción social y el bienestar comunitario. La distribu-ción aborda el problema de la injusticia y la desigualdad existente en el sistema agroalimentario actual, abogando por una distribución más igua-litaria del valor entre productores y consumidores. El siguiente principio entiende la alimentación como un bien común y no como una mercancía.

Bajo esta óptica, el objetivo es revertir los procesos de acumulación y privatización de los recursos (agua, semillas, tierra, tecnología) para una gestión comunitaria, que denominan prácticas de «democracia alimentaria». Por último, el principio de cuidados que incluye el reconocimiento del papel de las mujeres, la infancia, los migrantes y otros grupos a la hora de mantener los sistemas agrarios.

Plumecocq *et al.* (2018) apuntan que detrás de cada modelo productivo subyace un sistema de valores que sostiene sus prácticas y sus modos de organización y que los dotan de coherencia y estabilidad a la hora de enfrentarse a los cambios. Pone de manifiesto la importancia del análisis de los mecanismos de legitimización o descalificación que explican la coexistencia de sistemas agrarios y su capacidad de movilizar la acción colectiva hacia determinadas transiciones sostenibles. Así pues, el sistema convencional o agroindustrial consiguió ser dominante porque hacía referencia a los principios de justicia (la idea de progreso que beneficia al agricultor con mayor remuneración, al consumidor con alimentos más asequibles y a las zonas rurales al reportar mayores beneficios) y los valores de la eficiencia productiva. Sin embargo, es un modelo más expuesto a los riesgos del mercado (volatilidad de los precios y los costes).

Los sistemas agrarios evolucionan y dependiendo de cómo afronten los cambios harán una transición a un modelo u otro. De esta manera, el modelo convencional puede enfocarse en cambiar los medios de producción y no los valores asociados a ella, lo que llevaría a un escenario donde la solución provendría de la tecnología. Este cambio se asocia con modelos basados en la eficiencia, la biotecnología y la economía circular y no conllevaría un cambio institucional. Por el contrario, si las críticas al modelo convencional comportan un replanteamiento de los valores subyacentes, la transición se llevaría a cabo hacia modelos de sistemas diversificados, relocalizados e integrados con el paisaje, lo que lleva implícito una reformulación de las relaciones con la naturaleza y la forma de organizar el sistema agroalimentario (Plumecocq *et al.,* 2018). Por lo tanto, las formas en que debe realizarse esa transformación sostenible del sistema agroalimentario es un debate abierto, donde dialogan diferentes perspectivas y paradigmas interpretativos sobre el concepto de sostenibilidad.

Esta distinción se relacionaría con un debate más profundo entre enfoques analíticos sobre sistemas agrarios (Moragues-Faus y Marsden,

2017; Rivera-Ferré, 2012). Rivera-Ferré (2012) distingue dos marcos conceptuales con los cuales se suele abordar la investigación sobre alimentación, que difieren en el objeto de estudio, en los métodos y en las características. El marco oficial que se centra en el análisis de las causas del hambre, la crisis de precios y otros asuntos relevantes para la seguridad alimentaria. Son análisis que plantean soluciones técnicas en vez de sociales o políticas. Por el contrario, los marcos alternativos conciben los sistemas agrarios como sistemas complejos que se ven afectados por dimensiones políticos y sociales, por lo que proponen soluciones diversas, que atiendan al contexto cultural, social y medioambiental.

En la misma línea, Moragues-Faus y Marsden (2017) identifican una ruptura en la producción científica en torno a la cuestión agroalimentaria desde la crisis de 2007. Por un lado, hay un renacimiento de las respuestas neoproductivistas sobre seguridad alimentaria y nutricional global, lo que implica una integración de las preocupaciones de seguridad alimentaria en la agenda neoliberal. Por otro lado, un refuerzo de la sociedad civil vinculada a movimientos alimentarios como la soberanía alimentaria y la agroecología urbana. Los autores abogan por esos espacios de posibilidad para construir sistemas alimentarios más sostenibles y socialmente justos basados en una investigación agroalimentaria crítica y no normativa.

1.3.1. Sistemas agroalimentarios socialmente sostenibles

Dentro de la agroecología, algunos autores han señalado la importancia de incluir la perspectiva de ecología política que tenga en cuenta las relaciones de poder existentes (González de Molina y Caporal, 2013; Rossi *et al.*, 2019; Silva *et al.*, 2022). La ecología política ha sido uno de los campos desde los que se han introducido las cuestiones sociales y políticas en las investigaciones medioambientales, problematizando la desigual distribución de responsabilidad y consecuencias de la degradación ambiental debido a la existencia de relaciones de poder a múltiples escalas en los sistemas socioecológicos (Moragues-Faus y Marsden, 2017; Rossi *et al.*, 2019). Slätmo *et al.* (2017) analizan la interacción entre la agroecología, proveniente de las ciencias naturales y la ecología política, basada en ciencias sociales. La integración de ambas posturas, junto con el conocimiento tradicional de los agricultores, permite un acercamiento sistémico a las dinámicas de los sistemas agrarios para su transformación sostenible. González de Molina y Caporal (2013) proponen el concepto de agroecología política, de carácter tanto teórico como práctico, para reivindicar que la transición sostenible no consiste solamente en medidas tecnológicas, sino también en la creación de un marco institucional que facilite la estabilidad, la resiliencia, la equidad social y la autonomía energética de los sistemas agrarios.

Los sistemas alimentarios sostenibles implicarían crear nuevos tipos de entornos y organizaciones humanas, es decir, nuevos patrones sociales de redistribución del poder, el capital y los recursos (Rossi *et al.*, 2019). En palabras de Moore (2015, p. 69): «La naturaleza no se puede destruir ni ahorrar, solo reconfigurar de formas que sean más o menos emancipatorias o más o menos opresivas»; en el sentido amplio del *Oikos*, concepto que utiliza para describir la relación dialéctica a través de la cual las personas crean el medio ambiente. La naturaleza no es un factor independiente de la cultura, la sociedad o la economía, sino que es la matriz donde se desarrolla la actividad humana, por lo que cada sociedad configura un tipo concreto de ecología-mundo. Pone de relieve la dimensión espacial de las relaciones sociales, las cuales se desarrollan en un espacio concreto y, al mismo tiempo, lo producen. Argumenta que cada modelo económico configura un tipo de naturaleza o ecología, por lo que no hablaríamos de un medio ambiente afectado por las prácticas actuales del sistema agroalimentario, sino de una ecología propia ligada a este. El capitalismo constituye una ecología-mundo y se sustenta en unos patrones determinados de poder, de capital y de recursos naturales, que funcionan de manera dialéctica entre ellos. La creación de esta ecología concreta moviliza elementos simbólicos, culturales y científicos para producir y reproducir las relaciones de poder que permitieron la consolidación del capitalismo, lo que Moore llama la «naturaleza barata». Los procesos históricos de acumulación y explotación han generado comida, trabajo, energía y materias primas baratas, que están en la base del funcionamiento del sistema y ha permitido los flujos de mercancías y el sistema de producción capitalista. La historia agraria es la historia de la evolución de la coproducción del medio ambiente y el espacio mediante el diálogo entre los seres humanos y los recursos naturales.

La superación de la desigualdad aparece como un elemento central para la sostenibilidad social. De acuerdo con Marco *et al.* (2020), la desigualdad social debe entenderse como una enfermedad para el ecosistema, es decir, las prácticas que generan esa desigualdad incrementan la degradación ambiental y el sobreuso de recursos: por ejemplo, la intensificación agraria para aumentar la productividad por unidad de superficie. Además, la desigualdad social constituyó una fuerza motriz de las transiciones socio-ecológicas hacia el sistema agroalimentario actual. En esta línea, el movimiento por la justicia alimentaria y los sistemas agroalimentarios alternativos incluyen la lucha por la justicia social, centrándose en las condiciones de vida de los pequeños agricultores y los trabajadores del sector agroalimentario (Allen, 2008). Las malas y abusivas condiciones de algunos trabajadores del sector agroalimentario se agravan cuando se superponen a con otras discriminaciones como labor clase social, el género, etnia o la raza y son un freno para construir sistemas agroalimentarios sostenibles (Allen, 2008; Blackstone *et al.*, 2021; Molinero-Gerbeau *et al.*, 2021).

Janker *et al.* (2019) proponen un marco conceptual para abordar la sostenibilidad social de la agricultura desde una perspectiva interdisciplinar. Combinan el abordaje sistémico de Parsons, para identificar los actores principales del sistema, sus interacciones y las instituciones, con la teoría de la jerarquía de necesidades de Maslow para considerar las necesidades sociales e individuales principales. De esta manera, por un lado, reconocen la importancia de estudiar las estructuras sociales y culturales propias de cada contexto para entender las interacciones y el marco institucional (normas formales, costumbres, etc.) dentro del sistema agrario. Por otro, ponen en el centro del sistema sostenible el cumplimiento de las necesidades de los actores, desde una perspectiva de derechos que tenga en cuenta las preferencias subjetivas de cada lugar. El sistema social agrario incluye, por tanto, las interacciones entre actores que se dan en el trabajo agrario y afectan directamente a él, pero también las otras con miembros de fuera y que influyen indirectamente en las decisiones que se toman en el sistema agrario, como sería la familia y los amigos. Este tipo de interacciones institucionalizadas implican relaciones emocionales y de apoyo, valores culturales y expectativas, que son del ámbito privado pero que traspasan al ámbito agrario. Las relaciones personales pueden ser también relaciones laborales, por lo que la integración en la comunidad local se vuelve importante para el bienestar de los agricultores y, por tanto, para la sostenibilidad social del sistema.

1.3.2. La Política Agraria Común (PAC) y la sostenibilidad

Uno de los elementos determinantes para entender la composición del sector agroalimentario europeo y su impacto medioambiental es la

Política Agraria Común (PAC). Se trata de una política común a todos los países de la UE que está financiada con recursos del presupuesto de la UE y cuyos objetivos han marcado el desarrollo y la sostenibilidad del sector (Comisión Europea, n. d.). Nació en 1962 enfocada a asegurar los ingresos agrarios a través de medidas de apoyo a los agricultores y garantizar la seguridad alimentaria a los ciudadanos europeos mediante el acceso a alimentos baratos (Henke *et al.,* 2017; Muirhead y Almås, 2012). Desde ese momento, se han ido modificando sus objetivos y, por tanto, los instrumentos de apoyo, tendiendo a un modelo que pone el énfasis en integrar las políticas agrarias con las medioambientales (Henke *et al.,* 2017). Este cambio de las políticas agrarias supone también una redefinición de la misión social que se le asigna a los agricultores. Estos cambios son aceptados por algunos y rechazados por otros, generando tensiones entre las visiones más posproductivistas del espacio rural y la identidad de los agricultores, (Hammersley *et al.,* 2023).

En sus inicios, la PAC funcionaba como un sistema de gravámenes a la importación, protegiendo unos 300 productos agrícolas que incluían, entre otros, cereal, arroz, patatas, productos lácteos, vino, miel, algodón y azúcar (Muirhead y Almås, 2012). En 1990 la Comisión Europea reorienta la PAC hacia la diversificación rural y las actividades no agrarias con el fin de crear espacios multifuncionales, basados en la competitividad y la sostenibilidad como elementos de desarrollo rural (Koopmans *et al.,* 2018). Asimismo, como el apoyo a la productividad había incrementado los excedentes alimentarios, en 2003 se desacoplaron los subsidios de la productividad (Muirhead y Almås, 2012). Con la reforma de ese año se establece un nuevo sistema de ayuda directa, denominado Pago Único, por el cual a los agricultores se les asigna unos derechos de ayudas en base a la cantidad que recibieron durante un periodo de referencia. Son independientes de su productividad y buscan una mayor orientación en el mercado (Ministerio de Agricultura, Pesca y Alimentación, n. d.).

Posteriormente, en 2013, se introducen los pagos específicos conocidos como verdeo (*greening*), que buscan incentivar una agricultura más sostenible e incluye los aspectos medioambientales (Ministerio de Agricultura, Pesca y Alimentación, n. d.).

Los objetivos actuales de la PAC son: i) apoyar a los agricultores y mejorar la productividad para asegurar el suministro de alimentos asequibles; ii) garantizar a los agricultores de la UE un nivel de vida razonable; iii) contribuir a mitigar el cambio climático y la gestión sostenible de los recursos naturales; iv) conservar los paisajes y las zonas rurales de la UE, y v) mantener viva la economía rural mediante el empleo en la agricultura, las industrias agroalimentarias y los sectores asociados (Comisión Europea, n. d.). Con ello se busca contrarrestar la incertidumbre económica y climática que enfrenta el sector agrario, así como reducir el impacto medioambiental de las prácticas agrícolas (Comisión Europea, n. d.). Para lograrlos, la PAC se asienta sobre dos pilares básicos. Por un lado, las ayudas a la renta y las medidas de mercado. Incluyen los pagos directos a los agricultores para garantizar los ingresos y las ayudas del verdeo (*greening*); también las medidas para abordar desplomes de la demanda o caídas de precio debido a la oferta excesiva en el mercado. Por otro lado, las medidas de desarrollo rural que están compuestas de los programas nacionales y regionales enfocadas en atender a los retos y necesidades específicas de las zonas rurales (Comisión Europea, n. d.).

En 2021 se aprobó el nuevo modelo de la PAC para el periodo 2023-2027 que se basa en el cumplimiento de objetivos sostenibles, en línea con lo establecido en el Pacto Verde Europeo (Ministerio de Agricultura, Pesca y Alimentación, 2021*a*). Como novedad, cabe mencionar la inclusión por primera vez en la última reforma de la condicionalidad social en la PAC, como requisito para poder cobrar las ayudas. Se fundamenta en el cumplimiento de una serie de normas laborales y de salud y seguridad en las condiciones de trabajo y empleo por parte de las personas beneficiarias de las ayudas, que entrarán en vigor el 1 de enero de 2024 (*BOE*, 2022). Estas normas incluyen, en lo relativo al empleo: la existencia de un contrato de trabajo escrito que se debe facilitar durante los primeros siete días de trabajo; los cambios en la relación deben presentarse también en forma de documento; tiene que existir un periodo de prueba; unas condiciones relativas a la previsibilidad del trabajo y una formación obligatoria. En lo relativo a la salud y seguridad en el trabajo, por un lado, encontramos las medidas para su mejora: la obligación de adoptar medidas para la protección de la seguridad, la prevención de riesgos y la salud; equipos de protección y registro y notificación de accidentes laborales; información a los trabajadores sobre los riesgos para la salud; consulta y participación de los trabajadores en cuestiones de seguridad y formación en estos temas. Por otro lado, medidas para la utilización correcta de equipos de trabajo que incluye la comprobación de los equipos de trabajo, el uso de maquinaria solo por personas encargadas, la ergonomía y la información y formación al respecto.

Si bien la PAC ha sido determinante para el mantenimiento de la productividad del sector agrario europeo y las rentas de los agricultores en un mercado globalizado, también ha tenido fuertes implicaciones no deseadas en el territorio como el incremento del abandono rural (Renwick *et al.*, 2013), la externalización de los impactos económicos, medioambientales y sociales a terceros países (Serrano, 2012) o su incapacidad de frenar la pérdida de biodiversidad asociada a la agricultura. De esta manera, la PAC se enfrenta al reto de poder adaptarse a los rápidos cambios en los sistemas agroalimentarios internacionales y el incremento de la presión medioambiental, así como adoptar una visión integral del sistema agroalimentario que considere otras problemáticas más allá de los objetivos económicos y de mercado, como el acceso a alimentos seguros, sostenibles y nutritivos (Recanati *et al.*, 2019).

1.4. LA CONCEPTUALIZACIÓN DE LA SOSTENIBILIDAD SOCIAL EN ESTE LIBRO

La participación de los ciudadanos se considera fundamental para establecer cuál es el ideal de sostenibilidad al que se quiere llegar (Boström, 2012; Colantonio, 2009; Davidson, 2009; Eizenberg y Jabareen, 2017). Es por ello por lo que la esfera social, en contraposición a la económica y ambiental, se suele considerar de carácter más subjetivo, debido a la complejidad inherente a los fenómenos sociales. Implica también un componente creativo, es decir, que no se trata simplemente de mantener o conservar las estructuras sociales existentes, sino de constituir instituciones y modos de vida nuevos que sean sostenibles y contribuyan al bienestar poblacional (Boström, 2012; Chambers y Gordon, 1991; Vallance *et al.*, 2011). Analizar la sostenibilidad implica el desarrollo de metodologías que aborden tanto los aspectos cuantitativos como cualitativos, que serían aquellos valores, creencias, costumbres e ideales que guían la acción humana (Janker *et al.*, 2019).

Desde esta perspectiva, se evalúa la sostenibilidad social a través del estudio de las dinámicas sociales que conforman el sistema agrario. Se analiza la diversidad de experiencias que configuran los sistemas sociales de cada contexto específico para comprender la heterogeneidad de prácticas agrícolas existentes que explican la complejidad de las transiciones sostenibles. En este sentido, tal y como nos alerta Janker *et al.* (2019), las relaciones personales presentes dentro del sistema, formales e informales, que se dan tanto con personas del sector agrario como con el resto de la comunidad son esenciales para la sostenibilidad.

Los parámetros que conforman la sostenibilidad social como la equidad, la justicia social, la relación con los recursos naturales, la salud, etc. constituyen categorías de análisis que adquieren diferentes formas y significados dependiendo del contexto. Por ello, analizo la organización social de la agricultura en el Baix Llobregat y el Bajo Cinca, sus tensiones y contradicciones y los factores que las generan, así como los elementos determinantes para la continuidad de la agricultura de esas zonas. A los efectos sociales que la agricultura tiene en estas zonas se les considerará impactos sociales. En este sentido, se exploran dos dimensiones que son esenciales para comprender la sostenibilidad social de los sistemas: la estructura de comercialización (capítulo 3) y la estructura del trabajo agrario dentro de las explotaciones (capítulo 4).

En definitiva, se trata de conceptualizar la sostenibilidad social partiendo de las prácticas cotidianas que mantienen el funcionamiento del sistema agrario, considerando las interacciones, los valores, opiniones y decisiones de por los actores implicados. Sirve así el concepto como un marco interpretativo con el que analizar la realidad social de la agricultura y entender las diferencias en los significados y formas de hacer.

Capítulo 2
El sector agroalimentario en España

El análisis histórico de la agricultura permite identificar los procesos constitutivos del sistema agroalimentario actual, identificando sus principales rasgos y los factores que explican su evolución. Desde la perspectiva económica, autores como McMichael, (2009) y Friedmann, (2016) proponen el término de *régimen alimentario* para analizar el papel central que los mercados alimentarios han tenido en el desarrollo histórico de la economía global. El sistema agroalimentario se concibe como un tejido de relaciones geopolíticas, sociales, ecológicas y nutricionales que definen momentos históricos (McMichael, 2009) y hace referencia al conjunto de reglas implementadas por los estados en materia de política agraria y se enmarcan en un sistema de relaciones internacionales propio de cada momento histórico (Etxezarreta, 2006; McMichael, 2009; Ríos-Núñez y Coq-Huelva, 2014). McMichael (2009) establece tres regímenes alimentarios: desde 1870 a 1930, desde la II Guerra Mundial hasta 1980 y desde ese momento hasta la actualidad.

El sector agroalimentario en España ha experimentado profundos cambios en el último siglo, pasando en un periodo corto de tiempo de un sistema «preindustrial» a otro «industrial» (Naredo, 2004). Pese a la modernización agraria tardía, la agricultura española experimentó una profunda transformación durante el siglo XIX como consecuencia de las desamortizaciones agrarias, derivando en una estructura agraria tradicional en la que coexistían un gran número de pequeñas explotaciones familiares con grandes fincas trabajadas por asalariados (Naredo, 2004). Este modelo se mantuvo mientras se utilizaban técnicas de cultivo atrasadas que requieren mucha mano de obra y cuyos costes apenas disminuyen cuando se aumenta la superficie en hectáreas. Una mano de obra barata por el escaso desarrollo económico de otros sectores económicos, que limitaba la emigración de los trabajadores (Naredo, 2004) A finales del siglo XIX se produce una expansión del cultivo de frutales en España y un aumento de las exportaciones de sus productos, especialmente de la naranja y del aceite (Naredo, 2004).

La evolución del sector agrario español durante el siglo XX estuvo supeditada al contexto político marcado por las políticas autárquicas implementadas por el régimen franquista. Tras la guerra civil española, la escasez de alimentos en el mercado interno y la falta de medios de trabajo, junto con el bloqueo internacional que ralentizó la apertura hacia el mercado exterior, y la incorporación de innovaciones para la modernización de la agricultura española, constituyeron desafíos significativos (López, 1996; López y Ruiz, 2021). El aislamiento del régimen franquista limitó las importaciones de *inputs* agrícolas como abonos químicos y minerales, limitando la productividad de la tierra. A ello se sumó el incremento de la población agraria tras la Guerra Civil que conllevó el descenso de la productividad laboral (Clar y Pinilla, 2009). A finales de la década de 1950, la emigración exterior hacia países europeos e interior hacia zonas de mayor industrialización supuso la disminución de la mano de obra agraria, repercutiendo en el aumento de los salarios agrarios (Barceló, 1987; Clar y Pinilla, 2009; Naredo, 2004). Esto incentivó la mecanización del campo y la sustitución de la tracción animal por el uso de tractores y cosechadoras (Naredo, 2004). Un proceso que, como explica Naredo (2004), tuvo lugar mucho más tarde que en países como Inglaterra y Estados Unidos donde, por ejemplo, la sustitución de las mulas por los tractores había sucedido treinta años antes que en España, donde no se produce hasta la década de 1970. Estos procesos asentaron el desarrollo de las relaciones capitalistas, la lógica de las economías de escala y la dependencia del mercado, dinámicas que favorecían las grandes explotaciones (Naredo, 2004).

Con el fin de la II Guerra Mundial, Estados Unidos toma el relevo como centro exportador de alimentos al mundo (Etxezarreta, 2006; McMichael, 2009). Es un periodo que se caracteriza a nivel internacional por la regulación nacional de la producción agraria, donde la agricultura queda integrada dentro de la industria, formándose los complejos alimentarios de carácter internacional (*agribusiness*) (Clar y Pinilla, 2009; Etxezarreta, 2006). Se consolida una visión proteccionista e intervencionista del Estado en materia agraria, con la implementación de políticas destinadas a subsidiar y proteger la producción propia, como es el ejemplo de la Política Agraria Común europea (PAC), de 1962 (Clar *et al.*, 2018).

En el caso de España, el país comienza a abrirse al exterior con la concesión de créditos comerciales por parte de Estados Unidos y la incorporación a diversos organismos internacionales que se culmina con la integración en el FMI en 1958 y en la OECE un año después (Clar *et al.*, 2018; R. Sánchez y Sanz Díaz, 2015). Ello requería el fin de la estructura de precios regulados que había caracterizado la economía monetaria española durante las dos décadas posteriores a la Guerra Civil, lo que se materializó en el Plan de Estabilización español de 1959 (Sánchez y Sanz Díaz, 2015).[1] El sector inicia así un ajuste estructural hacia la disminución en el número de explotaciones y un incremento en la superficie y volúmenes económicos (Arnalte *et al.*, 2013).

Durante esas décadas tiene lugar la denominada «Revolución Verde» caracterizada por el uso de insumos químicos, la mecanización de la agricultura y la incorporación de innovaciones tecnológicas que se traducen en la consolidación del modelo industrial (McMichael, 2009). Se caracteriza por la incorporación de innovaciones tecnológicas, una mayor mecanización e insumos y la integración de la agricultura en los mercados globales (Clar *et al.*, 2018; Etxezarreta, 2006). Su inicio se cifra en el desarrollo en Estados Unidos de variedades de alto rendimiento de arroz y maíz que permitían un mayor aprovechamiento de fertilizantes y pesticidas de síntesis química (Carpintero y Naredo, 2006; Evenson y Gollin, 2003; FAO, 1996). Esto, unido a la mejora en infraestructuras de riego y la mecanización agraria, conllevó un incremento de la productividad agraria a nivel global, que se tradujo en una bajada de precios de los alimentos y el aumento de la ingesta calórica media (Etxezarreta, 2006; Evenson y Gollin, 2003; FAO, 1996). Sin embargo, estas transformaciones también alteraron los balances energéticos de la agricultura tradicional, basada en el trabajo humano y la tracción animal (Carpintero y Naredo, 2006). La agricultura moderna no solo supuso una sustitución de las fuentes de energía (paso de la base solar y eólica al uso de energías fósiles), sino

---

1 Como explican R. Sánchez y Sanz Díaz (2015), el Plan de Estabilización español de 1959 fue una serie de medidas orientadas a corregir los efectos de la política monetaria de los años cuarenta y cincuenta en España, que había ocasionado un fuerte déficit en la balanza de pagos y una «inflación reprimida». En palabras de las autoras, se resume en: «supresión de monopolios, control de crédito, alza de los tipos de interés, limitación de operaciones de activos, liberalización del comercio interior y regularización de los precios de los productos petrolíferos, trabajo y servicio telefónico».

también un aumento exponencial del gasto energético por hectárea cultivada y por unidad de producto obtenido (Carpintero y Naredo, 2006).

A partir de los años 60 del siglo XX se produce en España una profunda transformación del sistema agrario y de la sociedad rural tradicional (Clar *et al.,* 2018; Naredo, 2004). De los casi 5 millones de agricultores que había en 1960 se pasa a 748 000 personas ocupadas en el sector primario actualmente, produciéndose un gran éxodo rural hacia las zonas urbanas motivado por el crecimiento de los sectores industriales y de servicios (Clar *et al.,* 2015; INE, 2023). En 1960 el empleo en el sector primario representaba el 37 % de la ocupación, frente al 3,7 % actual (INE, 2023). Además, se produjo un descenso relativo de las rentas agrarias que motivó que muchos propietarios dejaran la actividad agraria por otras ocupaciones u optaran por la dedicación parcial (Clar *et al.,* 2015). Se pasa de un predominio de los cultivos tradicionales de secano (cereales, principalmente trigo, viñedo y olivar) a un incremento del maíz, la alfalfa o la semilla de girasol (Clar *et al.,* 2015).

Un punto de inflexión para la agricultura española se establece con la entrada a la Comunidad Europea (CE) en 1986 y el acceso al modelo de libre mercado europeo y a los fondos de la PAC (Ríos-Núñez y Coq-Huelva, 2014). Etxezarreta (2006) apunta a la consolidación de una agricultura cada vez más inmersa en los procesos de acumulación de capital, mayoritariamente privado, y una internacionalización creciente de la producción, marcada por la liberalización comercial y la competencia mundial. Por tanto, las decisiones sobre el sector están influidas en la actualidad por factores que operan a escala global, como son la competitividad, las inversiones de capital, el acaparamiento de suministros o los movimientos de la mano de obra. Este proceso que va acompañado de una disminución de la intervención de los estados en la agricultura, la creación de oligopolios y la concentración del mercado en grandes empresas. A nivel productivo, se consolida un modelo dependiente de grandes cantidades de *inputs* externos para su funcionamiento. La industrialización del sector agroalimentario contribuyó positivamente al desarrollo económico español, pero también acarreó una serie de impactos en términos sociales, económicos y medioambientales (De Molina *et al.,* 2017; Etxezarreta, 2006; Martín-Retortillo *et al.,* 2020; Ríos-Núñez y Coq-Huelva, 2014).

Desde una perspectiva biofísica, la modernización de la agricultura modificó la gestión de los recursos naturales (De Molina *et al.,* 2017; Naredo,

2004). Como explican de Molina *et al.* (2017), hasta la década de 1960, el sector agrario se autoabastecía de *inputs* en términos energéticos a través del uso de desechos de cultivo, materia orgánica, estiércol, etc. lo que permitía reponer la energía utilizada a través del uso de fuentes renovables y, por tanto, adaptada a los límites biofísicos del medio. En materia energética, se introdujo el uso masivo de *inputs* procedentes de combustibles fósiles que no son renovables, lo que aumentó su dependencia de las importaciones de sectores no agrarios (Naredo, 2004). También hubo profundos cambios en el uso del suelo, incrementando la presión sobre algunas tierras de cultivo a la vez que se produjo el abandono de otras superficies, como pastizales, lo que tiene graves impactos medioambientales para los agroecosistemas (De Molina *et al.*, 2017). La intensificación agraria contribuye a la pérdida de biodiversidad y derivada del empleo de químicos de síntesis, así como una serie de impactos negativos como son la contaminación de aguas por nitratos o la erosión de suelos por falta de cubierta y prácticas de cultivo inadecuadas (Santos-Martín *et al.*, 2013; Ministerio de Agricultura, Alimentación y Medio Ambiente, 2014). Además, se produce y de la simplificación del mosaico de usos característico de la agricultura tradicional, lo que significa también una pérdida de patrimonio rural vinculado a las infraestructuras rurales tradicionales (Naredo, 2004; De Molina *et al.*, 2017).

Al inicio de la década de 1990, la agricultura se incorpora también a los términos establecidos en el GATT,[2] lo que inicia un proceso de liberalización de los mercados internacionales (Clar *et al.*, 2018). Además, se consolida el papel de los supermercados en lo que McMichael (2009) denomina como «régimen alimentario corporativo» que implica cambios institucionales y políticos, determinados por la posición de los actores respecto a los mercados globales agroalimentarios.

Los territorios se especializan en la producción o el consumo de alimentos interconectados por los flujos globales de larga distancia de mercancías, capitales y personas (Lambin y Meyfroidt, 2011), lo que Gómez y Guidonet (2007) denomina «cadenas que no se pueden controlar» por su gran complejidad en el funcionamiento. Esto acaba limitando la autonomía de los actores locales y sustituyendo las organizaciones y estructuras tradicionales de las zonas rurales por otras nuevas de carácter global (Camarero, 2017a). Aparece la «distancia» y el «tiempo» como categorías

---

2   Acuerdo General sobre Aranceles Aduaneros y Comercio.

que se ven modificadas en el actual sistema agroalimentario, a través de procesos de desconexión entre los espacios de producción y consumo que se encuentran cada vez más alejados (Gómez y Guidonet, 2007; Van der Ploeg, 2010b; Weis, 2007). Todo ello es posible gracias a la intensificación de la producción y la construcción de canales de distribución que han favorecido el rápido contacto entre varios puntos del planeta (Gómez y Guidonet, 2007). La desconexión entre producción y consumo impulsa la desculturización y la desterritorialización o descontextualización de los alimentos (Van der Ploeg, 2010*b*; Weis, 2007).

Martín-Retordillo, Serrano y Cazcarro (2020) explican el doble proceso de concentración en espacio y cultivos resultado de la gran transformación de la agricultura española en la segunda mitad del siglo xx. El crecimiento de los cultivos en España fue heterogéneo y se caracteriza por la doble concentración de producción con alto valor añadido como vegetales, huerta y aceite de oliva, y su ubicación espacial agraria en las regiones del sur y este peninsulares. Un proceso que fue posible gracias a la expansión de la superficie de riego, la evolución de la demanda interna y la integración en los mercados internacionales. Desde 1955 hasta 2010, el crecimiento de la producción agraria fue del 2 % anual, siendo del 3,5 % hasta 1980 que se concentró principalmente en las regiones del sur y del este. Por ejemplo, Andalucía reforzó su papel de exportador de productos con alto valor añadido como los cultivos de huerta y aceite de oliva. Otras regiones, como Extremadura, Murcia o Aragón se especializaron en cultivos como los forrajes, por lo que adquirieron una mayor cuota de producción (Martín-Retortillo *et al.,* 2020).

Todos estos cambios también impactan en la estructura de las explotaciones, donde tanto en el contexto global, como europeo y español se observa una caída de la importancia de las explotaciones familiares. En Europa, entre 2005 y 2020 se redujeron el 37 % de las explotaciones, principalmente pequeñas explotaciones de menos de 5 ha, aumentando el tamaño medio de las explotaciones mientras se mantenía estable la producción (EUROSTAT, 2022*b*). A nivel europeo, en 2016, la agricultura familiar representaba el 92 % del total de explotaciones agrarias, es decir, que los miembros de la familia representan más de la mitad de la mano de obra necesaria en la explotación de manera regular. Ocupa el 62 % de la superficie agraria útil (SAU), siendo España el país con el mayor porcentaje, el 80 % de la mano de obra en agricultura y genera el 60 % de la producción total agraria (EUROSTAT, 2022*a*).

En el caso español, en 2020 las explotaciones con titularidad de persona física eran el 94 % del total de explotaciones, ocupan el 77 % de SAU y generan el 60 % de la Producción Estándar Total (PET) (INE, 2022). Sin embargo, tal y como apunta Moreno (2019) al analizar los datos del censo anterior de 2009, el predominio de este tipo de titularidad corresponde a explotaciones con una dimensión económica inferior a 100 000 euros de PET. En esa cifra se situaría el umbral a partir del cual las explotaciones adquieren una gestión empresarial, con mayor presencia de trabajo asalariado frente al familiar. Asimismo, muchas explotaciones de tamaño medio adquieren la titularidad de persona jurídica por motivos de conveniencia fiscal, pero mantienen un funcionamiento similar a las explotaciones de titularidad física (Moreno, 2019).

Asimismo, se consolida lo que Arnalte-Alegre, Moreno y Ortiz (2013) llaman el «núcleo duro» de la agricultura española, que consiste en unas pocas explotaciones de mayor dimensión económica, que poco a poco van acaparando más fracciones de variables clave del sector (superficie, empleo, margen bruto, etc.). Están por encima de las 40 Unidades de Dimensión Económica[3] y se dedican principalmente a los cultivos intensivos hortícolas y frutícolas y a la ganadería de vacuno y granívoros (Arnalte *et al.*, 2013). Constituyen una frontera de cambio a la hora de entender las dinámicas de arrendamiento y aumento de las titulares jurídicas, además que acaparan la mayor parte del margen bruto del sector (Arnalte *et al.*, 2008). Estos procesos de ajuste estructural no se dan de forma homogénea en todas las zonas agrarias, sino que las características del cultivo y las dinámicas territoriales interfieren en la dirección de la evolución del sector agrario (Arnalte *et al.*, 2008, 2013).Cambios que generan fuertes impactos en las dinámicas de las zonas rurales (Arnalte *et al.*, 2013; Collantes, 2007).

Las transformaciones agrarias españolas comparten características comunes con los cambios sucedidos en otros países europeos: la innovación tecnológica, el incremento de la producción y la productividad, el declive de la importancia del sector agrario para el conjunto de la economía, su integración con el sector industrial y el aumento del impacto medioambiental (Clar *et al.*, 2018). Sin embargo, presenta tam-

---

3   1 UDE corresponde a 1200 euros de margen bruto estándar (Arnalte *et al.*, 2013).

bién algunas particularidades concretas: la expansión de la superficie de regadío, la gran presencia que tiene la ganadería intensiva y el crecimiento económico continuado del sector agrario (Clar *et al.*, 2018). Se debe al apoyo que recibieron los agricultores por la entrada en la CE, que supuso un crecimiento para el sector y a su orientación exportadora que ha permitido acrecentar la producción agraria (Clar *et al.*, 2018). Según datos del Observatorio sobre el sector agroalimentario español en el contexto europeo, elaborado por Cajamar Caja Rural (Maudos y Salamanca, 2020), el sector agrario español representa actualmente el 5,8 % de la economía española, un peso mayor que la media europea, de un 3,8 %. Además, aumenta hasta el 9,7 % del PIB cuando se incluyen el resto de las partes del sector agroalimentario, lo que en la UE representa el 6,5 %. Se trata, en comparación con el europeo, de un sector competitivo derivado de unos costes laborales unitarios 32 % menores si consideramos el sector agroalimentario general y, en el caso específico del sistema agrario, del 54 %. Se sitúa así, el sector agroalimentario español como un referente para la exportación europea, siendo la cuarta economía de la región, representando el 10,3 % de las exportaciones europeas y el 20,4 % de las españolas. De este total, las frutas representan el 18 % de las exportaciones del sector en 2020. El comercio internacional, por tanto, es un elemento clave para explicar la composición del sistema agroalimentario español. Por un lado, significa una salida comercial a la producción de sectores altamente especializados (vegetales, fruta y aceite de oliva). Por otro, asegura la entrada de alimentación animal para mantener el sistema ganadero (De Molina *et al.*, 2017). A nivel del mercado laboral, el sector emplea el 10,2 % de la población activa, aunque se trata de un segmento bastante envejecido, donde más del 30 % tiene 50 años o más (Maudos y Salamanca, 2020).

Las transformaciones que ha experimentado el sistema agrario español se materializan en cambios en la estructura socioeconómica del sector y de las zonas rurales, planteando nuevos retos sociales. Emergen nuevos problemas relacionados con la situación de la agricultura como las nuevas formas de desigualdad relativas al acceso de la tierra y los ingresos agrarios, los problemas medioambientales, las crisis recurrentes derivadas de la especialización productiva o la alta dependencia de los precios de los insumos, entre otros aspectos (De Molina *et al.*, 2008).

FIGURA 2. VISTAS DEL PARC AGRARI DEL BAIX LLOBREGAT. ABRIL 2021

FUENTE: Carmen Capdevila.

2.1. EL SISTEMA HORTOFRUTÍCOLA EN EL BAIX LLOBREGAT: UN EJEMPLO DE AGRICULTURA PERIURBANA

La comarca del Baix Llobregat se sitúa en la provincia de Barcelona (figura 2), formando parte del Área Metropolitana de Barcelona (AMB), siendo la tercera comarca más poblada de Catalunya, con 806 799 habitantes y tiene una densidad de 1660 hab/km². Sus municipios se estructuran en torno al río Llobregat. Su orografía no es uniforme, por lo que, aunque cuenta con una climatología típica mediterránea, la zona costera goza de una temperatura más cálida que la del interior. Su temperatura mediana es de 15 °C con máximas de 32 °C en verano y mínimas absolutas de –2,1 °C, aunque la mayoría del año cuenta con temperaturas superiores a los 7 °C (Parc Agrari del Baix Llobregat, n. d. *b*). Dentro de la comarca destaca la presencia del delta del Llobregat, que es uno de los últimos humedales más significativos en Catalunya y una zona reconocida internacionalmente por albergar una gran diversidad de especies de aves acuáticas (Sempere, 2005). Las zonas de la Ricarda-Ca l'Arana i el Remolar-Filipines en los municipios del Prat de Llobregat y Viladecans, así como la zona de la Murtra en Gavà-Viladecans son reservas naturales que están incluidas dentro del Plan de Espacios Naturales de Catalunya (PEIN)

47

(Sempere, 2005). El río Llobregat y su zona fluvial tienen un alto valor paisajístico que se ve radicalmente afectado por la presión de las actividades humanas que lo envuelven, con presencia de huertos ilegales, usos marginales, zonas de extracción de áridos y vertederos de residuos (Sempere, 2005). La convivencia de estos espacios naturales con la actividad agraria no es siempre positiva y conlleva una relación a veces conflictiva entre grupos ecologistas y agricultores locales. Sin embargo, también pueden beneficiarse mutuamente frente a las presiones externas de ocupación del territorio para otros usos económicos. Los espacios agrarios son zonas de protección de los espacios naturales y funcionan como corredores biológicos para la fauna (Sempere, 2005).

La agricultura y la ganadería fueron las actividades económicas principales en el Baix Llobregat hasta la segunda mitad del siglo XX (Sempere, 2005), siendo uno de los sistemas agrarios más avanzados en Catalunya y en España. Ya desde el siglo XVIII, la agricultura en el Baix Llobregat adquiere un grado de especialización avanzado, principalmente en torno a los cultivos de viña, cáñamo y árboles frutales que se comercializaba principalmente en Barcelona, aunque también una pequeña parte del cáñamo se enviaba a Cartagena y el vino se exportaba (Tribó, 1989). El policultivo tradicional de cereales, viña y olivos que se combinaba con la huerta de autoconsumo, dio paso a la especialización en plantas industriales (cáñamo, lino y frutales) que suplían la industria textil catalana (Tribó, 1989). La fruticultura, sobre todo de pera y manzana, era uno de los productos principales de alta calidad que se vendía en el mercado barcelonés. También hay referencia de otros cultivos frutales como naranja, limón, melocotón y nuez (Tribó, 1989). No fue hasta la mitad del siglo XIX que empezó a consolidarse en el delta del Llobregat el sistema hortofrutícola que hoy en día conocemos, gracias a la extensión de la superficie de riego con la construcción del canal de la Infanta (1819) y el canal de la Derecha (1855) (Riva i Romeva, 2003).

A partir de 1950, la comarca experimenta una gran transformación debido al aumento de la industria, el crecimiento urbanístico de Barcelona y los núcleos del Área Metropolitana, que conllevaron también un desarrollo de infraestructuras y servicios (Sempere, 2005). Esto supuso una disminución del 48,6 % del espacio agrario, pasando de ocupar las tierras de cultivo el 37,2 % de la superficie en la década de los 60 al 24,5 % en 1984. En 1955 había 5670 ha cultivadas en la zona del delta del Llobregat, disminuyendo hasta 2100 ha en el año 2000 (Sempere, 2005).

A finales de la década de 1980 empiezan a surgir las primeras figuras para la conservación de los espacios periurbanos (Callau *et al.*, 2022). Debido a su proximidad con el centro urbano de Barcelona, en constante expansión, en la década de 1990 se constituyó el Parc Agrari del Baix Llobregat como forma de proteger y apoyar las zonas agrícolas frente a otros usos del suelo (Pirro y Anguelovski, 2017). Está constituido por dos áreas principales: el delta, conformado por las parcelas al lado del mar Mediterráneo, de carácter más profesional y la «*Vall Baixa*», que está en la parte alta del río y posee parcelas de menores dimensiones (Pirro y Anguelovski, 2017). El Baix Llobregat es una comarca con gran peso del sector industrial, donde el sector agrario es muy minoritario, casi residual, aportando menos del 1 % del Valor Añadido Bruto y a la población ocupada de Catalunya (IDESCAT, 2011). Su paisaje está determinado por las infraestructuras de las grandes vías de comunicación (por ejemplo, la autovía A2 y la vía del tren de Alta Velocidad), los polígonos industriales, centros comerciales y zonas urbanas (Pirro y Anguelovski, 2017).

La creación del Parc Agrari es el resultado de un proceso de reivindicación iniciado en la década de 1970 por Unió de Pagesos (UP), el sindicato agrario más importante en Catalunya, para proteger las tierras de cultivo del área metropolitana frente a la expansión urbanística que acompañaba al crecimiento de los municipios de la comarca (Pirro y Anguelovski, 2017; Sempere, 2005). Hay que tener en cuenta que la gran transformación de la agricultura de la década de 1960 coincide con la época del desarrollismo franquista que potenció el crecimiento de la industria en algunos puntos del país (País Vasco, la provincia de Barcelona, Madrid) y que se alimentaba de la mano de obra que llegaba de las zonas rurales. De hecho, la población del Baix Llobregat pasó de poco más de 100 000 habitantes en 1950 a casi 600 000 en 1981. Una transformación que se dio en un contexto no democrático, que implicó casos de especulación urbanística y la desatención por parte de la Administración Pública de las necesidades sociales (Riva i Romeva, 2003).

Con la creación en 1995 del Plan Estratégico de la comarca del Baix Llobregat se establece por primera vez un marco permanente para preservar y garantizar la estabilidad de las tierras agrícolas (Pirro y Anguelovski, 2017). Posteriormente, en 1998 se constituye el Parque Agrario del Baix Llobregat, un organismo conformado por entidades públicas y privadas. En el consorcio están incluidos los ayuntamientos de los catorce municipios que lo integran, la Diputació de Barcelona, el Área Metropolitana de

Barcelona, el Consell Comarcal del Baix Llobregat, la Generalitat de Cata-lunya mediante el Departament d'Acció Climàtica, Alimentació i Agenda Rural y Unió de Pagesos (Parc Agrari del Baix Llobregat, n. d. *a*). Está dotado de recursos humanos, económicos y con las competencias pro-pias para promover el desarrollo de las explotaciones agrarias y el mante-nimiento y mejora de la calidad ambiental del Parc Agrari. Se basa en una gestión integral del espacio con ámbitos generales de actuación: la pro-ducción, la comercialización, los recursos y el medio.

El distintivo «Producte Fresc» identifica las frutas y verduras produci-das en el Parc Agrari. No está vinculado a unas prácticas productivas es-pecíficas, sino que es una marca territorial que indica su origen. La normativa del parque no prohíbe el uso de productos químicos, pero sí promueve e incentiva el cambio a modelos productivos más sostenibles y a métodos ecológicos (Pirro y Anguelovski, 2017). De hecho, dentro el proyecto «BCN Smart Rural»,[4] llevado a cabo por la Diputació de Barce-lona, se elaboró la guía para impulsar estrategias alimentarias sostenibles y locales que sitúa a los parques agrarios como una herramienta clave para asegurar la relocalización de la agricultura y el impulso a la alimenta-ción sostenible (Callau *et al.*, 2022). Surge del interés por incorporar la estrategia alimentaria a la agenda política, considerando al espacio agra-rio como parte integrada del tejido y el metabolismo urbano (Callau *et al.*, 2022).

Esta iniciativa se enmarca en el Pacto de Milán (2015) sobre Políticas alimentarias urbanas: un acuerdo internacional entre ciudades de todo el mundo para desarrollar sistemas agroalimentarios más inclusivos, resilien-tes, seguros y diversos que ofrezcan comida saludable y accesible a las personas mientras garantizan los derechos humanos, la conservación de la biodiversidad y la reducción del desperdicio. Todo ello con el objetivo de mitigar los impactos del cambio climático (MUFPP Secretariat, n. d.). Se trata del primer protocolo internacional relacionado sobre materia ali-mentaria, que se constituye como guía para que los municipios lo apliquen a escala local (Callau *et al.*, 2022). En 2020 se establece la Carta alimenta-ria de Barcelona que apunta a una serie de propuestas a escala metropo-

---

4   El proyecto «BCN Smart Rural» es un proyecto que tiene como objetivo implementar una estrategia de desarrollo agrario de Barcelona, cofinanciado con fondos FEDER (Fondo Europeo de Desarrollo Regional) de la Unión Europea de la convocatoria 2014-2020 (Callau *et al.*, 2022).

litana y no solo de ciudad (Callau *et al.*, 2022). En este sentido, la agricultura periurbana juega un papel clave para el establecimiento de sistemas alimentarios sostenibles y territorializados por sus beneficios a nivel ecológico y social (Moragues-Faus *et al.*, 2020; Weidner *et al.*, 2019).

Existen múltiples tipos de agricultura urbana[5] o periurbana que se pueden clasificar dentro dos grandes tipos: la agricultura profesional que tiene un objetivo comercial y la jardinería urbana (*urban gardering*) de la cual formarían parte los huertos particulares y de ocio (Pirro y Anguelovski, 2017; Pölling *et al.*, 2016). La agricultura periurbana presenta unas peculiaridades y potencialidades propias derivadas de su situación en los márgenes entre las zonas urbanas y las zonas rurales. En 2005, el Comité Económico y Social Europeo elaboró un dictamen donde reconocía estas especificidades y estableció una serie de objetivos que buscan el reconocimiento social, político y administrativo de las dificultades de la agricultura periurbana, la incorporación de estos espacios dentro del proceso de planificación urbana y la garantía de un desarrollo dinámico y sostenible (Comité Económico y Social Europeo, 2005).

2.1.1. Rasgos propios de la agricultura del Baix Llobregat

En el caso del Baix Llobregat, su agricultura está afectada por las presiones de crecimiento de las grandes ciudades del Área Metropolitana de Barcelona (Gonçalves *et al.*, 2017). Una expansión de la ciudad dominada por una agenda económica que jerarquiza los impactos y las preferencias de desarrollo sobre el territorio (Pirro y Anguelovski, 2017). Si bien los productores de las áreas periurbanas se orientan hacia el mercado urbano, fácilmente accesible y del que son dependientes, también se ven amenazados por la expansión de la economía urbana (Pirro y Anguelovski,

---

5   Weidner *et al.* (2018) distinguen entre sistemas alimentarios urbanos productivos que tienen lugar dentro de los límites de la ciudad de la agricultura periurbana o agricultura local no urbana. En cuanto a la agricultura urbana, la clasifica según el tipo de superficies donde se cultiva: las parcelas pequeñas y medianas, que son gestionadas por proyecto comunitarios o cooperativas centradas en la inclusión social y los beneficios para el ecosistema. Las grandes parcelas en terrenos urbanos o áreas suburbanas que están ampliamente tecnificadas e integradas con el sistema de tratamiento de residuos. Por último, invernaderos o los jardines verticales que están integrados en los edificios y funcionan bajo prácticas de alto rendimiento y capturan el agua de lluvia y, si es posible, la acuaponía.

2017). Esto afecta la composición social, el tipo de cultivo y la dimensión económica de ese sistema agrario (Duvernoy *et al.*, 2018). La producción suele enfocarse al mercado local o regional, con gran presencia de las cadenas cortas de distribución en múltiples modalidades: grupos de consumo, venta directa, mercados de agricultores, tiendas propias, etc. (Doernberg *et al.*, 2016; Milford *et al.*, 2021). Su desarrollo está condicinado a la expansión urbana, que conforme se va produciendo va generando que las explotaciones a su alrededor sean más pequeñas, a la vez que genera la aparición de nuevos mercados de agricultores y promueve la demanda de productos locales (Jarosz, 2008). Entre sus limitaciones intrínsecas destacan su restringida capacidad productiva y la atomización de la producción, con poca capacidad para procesar el producto (Doernberg *et al.*, 2016).

La posición del Parc Agrari respecto a Barcelona es un factor determinante para la sostenibilidad social del sistema. No solo por las limitaciones y oportunidades del contexto, sino también por la manera en que los agricultores perciben su posición y se relacionan con otros actores del tejido urbano. P22 lo expresa al decir «yo soy un agricultor de ciudad». Un sentimiento que sobrevuela por todas las entrevistas y que moldea una identidad de grupo social propio, personificando el vínculo entre lo rural y lo urbano.

En este contexto, emergen varios puntos conflictivos en esta relación entre la agricultura profesional que se desarrolla en el Parc Agrari y la comunidad:

En primer lugar, el problema de la masificación del Parc Agrari, entendida como el aumento del número de personas que hacen uso del espacio. El hecho de que sea un lugar de disfrute y ocio para muchas personas puede generar problemas de convivencia y civismo. Las medidas impuestas a lo largo del 2020 y 2021 para mitigar la crisis del Covid-19 que no permitían la movilidad entre municipios, incentivaron que más personas hicieran uso del Parc Agrari. Como las entrevistas se hicieron en el verano del 2021, esto aparece de manera recurrente. Un acercamiento físico que no es interpretado como una aproximación de la actividad agraria a la población, sino que los agricultores siguen percibiendo un gran desconocimiento por parte de la ciudadanía general:

> Pues ahora la gente ha descubierto que aquí tienen un parque inmenso, que se piensan que esto es el centro de Nueva York y no lo es. Esto es

una actividad agraria [...] que la gente vaya en bici o vaya andando ya me está bien, pero que vayan por unos caminos que se marquen, no como cabras. Que todo el mundo va por donde le da la gana, aparte de que hay gente de todo tipo y nos encontramos con gente que son unos maleducados y faltan el respeto, entrando a las fincas privadas y si viene un tractor, te dicen de todo (P22).

En ocasiones, las faltas de civismo derivan en incidentes mayores como son los episodios recurrentes de robos. Estos pueden ser, por un lado, a pequeña escala, realizados por viandantes y personas individuales que aprovechan la accesibilidad de las explotaciones para coger productos. O, por otro, los planificados a gran escala, realizados por grupos, que suelen ocurrir por la noche y roban tanto comida como maquinaría y herramientas: «Yo en los siete años [que llevo] he sufrido dos. En noviembre hará un año del primero, entraron aquí a robar, me descargaron todo el camión de verdura, fue un sábado por la noche que veníamos del mercado y se llevaron todo lo que teníamos» (P29). Frente al aumento de estos casos, se decidió adoptar medidas desde el Parc Agrari como la implantación de patrullas de vigilancia. Sin embargo, pese a que en muchos casos se llega a juicio, parece no resolver el sentimiento de inseguridad y desconfianza que se genera en los agricultores:

Pillamos a un tío robando alcachofas el año pasado, pero robando alcachofas de verdad, lo cogimos. El tío estaba tranquilito, cuando llegaron los Mossos de Escuadra dijo que le queríamos pegar. [...] Y entonces me dijo «Te he visto tu cara, te vamos a matar, porque soy de la mafia de «Los espinós», de aquí de Gavá, y te vamos a matar». Los Mossos de Escuadra se giraron y les dije «Bueno, ¿vendréis al entierro?» y me dijeron «qué quieres que hagamos», pues no lo sé... y me dicen «¿Vas a denunciar? (P26).

Como segunda amenaza aparece el incremento de la fauna silvestre. Los ataques de los jabalís a los cultivos provocan destrozos significativos en la explotación e incluso hacen plantear la continuidad de algunas explotaciones: «esta noche han matado a tres jabalíes [...]. Todo esto está en peligro por el tema del jabalí, aquí se matan entre 60 y 80 jabalís al año solo con las esperas nocturnas y aparte de las batidas, tenemos una presión del jabalí que es impresionante» (P31).

La gestión de la fauna silvestre es abordada de manera divergente por los grupos sociales que pueden tener posturas diferentes, lo que dificulta la toma de decisiones. Los agricultores hacen una distinción entre ellos y los grupos ecologistas quienes, pese a compartir la voluntad de preservar el Parc Agrari como un espacio verde frente a la expansión urbanística, no ven el espacio como un lugar de trabajo productivo. Sienten que las prácticas ecológicas limitan los usos del parque y, por tanto, limitan el sector. Se evidencia la persistencia de la división entre maneras de entender la naturaleza, que ya han señalado otros autores (Pirro y Anguelovski, 2017): «Una problemàtica que durant molts anys tenim aquí i a tot Catalunya són els atacs de la fauna silvestre als cultius. Aquí és una zona declarada per això es fan permisos per controlar la fauna però clar, el món ecologista, ambientalista... no ho veuen amb bons ulls» (E2).[6]

Frente a estas situaciones, una de las soluciones que se están adoptando es vallar los campos de cultivo para evitar tanto los robos como la entrada de fauna o viandantes. Sin embargo, esto supone una inversión que no siempre compensa: «Tenemos problemas por robos [...], tenemos problemas porque la gente viene a tirar basuras, tenemos problemas porque la gente pasa por nuestro campo y se cree que es suyo. De hecho, un comentario muy típico es "Vállalo". No sé. Vale un dineral. De hecho, el año pasado vallamos un trozo de campo y nos costó un dineral, aun haciéndolo nosotros, no es tan sencillo ni yo voy exigiendo a la gente de que para no robarles vayan protegidos» (P21).

En tercer lugar, está la expansión del cultivo de cáñamo en la zona.[7] Aunque no es una amenaza propiamente a la actividad agraria, sí que es señalada por algunos entrevistados como un aspecto que limita la actividad de las pequeñas explotaciones hortícolas. Se trata de un tipo de cultivo no alimentario, que genera más valor añadido y que puede tener el riesgo de desplazar a los agricultores que no pueden competir: «Lo que sí que ahora hemos tenido es un incremento de producción del cáñamo industrial, en invernadero, que es un problema. Por temas de seguridad y que al final creo que no es el futuro de la agricultura de esta zona. En otros sitios, no lo sé, pero aquí no» (P29).

---

6   Traducción al castellano: «Una problemática que durante muchos años tenemos aquí y en toda en Cataluña son los ataques de (la) fauna silvestre a los cultivos. Aquí es una zona declarada y por eso hacen controles para controlar la fauna. Pero claro, al mundo ecologista, ambientalista... No lo ven con buenos ojos».

7   Como ejemplo de la importancia creciente de este cultivo, el primer *Cannabis Hub* de Europa se puso en marcha en el Baix Llobregat en 2021, en el campus de la Universidad Politécnica de Catalunya (UPC) que se sitúa en la comarca. Se trata de una iniciativa para impulsar la investigación, innovación y formación sobre el sector del cánnabis entre empresas e instituciones (Agencias, 2021).

Por último, la coexistencia con los huertos como *hobby* o lúdicos supone también una amenaza para la agricultura profesional. Son llamados huertos «de somier» porque hacen referencia a su construcción informal, reciclando otros materiales y objetos como somieres para su construcción. Este tipo de parcelas constituyen formas de hacer agricultura de manera informal (Pirro y Anguelovski, 2017), una práctica muy común en el Parc Agrari y que tiene una relación problemática con las dinámicas del sector agrario formal. Se trata tanto de parcelas agrícolas que han sido fraccionadas por los dueños y subarrendadas a otras personas; pequeñas parcelas agrícolas que se encuentran en lugares marginales, en el espacio abandonado entre infraestructuras, que algunas personas *okupan* para el cultivo para autoconsumo o parcelas en suelo público pero abandonado (Pirro y Anguelovski, 2017).

El perfil de las personas que se dedican a la agricultura informal es variado, según la clase social y el origen, lo que genera diferencias en la legitimidad de sus actividades y la visión que tienen ante las instituciones (Domene y Saurí, 2007). Hay jóvenes parejas y jubilados catalanes, de localidades cercanas que pueden permitirse alquilar una subparcela con fines de ocio; inmigrantes y otros colectivos con bajos ingresos que lo utilizan para tener producción propia y jubilados y desempleados, originales del sur de España, que llegaron a la zona en los años 1960 y 1970 y usan estos espacios por varias razones, como el apoyo a las familias, el vínculo con su pasado rural o razones personales (Domene y Saurí, 2007; Pirro y Anguelovski, 2017). Estos espacios agrarios pueden verse como iniciativas sostenibles para naturalizar las ciudades y su entorno urbano (Domene y Saurí, 2007; Pirro y Anguelovski, 2017). Asimismo, constituyen un espacio de interacción esencial que favorece la creación de comunidades, el traspaso de conocimiento agrario entre los miembros y favorece el bienestar físico y mental al ser un lugar donde se dan las actividades de ocio (Domene y Saurí, 2007; Pirro y Anguelovski, 2017). Sin embargo, la convivencia con la agricultura profesional es complicada.

El Parc Agrari solo permite la agricultura profesional en las parcelas del parque, una reivindicación central defendida por Unió de Pagesos. Aluden, por un lado, a causas de seguridad alimentaria (E3), ya que las explotaciones profesionales siguen unas estrictas medidas sobre el control de plagas y el uso de productos y, por otro, a la competencia por el precio de la tierra que este tipo de agricultura ejerce sobre el resto. Una parcela que es dividida en subparcelas para ser arrendadas como afición, y con la creación de huertos, a personas que trabajan en otros sectores, acaba teniendo un precio más alto que lo que un agricultor puede pagar por la parcela entera.

> Nosotros decimos que un arrendatario no puede pagar más de 1000 euros al año. Limpios, luego hay que pagar la contribución y el agua en el sitio ese del canal, pero al propietario aún le queda más de la mitad. No tiene por qué tener más.Pues eso al propietario no le interesa. Al propietario le interesa que... hombre... ahora han encontrado una fórmula que es dividir el campo a trozos y alquilarlo a gente de la ciudad, que haga su huerto y ahí la gente pues va a pasar sus domingos, para que los críos jueguen. Pues esto no es la finalidad del Parque Agrario (P20).

Pirro y Anguelovski (2017) hablan de este conflicto como parte del choque entre dos enfoques sobre la naturaleza y la sostenibilidad. Por un lado, la visión institucional impuesta por el Parc Agrari que solo considera a la agricultura profesional capaz de proveer de alimentos y proporcionar un crecimiento económico supervisado. Perspectiva en la que subyace un modelo de parque y de naturaleza ordenado y cuidado al servicio de la ciudad. Por otro lado, la visión de los agricultores informales que defienden el valor social y medioambiental de su actividad, que no necesita ser reestructurada ni organizada. Enfatizan la capacidad de la agricultura informal para coexistir con la profesional y proporcionar también alimentación, relaciones sociales y servicios ecosistémicos a la población local. De hecho, en las entrevistas se plasma la dicotomía entre el control de la agricultura profesional y la informalidad de los huertos de somier, lo que trasciende a un choque político entre intereses sobre el uso del suelo por parte de diferentes grupos de población:

> En la zona izquierda (mirando al mar), hay muchos más que en la zona derecha. Y eso también lo ha permitido el Ayuntamiento. Hay grandes barrios de periferia que están a cinco minutos andando. Al final esa gente tiene ganas de tener un trozo y el agricultor estaba ahí. El parque lo tiene claro y quiere eliminar esos huertos pero claro, también hay gente que lleva veinte años con un huertecito ahí. Y los ayuntamientos tienen que echar fuera a sus votantes de un terreno que están pagando, de una manera ilegal, pero no es tan fácil. Yo creo que a la larga se tendría que regular todo esto, con unos criterios, tener una zona, tenerlos controlados, que no fuese con somieres y eliminar todo lo que fuese ilegal. Porque hay infravivienda, hay animales. Hay un poco de todo. Hay escenas dantescas en esta zona (E3).

2.1.2. Estructura de las explotaciones del Baix Llobregat

El Censo Agrario de 2020 (INE, 2022) indica que actualmente hay 543 explotaciones en el Baix Llobregat, que ocupan una Superficie Agraria Útil (SAU) de 4018 ha. La Producción Estándar Total es de 29 759 000 euros, con una media de 54 206 € y una mediana de 21 936 €. Por Orientación Técnico-Económica (OTE) destaca el cultivo de hortalizas al aire libre que representan el 30 % de las explotaciones (166) con un PET medio de 90 248 € y mediana de 49 939 €, seguido del 18 % de las explotaciones dedicadas al cultivo de frutales y bayas no cítricos (102) que cuentan con un PET medio de 21 466 € y mediana de 14 720 €. Si tenemos en cuenta todas las explotaciones, considerando todas las OTE, el 50 % cultiva huerta, correspondiendo a 891 ha y el 38 % frutales, 395 ha.

El tamaño medio de las explotaciones de la comarca es de 14 ha, cifra similar a la media de las explotaciones hortícolas (12 ha) y superior a las explotaciones frutícolas (8 ha). Se observan también diferencias en la distribución del tamaño por tipo de cultivo (tabla 2): el 38,5 % de las que cultivan hortalizas tienen menos de 5 ha, el 52 % tiene entre 6 y 30 ha y el 9,5 % entre 30 y 100 ha; mientras que para el caso de las explotaciones frutícolas los porcentajes son, respectivamente, del 56,7 %, el 39,2 % y el 4,1 %.

El 84,7 % de las explotaciones están gestionadas por una persona física, esencialmente por el titular, el cónyuge, otro miembro de la familia o coadministradas entre varios. Este porcentaje es menor en el caso de

TABLA 2. DISTRIBUCIÓN (%) DE EXPLOTACIONES SEGÚN SUPERFICIE SAU Y ORIENTACIÓN TÉCNICO-ECONÓMICA (FRUTA, HORTALIZAS, TODOS LOS CULTIVOS). COMARCA DEL BAIX LLOBREGAT

	Menos de 5 ha	*Entre 6 y 30 ha*	*Entre 31 y 100 ha*
Fruta	56,7	39,2	4,1
Hortalizas	38,5	51,9	9,6
Cultivos totales	70,5	24,7	6,74

FUENTE: Elaboración propia a partir del Censo Agrario del 2020 (INE, 2022). En términos generales, la tendencia es a la disminución en el número de explotaciones. En 2009 había en total 599 explotaciones con SAU, de las cuales 266 se dedicaban a la fruticultura y 292 al cultivo de hortalizas. En 1999, el total era de 973 explotaciones, 532 tenían frutales y 505 hortalizas. En cambio, la SAU aumentó respecto al 2009 cuando era de 3622 ha y disminuyó respecto a 1999 (INE, 2002, 2012, 2022).

las explotaciones hortícolas (78 %) y mayor en las frutícolas (98 %). Por el contrario, el 15,3 % pertenece a una personalidad jurídica (22 % en el caso de hortalizas y 2 % en el de frutas) que, mayoritariamente, no forma parte de un grupo empresarial mayor, solo un 1,1 % (INE, 2022). Existe un gran peso de la agricultura a tiempo parcial en la comarca donde el 54 % de los agricultores dedica menos del 50 % de las jornadas de trabajo anuales al trabajo en la explotación. Sin embargo, se observa una gran diferencia entre los cultivos: el 65 % de los agricultores que tienen una explotación dedicada a la horticultura se dedican a tiempo completo, frente al 32 % que lo hacen al cultivo de frutales. Igualmente, el 67 % del total de agricultores a tiempo parcial tiene explotaciones de menos de 5 ha (INE, 2022).

La edad media de los titulares de explotación se sitúa en los 60 años, un año más joven que la media nacional (61 años), pero que muestra un fuerte envejecimiento del sector. El 15 % tiene menos de 44 años, el 45 % tiene entre 45 y 65 años y el 40 % tiene más de 65 años. Además, el 63 % no cuenta con ninguna formación agraria específica, más allá de la propia experiencia, el 26 % tiene cursos de formación y el 11 % ha cursado formación profesional o estudios universitarios (INE, 2022). El 15 % de las explotaciones están gestionadas por mujeres frente al 18 % que lo estaba en 2009 (INE, 2022, 2012).

Por último, los últimos datos sobre la mano de obra ocupada en las explotaciones son los del censo agrario de 2009. En ese año, 1592 personas trabajaban de manera regular en las explotaciones: 552 titulares, 699 familiares y 341 asalariados. Además, se contaba con 12 722 jornadas de trabajo eventual (INE, 2012).

2.2. LA FRUTICULTURA INTENSIVA DEL BAJO CINCA: UN EJEMPLO DE AGRICULTURA EN LAS ZONAS RURALES

El Bajo Cinca es una comarca oscense situada en el noreste de la península ibérica (figura 3), desplegada en torno a la ribera baja del río Cinca, perteneciente a la depresión del Ebro, lo que determina su medio físico. Se trata de una comarca rural con 24 589 habitantes, con una densidad de 17,32 hab/km². Su población no ha variado significativamente desde principios del siglo xx hasta ahora, exceptuando dos picos de crecimiento intenso entre 1950 y 1970 y la primera década del siglo xxi (IAEST, 2020), seguramente consecuencia, en primer lugar, de la llegada de per-

**FIGURA 3. VISTAS DEL BAJO CINCA
MARZO 2021**

FUENTE: Carmen Capdevila.

sonas provenientes de las zonas de montaña que se asentaron en la zona llana y fértil de la depresión del valle del Ebro debido a la expansión de las áreas de regadío y, en segundo lugar, por la llegada de la migración exterior que acompañó al crecimiento económico de la primera década de los 2000 (Lasanta, 2009; Pinilla y Sáez, 2008). La industrialización de la economía provoca el traspaso de población desde las zonas rurales a las urbanas, donde se concentran las mejores oportunidades laborales, lo que tiene un gran impacto en la estructura poblacional de las comunidades de origen (Pinilla y Sáez., 2008). Se trata de procesos que se agudizan con la gran transformación de la agricultura en la década de 1970, con el éxodo rural hacia las grandes zonas industriales del país (Barcelona, Madrid y País Vasco) y hacia las capitales de comarca y provincia, lo que intensifica las dinámicas de despoblación y el declive poblacional de muchas zonas rurales, con especial incidencia en Aragón, que aún no han conseguido revertir la tendencia (Pinilla y Sáez, 2008).

Es una comarca marcada por un clima continental, con escasez de lluvias durante todo el año y una amplia oscilación térmica. Las temperaturas en invierno suelen mantenerse por debajo de los 5 °C, llegando hasta los –5 y –10 °C, mientras que en verano sobrepasan los 30 °C de media, con máximas absolutas de 40 °C. Por sus características climatológicas, la zona del Bajo Cinca es idónea para el cultivo frutícola. La agricultura ocupa el 64 % de la superficie, aporta el 21 % del Valor Añadido Bruto comarcal y supone el 34 % de los empleos (IAEST, 2020). Actualmente, las zonas del valle del Ebro en Catalunya y Aragón, donde se encuentra la comarca del Bajo Cinca, representan uno de los enclaves agrícolas más importantes en la producción frutícola no cítrica a nivel nacional (Hueso y Cuevas, 2014).

En la segunda mitad del siglo xx el sector agrario aragonés, en consonancia con lo ocurrido a nivel español, sufre un gran proceso de modernización e industrialización. Particularmente, se logró combinar tres factores: el desarrollo del regadío, la incorporación de *inputs* industriales y la aplicación de las tecnologías características de la revolución verde (Clar y Pinilla, 2009). Se consolida un sistema de agricultura intensiva, basado en el cultivo hortofrutícola, estimulado por la extensión del sistema de riego, la fuerte mecanización y la inserción del sector agrario en las redes de mercancías internacionales (Mata, 2018). El proceso de especialización productiva conllevó una profunda transformación en la estructura socioeconómica de la zona (Mata, 2018).

La evolución de la agricultura en el Bajo Cinca está marcada por la extensión del regadío moderno con la construcción a principios del siglo xx del Canal de Aragón y Catalunya, que capta aguas del río Esera y permitió regar una superficie de más de 100 000 ha en la confluencia de los ríos Noguera Ribagorzana, Cinca y Segre (Lasanta, 2009). Este tipo de regadío moderno tuvo un impacto muy positivo desde el punto de vista social y económico (Lasanta, 2009; Silvestre y Clar, 2008). Su instalación ayudó no solo a mantener a la población, en un contexto de fuerte éxodo rural, sino que atrajo a nuevos pobladores que, como señala Lasanta (2009), llegaban para «cultivar los campos, intensificar y diversificar los usos agrarios, a humanizar el paisaje». Se trataba de parcelas con una dimensión mayor a las que había en el territorio (entre 5 y 20 ha), donde conviven los cultivos intensivos en trabajo con otros muy mecanizados. Tenían una orientación comercial, por lo que el paisaje agrario fue cambiado conforme se transformaba el mercado, la mecanización, la disponibilidad de mano de obra y la política de subvenciones y suponían la base del desarrollo económico de las comarcas (Lasanta, 2009). En el caso del Bajo Cinca, desde los años sesenta y setenta se empiezan a expandir los cultivos de frutales, lo que permite también la creación de empresas conserveras y cooperativas en la zona (Lasanta, 2009). El desarrollo del regadío en Aragón permitió la expansión de cultivos como el maíz y la alfalfa, un elemento necesario para integrar las producciones animal y vegetal (Clar y Pinilla, 2009).

A partir de los años ochenta, las instalaciones de riego empiezan a quedarse obsoletas y pierden la capacidad de dinamismo socioeconómico que habían tenido. Las nuevas áreas de regadío que se ponen en marcha en las décadas posteriores se caracterizan por ser explotaciones de gran tamaño (más de 200 ha), con campos extensos de cultivos que requieren grandes cantidades de agua y el uso de maquinaria pesada, con la casi inexistencia de los cultivos intensivos en mano de obra, donde predomina el sistema de riego por aspersión o riego localizado. Asimismo, las nuevas fórmulas organizacionales de la producción como la integración de los agricultores de la zona con empresas alejadas de la comarca generan menos efectos demográficos y socioeconómicos que los regadíos anteriores (Lasanta, 2009). Sin embargo, el regadío permanece en el imaginario social de los agricultores como una señal de progreso que asegura la viabilidad y la continuidad de las explotaciones agrarias:

> En la zona de Catalunya, en su día, también pusieron regadíos nuevos. Aquí tenemos toda la zona de Monegros, que no se han puesto, que eran de interés nacional desde 1986 que están los regadíos y no se ha actuado en ellos. Y eso ha ido perdiendo peso en lo que sería el pilar de la economía. Porque son once municipios pero que todos vivimos de la agricultura y, a mí personalmente, me duele (E11).

Los regadíos a los que se hace referencia en la cita son los conocidos como Monegros II. Se trata de una zona de clima semidesértico de más de 6000 ha en los municipios de Bujaraloz y Peñalba (comarca de Los Monegros, Aragón) y Fraga (comarca del Bajo Cinca, Aragón). Resulta ilustrativo que, pese a estar viviendo uno de los episodios más graves de sequía en los últimos años (Valgañón, 2023), el inicio de la construcción de las obras de Monegros II durante el mes de mayo de 2023 se ha percibido como un gran logro. Las declaraciones recogidas por la noticia del periódico *Heraldo de Aragón* hablan de: «culminación de un sueño anhelado y perseguido», «supone la diferencia entre tener o no tener un futuro» o «Los Monegros se pueden convertir en un polo de atracción agroindustrial de referencia» (Puértolas, 2023).

2.2.1. Rasgos propios de la agricultura del Bajo Cinca

La comarca del Bajo Cinca experimenta los cambios estructurales que han tenido lugar en las zonas rurales en los últimos años. Los problemas de masculinización, envejecimiento o la cuestión de la movilidad suponen retos para la sostenibilidad social de esas zonas (Camarero *et al.*, 2009). Con la modernización agraria que se inicia a mediados del siglo XX, las zonas rurales se vieron afectadas por los procesos de desagrarización, entendidos como la pérdida de la centralidad económica de la agricultura en la organización de la vida rural y en la configuración de sus estructuras sociales (Camarero, 2017*b*; Collantes, 2007; Hebinck, 2018). Sin embargo, como apunta Camarero (2017*b*) al mismo tiempo que se da esta disminución del peso del PIB agrario al conjunto de la economía y de la población ocupada en este sector, su productividad ha experimentado una notable mejora. Lo que para el autor es el resultado de la inserción de la actividad agraria en las cadenas globales de valor que tuvo como efectos la separación territorial y social entre ruralidad y agricultora.

Esta relación entre agricultura y ruralidad aparece de forma recurrente en las entrevistas, se reconoce su importancia para el territorio y su situación crítica: «la agricultura que hay hoy y a la que vamos hoy se va a desvincular totalmente de las relaciones y del territorio. Por eso te digo que hay que hacer algo ya» (E11). Por el momento, la desagrarización no se percibe como la falta de reconocimiento de la agricultura por la población local, sino que sigue siendo una actividad bien valorada: «Aquí, sí. En la zona, sí [buena valoración]. La gente sabe lo duro que es trabajar, lo duro que es mantener, lo duro que es todo y lo valora mucho porque cuando va bien la agricultura va bien todo» (P7). Esta centralidad que, aunque erosionada, aún mantiene la agricultura en las zonas rurales, se traduce en la ausencia de problemas relevantes de convivencia o cívicos por el uso del espacio para actividades de ocio o con los huertos de autoconsumo. Las explotaciones suelen estar abiertas, sin vallar, y los caminos poco transitados. Solamente algunos entrevistados hablan de robos dentro de las instalaciones, sobre todo de maquinaría y materiales (cobre, acero, gasoil, chatarra, etc.), que parecen responder a un perfil más organizado.

Arnalte-Alegre *et al.* (2013) examinan el efecto de las dinámicas de la agricultura y la evolución social y demográfica de los territorios rurales, a partir del concepto de «paisajes sociales de la ruralidad»[8] de Camarero (2009). En el Bajo Cinca se darían ciertos rasgos propios de las llanuras cerealistas del interior peninsular que, tal y como explican Moreno y Ortiz (2008), se modernizaron en base a la incorporación de las nuevas tecnologías, el apoyo de las políticas públicas y las relaciones con el entorno rural. Si bien las explotaciones frutícolas requieren mayor intensidad de trabajo, en la comarca convive con amplias extensiones de cultivos herbáceos. Un tipo de sistemas agrario altamente mecanizados que buscan las economías de escala a través de la modernización de las explotaciones agrarias, cuya sostenibilidad social depende de los niveles de despoblamiento alcanzados (Arnalte *et al.,* 2013). De hecho, como apuntan Moreno y Ortiz (2008), los factores demográficos impulsan de los cambios de ajuste estructural. En las áreas envejecidas, las explotaciones crecen gracias a la superficie de tierra de los agricultores jubilados que no tienen relevo generacional y venden o arrendan la superficie. Algo que también se identifica en las entrevistas en la forma en que los agricultores del Bajo Cinca van agrandando la superficie de sus explotaciones a través de integrar la tierra de los agricultores jubilados: «Muchos amigos fueron plegando, se jubilaron muchos mayores y no venía nadie detrás y fui cogiendo y cogiendo hectáreas y bueno, ahora llevo 30 ha de gente, de vecinos...» (P7). Asimismo, tal y como señalan Moreno y Ortiz (2008) para el caso de las explotaciones cerealistas, los jóvenes que se incorporan siguen estrategias basadas en la modernización e intensificación productiva:

> En los últimos años, los que son jóvenes, hacen carreras universitarias, tienen otras oportunidades, como pueden ser la Plataforma Logística, o tienen Lérida, Huesca, Zaragoza... y están buscando otras alternativas porque se dan cuenta que hoy con el tema agrario, es muy difícil poder subsistir con estas explotaciones. Lo que se está haciendo, a mi modo de ver, es intentar, quien se quiere quedar y es joven, agrupar tierras de diferentes socios. Y como mínimo, tener unas explotaciones entre 30 o 40 ha, que ya serían rentables para poder subsistir (E11).

---

8   Identifica cuatro tipos de zonas rurales donde la agricultura tiene diferentes implicaciones: las zonas deprimidas de alta montaña, las llanuras cerealistas interior, los sistemas de pequeñas explotaciones en áreas rurales dinámicas y las zonas de agricultura intensiva del Sureste (Arnalte-Alegre *et al.,* 2013).

2.2.2. Estructura de las explotaciones en el Bajo Cinca

Según el último Censo Agrario (INE, 2022), en 2020 había 1990 explotaciones con SAU que ocupaban 92 865 ha. La Producción Estándar Total es 332 056 000 €, con una media de 163 493 € y mediana de 43 184 €. El 32 % tiene como primera Orientación Técnico-Económica el cultivo de fruta de hueso: melocotón, paraguayo, nectarina, albaricoque y ciruela (635 explotaciones). La producción anual se sitúa por encima de las 220 000 toneladas (IAEST, 2014). Las explotaciones hortícolas en exterior en la comarca son insignificantes, independientemente de su OTE: son 139 explotaciones, equivalente al 7 % del total de explotaciones, que ocupan 88 ha.

El tamaño medio de las explotaciones de la comarca es de 34 ha cuando se consideran todos los cultivos y de 58 ha para las explotaciones dedicadas al cultivo de fruta de hueso. No obstante, se observa una gran heterogeneidad de explotaciones frutícolas según el tamaño (tabla 3): el 19 % tiene menos de 5 ha, el 39 % entre 6 y 30 ha, el 27 % entre 31 y 100 ha y el 15 % más de 100 ha (Instituto Nacional de Estadística —INE—, 2022).

Se observa una tendencia hacia la disminución en el número de explotaciones dedicadas principalmente a la fruticultura: menos que en 2009 y 1999, cuando había 1053 y 2053 explotaciones, respectivamente. También disminuye la superficie destinada a este cultivo, actualmente ocupa 11 170 ha, en 2009 eran 16 819 ha y 9214 ha en 1999. Esta tendencia se plasma en los discursos de los entrevistados, quienes hablan de la necesidad de agrandar las explotaciones para asegurar la rentabilidad y poder

TABLA 3. **DISTRIBUCIÓN (%) DE LAS EXPLOTACIONES SEGÚN SUPERFICIE SAU Y ORIENTACIÓN TÉCNICO-ECONÓMICA (FRUTA Y TOTAL). COMARCA DEL BAJO CINCA**

	Menos de 5 ha	Entre 5 y 30 ha	Entre 30 y 100 ha	Más de 100 ha
Fruta	19	39	27	15
Total	14,7	30,3	28,3	23,3

FUENTE: Elaboración propia a partir de los datos del Censo Agrario de 2020 (INE, 2022).

subsistir. Un límite que lo sitúan entre las 25 ha (E8) y las 40 ha (E11): «Estoy hablando de que hace treinta años las explotaciones familiares agrarias podían vivir con 4-5 ha y hoy en día cualquier explotación mínima tiene que tener 20-25 ha para ser un poco sostenible» (E8).

En cuanto a la forma jurídica de las explotaciones frutícolas, el 82 % están gestionadas por una persona física (INE, 2022). Principalmente por el titular, por el cónyuge, otro miembro de la familia o coadministradas entre varios de ellos. El 18 % están administradas por una persona jurídica, es decir, son sociedades mercantiles o con otra condición jurídica (entidad pública, cooperativa de producción o sociedades civiles), las cuales mayoritariamente no pertenecen a un grupo empresarial mayor: el 15,5 % frente al 2,5 % que sí (INE, 2022). Además, predomina la figura del agricultor profesional (quien dedica más del 50 % de las jornadas de trabajo anual a la explotación) que representa el 69 % de los casos, superior a explotaciones con otras orientaciones productivas donde es del 50 % (INE, 2022). El 80 % de los agricultores a tiempo parcial se concentran en las explotaciones menores a 30 ha (INE, 2022).

La edad media del jefe de explotación es de 56 años, ligeramente inferior a la media general del sector agrario nacional (61 años). El 20 % tiene menos de 44 años, el 54 % se sitúa entre los 45 y los 65 años y el 26 % tiene más de 65 años. Es un perfil de jefe de explotación formado: el 37 % ha realizado cursos de formación y el 13 % cuenta con formación profesional agraria o estudios universitarios. Solamente la mitad cuenta con un nivel de formación exclusivamente derivado de la experiencia agraria, en contraste con el 76 % nacional (INE, 2022). El 19 % de los jefes de explotación son mujeres (INE, 2022), lo que supone un ligero aumento respecto a 2009 cuando el porcentaje se situaba en el 18 % (INE, 2012).

Sobre las características de la mano de obra en la explotación, en el censo de 2009, últimos datos disponibles a este nivel de destalle, se especificaba un total de 3771 personas trabajando de manera regular en las explotaciones agrarias: 2101 titulares, 485 familiares y 1185 asalariados, y se necesitaron más de 200 000 jornadas trabajadas por parte de mano de obra eventual (INE, 2012).

Capítulo 3
La comercialización del producto

Los sistemas agroalimentarios están compuestos por la produccción agraria, la cadena de valor y las estructuras de apoyo a la innovación, cuya variabilidad está determinada por las condiciones biofísicas, las infraestructuras e instituciones propias (Gaitán-Cremaschi *et al.*, 2019).

El sistema de producción agraria incluye la estructura de las explotaciones y las prácticas agrícolas utilizadas para transformar el trabajo, la tierra y el capital en productos, así como las relaciones que se dan entre los diferentes elementos. En segundo lugar, la cadena de valor alimentaria engloba los distinto procesos (eslabones) por los que pasan los productos agrarios desde la producción al consumo. Las relaciones que se establecen entre los diferentes eslabones de la cadena pueden ser verticales, donde se va añadiendo valor al producto hasta llegar al consumidor final, o bien horizontales entre actores del mismo eslabón. En esta red se insertan los actores del sistema desde la producción al consumo (por ejemplo, agricultores, intermediarios, comercializadores, procesadores y consumidores) y su funcionamiento requiere de coordinación y colaboración entre ellos. Finalmente, los sistemas de apoyo a la actividad agraria hacen referencia a las estructuras que influyen en la adopción de innovaciones, habilidades, información y tecnología. Un sistema de apoyo que puede ser tanto público como privado y está conformado por actividades, programas, servicios y políticas (Gaitán-Cremaschi *et al.*, 2019). La combinación de estos elementos genera múltiples tipos de sistemas agroalimentarios que pueden coexistir en la misma área geográfica. De Roest *et al.* (2018) advierten que los modelos agroalimentarios dominantes en cada territorio afectan a la estructura de las explotaciones y a sus estrategias de desarrollo.

Tal y como estudian Cattaneo y Bocchicchio (2019), el sistema agro-alimentario actual se caracteriza por una tendencia hacia la expansión y complejización de sus formas organizativas, fomentando así su heterogeneidad. Su rápido crecimiento genera diferenciación e intensificación del trabajo, emergiendo nuevas modalidades empresariales de producción que facilitan respuestas rápidas y eficientes al cambio en las demandas del consumidor. El modelo agroalimentario predominante en la actualidad se basa en el paradigma de la modernización agrícola y se caracteriza por un esquema de organización en red que da lugar a ecosistemas productivos flexibles. Estos se definen como espacios intensivos en innovación y producción (Cattaneo y Bocchicchio, 2019). Se crean sistemas agrarios especializados en una determinada producción (p. ej., fruticultura, porcino), ubicados en el mismo espacio geográfico y que funcionan a través de relaciones de cooperación e intercambio tanto entre productores como con proveedores y compradores (Cattaneo y Bocchicchio, 2019; de Roest *et al.,* 2018). Por estas redes circulan diferentes tipos de recursos tanto naturales como humanos o conocimientos y la producción se articula de una manera intensiva y flexible, dando lugar a organizaciones sociales de carácter complejo (Cattaneo y Bocchicchio, 2019).

3.1. OBJETIVOS QUE GUÍAN LAS EXPLOTACIONES

Los agricultores de las entrevistas muestran una variedad de objetivos que guían sus decisiones sobre la explotación. La maximización de la producción es central como estrategia de supervivencia en una economía globalizada. Como explican Alonso *et al.* (1991) con el proceso de modernización agrícola, muchos agricultores optaron por la profesionalización e intensificación productiva para sobrevivir. Un pensamiento que sigue arraigado en gran parte de los entrevistados, sobre todo en el Bajo Cinca donde el modelo agroindustrial tiene mayor alcance, y que se materializa en la ampliación constante de superficie y producción. Mantenerse implica seguir ampliando la explotación gradualmente: «Cualquier explotación o crece o decrece. Entonces, si queremos estar aquí, tenemos que crecer. [...] No vamos a hacer un salto importante para tener una finca de grandes dimensiones» (P16).

Sin embargo, en los últimos años, el sector frutícola ha sufrido una gran volatilidad de precios que, unido a las incertidumbres del mercado y climáticas, ha generado que muchos agricultores hayan optado por disminuir este tipo de cultivo. Según los datos del Censo Agrario del Bajo Cinca, entre 1999 y 2009, la superficie destinada a fruticultura aumentó un 84 %, mientras que desde el 2009 al 2020, disminuyó un 34 % (INE, 2022). En el Bajo Cinca se reduce el cultivo de fruta en favor de otros cultivos como la almendra o el cereal, que se presentan como alternativas más rentables o directamente se opta por dejar de producir fruta: «Pues mantenerme. Diversificar no porque hay pocas hectáreas y las que quedan están todas cogidas. Mantenerme a ver cómo va el sector. A ver si sigue yendo y si no, hacer otros pensamientos: o arrancar o hacer otros» (P12).

En el caso del Baix Llobregat, las estrategias de reducción de la producción pasan por una disminución de la superficie agraria. Los motivos señalados son una mejora de la eficiencia en el uso de recursos y la adopción de una estrategia de diferenciación en valor: «Me estoy dando cada vez más cuenta [de] que no hay que producir más, sino lo que se produce, que sea más atractivo al consumidor. Presentarlo mejor y tener las menos mermas posibles en el campo e intentar también tener menos *inputs* de los que tenía hace diez años» (P25). A veces, conlleva el cambio de canal de distribución, pasando de Mercabarna a la venta directa, y hacer cambios en los cultivos para reducir la necesidad de mano de obra, como recomienda el técnico agrícola (E3): «También tengo unos agricultores que son los más grandes y venden ahí [en Mercabarna]. Nuestro consejo en estos casos es: reduce superficie en hectáreas, pon oliveras, ve a tres mercados, intenta vender tú y reduce la dependencia». La estrategia de venta de proximidad requiere una reasignacióndel tiempo, por lo que el agricultor mantiene la superficie que es capaz de gestionar, en el sentido de cultivar y vender el producto, él individualmente.

El objetivo de producir fruta o verdura de calidad es otro objetivo central para muchos agricultores: «El objetivo es darle al mercado fruta buena para comer, ese es el principal objetivo» (P8). Este objetivo también se explicita con objetivos de cariz ético o moral que quedarían fuera de la racionalidad económica pura: «Hacerlo bien, no hacer trampas. Ser honrado, contigo mismo y con todo el mundo. No hacer nada que no toque» (P24). Esto muestra resquicios de resistencia de una economía moral de los agricultores, de valorar la comida como un servicio social y no como mercancía, a pesar de encontrarse en un contexto de fuerte mercantilización de la alimentación.

El objetivo de la diversificación tanto productiva como de canales de distribución es nombrado tanto por los agricultores del Bajo Cinca como del Baix Llobregat. La diversificación productiva puede darse a través de un crecimiento en superficie que permite tener otros cultivos distintos al principal: «Hoy en día lo que guía el negocio son diversificar sectores y tocar algún que otro negocio diferente a lo nuestro» (P3. Bajo Cinca). Esta diversificación productiva es mayoritaria en el Bajo Cinca hacia la ganadería o la implantación de nuevos cultivos como la almendra, todo ello dentro de una lógica de crecimiento a través de economías de escala (De Roest *et al.*, 2018). La diversificación de los canales de comercialización para disminuir la dependencia de un solo mercado o comprador es un objetivo mayoritariamente presente en el Baix Llobregat, donde se busca reducir el porcentaje de ingresos que dependen de la venta en Mercabarna para aumentar la proporción de las ventas directas al consumidor para aumentar el precio percibido:

> Tengo en mente montar una tienda, pero lo veo un poco difícil. Me gustaría en Barcelona, pero [el] tema económico, abrir una tienda... [...] Me falta la parte económica, que ir ahorrando un poco, me gustaría poder hacer eso, plantar y vender mi producto. Hacer yo todo el ciclo, porque nosotros ahora estamos vendiendo principalmente el 70 % en Mercabarna, a gran escala. [...] Ahí claro, los precios (P29. Baix Llobregat).

Las decisiones sobre qué producir están estrechamente ligadas a la rentabilidad del cultivo y las expectativas de mercado, tanto en el Baix Llobregat como en el Bajo Cinca: «los criterios te los marca la rentabilidad que te queda. Tú por sentimientos no puedes hacer, tienes que mirar la rentabilidad» (P28. Baix Llobregat). Ello lleva a innovar constantemente con nuevas variedades de los cultivos, con mayor sabor o apariencia estética más atrayente (p. ej., brócolis de diferentes colores) y también a reordenar las tareas de plantación y recolección. Sin embargo, si bien la rentabilidad domina las decisiones, también hay espacio para las preferencias personales. El gusto por un tipo de cultivo influye también en sus decisiones. Es el caso de P1, que decidió optar por las nueces en vez de la almendra que es el cultivo en alza: «Nos hemos ido al fruto seco, hemos plantado nueces, que no almendros. [...] Pues es una cosa nueva, apasionante... No nos aburrimos» (P1) o (P16, Bajo Cinca) que empezó a cultivar granados y al preguntarle por las razones respondió: «uno se ilusiona con algo y dice «pues, mira», «me gusta», «voy a probar a cultivar granados».

3.2. PERFIL DE LAS EXPLOTACIONES SEGÚN SU CANAL DE DISTRIBUCIÓN

El canal de distribución principal al que se orienta la explotación requiere una organización específica de las tareas, planificación de cultivos y los recursos destinados a cada fase de la producción agraria. La estructura de la cadena de valor determina las relaciones (pactos, negociaciones, reciprocidades) que se establecen entre las diferentes partes (productores, comercializadoras, proveedores, empresas de servicios, etc.). Sobre estas relaciones se configuran las transacciones comerciales y la organización del sistema. En este sentido, diferencio entre la clasificación de las explotaciónes según la estructura de la cadena de valor principal, es decir, de acuerdo al tipo de canal de distribución principal al que se enfoquen (canal 1 o agroexportador; canal 2, mercado nacional y canal 3, circuito corto), y el modelo de producción que puede ser convencional y ecológico.

A pesar de que las explotaciones se orientan a mercados específicos y priorizan unas estrategias comerciales sobre otras, también, acostumbran a combinar varias modalidades de venta, coexistiendo diferentes modelos en el mismo territorio (Gaitán-Cremaschi *et al.,* 2019; Vetter *et al.,* 2019). Se trata, por tanto, de establecer una tipología en base a patrones generales identificados, pero en las entrevistas no se encuentra ninguna explotación que se dedique enteramente a un tipo de canal de distribución.

3.2.1. Canal 1: La venta a la exportación y gran distribución

La venta de la producción agraria en el mercado de exportación se corresponde con el modelo agroindustrial de cadenas de valor agroalimentarias globales. Este sistema tiende a un desarrollo de la agricultura basado en la especialización tanto a nivel de la explotación como de las regiones productoras para producir economías de escala. Esto permite aumentar la competitividad en los mercados a través de la posibilidad de establecer economías de escala (De Roest *et al.,* 2018). El objetivo es reducir el coste de producción por unidad, lo que se consigue aumentando la producción para el mismo nivel de *inputs* mediante la especialización en un solo tipo de producto (De Roest *et al.,* 2018). Este modelo, asociado al discurso modernizador, ha estado impulsado durante décadas por las instituciones públicas y privadas. De Roest *et al.* (2018) analizan varios casos de estudio de producción intensiva de frutas y hortalizas. En ellos, se observa una marcada especialización e intensificación de la producción, que se vende a través de canales de venta eficientes y centralizados que buscan la optimización de la logística para reducir las posibles pérdidas durante el transporte y el procesamiento. Esta estrategia productiva se relaciona con un tipo de alimentación barata y estandarizada, catalogada como «comida de ningún sitio» (food from nowhere) (McMichael, 2009). Si bien esta opción ha permitido incrementar la eficiencia productiva, también genera un aumento de la vulnerabilidad de las explotaciones frente a la volatidad de los precios del mercado. Dentro de esta lógica productiva, las medidas para alcanzar la sostenibilidad de la producción se enmarcan dentro de la búsqueda de soluciones tecnológicas innovadoras para mejorar el impacto ambiental.

Este tipo de opción está presente solo en el Bajo Cinca, que muestra una fuerte especialización agrícola enfocada a la producción a través de economías de escala y enfocada a los mercados europeos.

Los agricultores que trabajan en este modelo de explotación venden su producto a las centrales frutícolas,[1] que son empresas comercializadoras de carácter familiar que han experimentado un crecimiento en volumen de negocio y han ampliado su campo de acción hacia la producción. Esto vincula a través de la integración contractual las explotaciones de menor tamaño al modelo agroindustrial (Narotzky, 2016).

Los productores muestran una gran estabilidad en las relaciones con sus compradores con quienes repiten el trato si se han cumplido los acuerdos mutuos. Se establece una relación de confianza a partir de la relación comercial, la cual se construye a lo largo de los años mediante un trato constante y el cumplimiento de las condiciones acordadas:

> No, no. [la empresa comercializadora] si quiere me dice que no viene a buscarme más la fruta y yo le digo: «Oye, César, no vengas más que no te

---

1   Las centrales (horto)frutícolas son las empresas que se encargan de la manipulación y comercialización de la fruta y pueden tener diferentes formas jurídicas (cooperativas, sociedades limitades, sociedades agrarias de transformación, etc.). Son las encargadas de realizar el acopio del producto, su manipulación y las funciones logísticas hacia mercados nacionales e internacionales (Martínez y Rebollo, 2008). En ocasiones, algunas centrales frutícolas constituidas como cooperativas de primer grado, se asocian para formar cooperativas de segundo grado para comercializar de forma conjunta el producto (Vidal *et al.*, 2018).

vendo». A ver, el contrato es de palabra, te llevas bien, llevamos veintipico años con él. Y hay una confianza que ni él me lo va a hacer ni yo se lo haré, pero se podría hacer (P14. Bajo Cinca).

Los contratos se realizan cuando es la primera vez que un productor trabaja con un comprador determinado o por imposición legal, pero en muchos casos no se especifica el precio ni las condiciones reales de la transacción:

> Cuando empezamos con este almacén, hubo un tipo de contrato. [...] Nos hicieron un contrato, nos interesó el precio y bueno... Lo que pasa es que estas dos últimas campañas, contrato no hay, ni yo conozco ningún almacenista que haga contrato a ningún agricultor y le diga: este es tu precio. Esto no (P11. Bajo Cinca).

Reconocen que lo más importante no son los contratos formales donde se especifique las condiciones de venta, sino que se trata de acuerdos verbales y el compromiso de la palabra: «tú me decías si hay contrato, no lo hay, pero verbalmente ya se sobreentiende. Ellos se comprometen a comprarte lo que tú tienes y tú por otro lado te comprometes a suministrarlo. Es un poco la relación esta que existe de compromiso. Un poco moral» (P6. Bajo Cinca).

Este compromiso está conformado por elementos tanto económicos, pues ambas partes buscan el mejor acuerdo para el negocio, como sociales, marcados por la lealtad y la costumbre y es clave para entender cómo se mantienen las relaciones entre eslabones de la cadena de comercialización. P6 relata que, en algunos momentos de la campaña, otras centrales frutícolas o intermediarios solicitan comprarles productos para poder atender sus demandas y que, por ello, ofrecen un precio mayor por el producto. Sin embargo, estos encargos no son siempre aceptados porque, por un parte, son clientes que no repiten, no existe esa relación de compromiso, y por otra, supone tener menos producto para los clientes habituales:

> Tampoco somos muy amantes de... Aquí vienen muchos viajantes, todos los días. ¿Qué pasa? Que viene un comprador y te dice «necesito tres camiones de nectarinas». Y tú los tienes. Y te dicen «te lo voy a pagar a 80 céntimos» y a lo mejor tu venta es a 70 y claro, lo primero que piensas es «este me está pagando más». Pero claro, el cliente que te viene en ese momento o el comprador te viene a comprar es porque han cerrado... Normalmente, son personas que tienen cerrados contratos con cadenas y puntualmente necesitan ese producto. Porque, claro, van a comprarlo donde pue-

den. No somos muy amantes de entrar en esa dinámica porque, claro, al final la producción es la que tienes, los clientes son los que tienes y ellos saben qué variedades tenemos (P6. Bajo Cinca).

El cambio se produce cuando hay indicios de engaño o de que alguna de las partes se está aprovechando de la otra, lo que se sale de los acuerdos pactados:

> Pero hubo un año que se ponía el melocotón negro, se arrugaba y se ponía negro. Y [la empresa comercializadora] nos echaba la culpa a nosotros y nosotros, qué raro que se ponga negro si está bueno el melocotón. Así que cogimos y pusimos muchos kilos para zumo. Y cogí y le llevé los melocotones al chico de Almudáfar y ninguna pega, no se le ponían negros, ni se le ponía nada [...] Entonces volvimos a probar ahí [...] Y el cuarto o quinto año, el pasado, que se ponía negro, que era culpa nuestra, que no lo sabíamos tratar, que llevábamos basura... y yo, pero qué me tiene que decir a mí de que le llevamos basura. Me enganché un poco con él y luego le dije: No lo quieres, no te preocupes. Fuimos a hablar con el de la cooperativa, fue a hablar mi padre. Y sí que les interesaba. Vino a los campos, los vio y dijo: si esta fruta está buena. [...] Al final si tanto te pegan, te defiendes... (P12. Bajo Cinca).

En el caso del Bajo Cinca, este canal supone el destino principal de la producción agrícola, en torno al 80 % de la producción frutícola de la comarca se destina a este mercado (E2, E3, E4). Normalmente a través de intermediarios que se encuentran en los mercados centrales de ciudades europeas, aunque reconocen que la tendencia se orienta de manera creciente a la gran distribución:[2] «Fuera antes íbamos a mercados mayoristas, Francia, Italia, Alemania, Inglaterra... pero eso cada vez menos. Ahora tenemos que ir a grandes superficies» (P1). Las explotaciones estudiadas tienen una superficie dedicada al cultivo de fruta de hueso: melocotón, nectarina, paraguayo y albaricoques de entre 14 ha la que menos y 65 ha la más grande, siendo la mediana de 30 ha. En años de máximo rendimiento tienen una media de producción de 1 331 543,08 kg por explotación, lo que corresponde a 24 142,34 kg/ha de media. Venden su producto a grandes centrales frutícolas que han establecido acuerdos comerciales

---

2 La gran distribución está formada por los supermercados, hipermercados, cadenas de distribución formadas por un grupo empresarial que cuenta con una red de puntos de venta al consumidor final (Mercadona, Lidl, Alcampo, etc.).

con la gran distribución o con intermediarios en los países de destino. Estas centrales frutícolas también cuentan con parte productiva propia, con superficies entre 200 y 300 ha. Son empresas comercializadoras de gran tamaño, situadas en la misma comarca y próximas a las explotaciones agrícolas. Tienen capacidad de gestionar mayores volúmenes de producción que las otras centrales de la zona y que pueden invertir en la maquinaria necesaria para almacenar, empaquetar y procesar el producto. Trabajan para grandes cadenas de supermercados o venden en el mercado exterior a través de intermediarios en el país de destino o a través de exportadores nacionales, que se encargan de gestionar el proceso de compraventa: «Del almacenista a las empresas del mercado suele haber un intermediario, no en todos los casos pero suele haber. Yo conozco a un chico que tiene un coche y un teléfono, le llaman de Galicia: Oye, búscame 8 pies de blanquillas o de lo que sea. Y este es intermediario. Y luego están los camioneros, que ya son otra empresa y cobran» (E8. Bajo Cinca). P16 nombra la figura del «corredor», un intermediario al que recurren las centrales frutícolas cuando necesitan más cantidad de producto. En su caso, él, como explotación agraria, tiene contacto con el corredor, quien le llama cuando necesita más producto. Por lo que no vende la totalidad de su producto a la misma central frutícola cada año, sino que una parte la vende a través de este método.

Mayoritariamente las centrales frutícolas no son filiales directamente de grandes grupos empresariales, aunque las grandes explotaciones sí que tienen acuerdos exclusivos con la gran distribución:

> Estas fincas grandes ya tienen directamente tratos con Mercadona o Alcampo o lo que sea. Son gente que ya tienen muchas hectáreas. Y, además, muchas de estas empresas que han montado por aquí pues son GuilleFRUIT, Pescas y Compras de toda la vida, SPAR que ya tienen sus propias tiendas… que ya tienen su propia distribución (E8. Bajo Cinca).

Los mercados principales son países de la Unión Europea, por la cercanía geográfica y las ventajas del mercado común: Alemania, Francia, Italia y Reino Unido: «¿A qué le llamamos exportación? No vamos a la Luna ni a Marte. Te hago el chiste porque dices "exportar" pero lo que llamamos Europa está todo muy cercano. Cargar un camión y que llegue a Berlín tarda dos días y medio. Está todo muy cerca» (P3. Bajo Cinca). La preferencia por estos mercados se atribuye a que hay una mayor demanda y se valora más la calidad, por lo que los precios son más elevados: «El peso mayor es la exportación. Porque a nivel nacional se consume menos. Hay muchísimos países que no hacen fruta, Alemania...» (E11. Bajo Cinca).

La venta a países no europeos está presente de manera minoritaria, no es una preferencia para las centrales frutícolas estudiadas. Para la venta a la gran distribución, las centrales frutícolas se deben agrupar en cooperativas de segundo grado o empresas conjuntas, para aumentar la concentración de producción:

> Las grandes superficies son muy complicadas porque tienen el poder de compra porque tienen el poder de venta. Necesitan unos volúmenes enormes, entonces hay pocas empresas que puedan llegar por sí solas a una gran superficie. Lo que hacemos es juntarnos, no hay una figura estricta ni rigurosa ni bien definida. Nos unimos en una joint-venture. Yo estoy con una gente que ellos tienen su red comercial y con su red comercial, nos juntamos dos o tres almacenes y ahí vamos dando servicios. De la zona o de Lleida, que al final es la misma zona. Concentramos esfuerzos. Es así cuando ya podemos en la gran superficie. Por sí solo son unos volúmenes enormes. Ocurre eso, los mercados están muy bien, pero se colapsan en seguida (P1. Bajo Cinca).

La construcción de la calidad en el intercambio comercial

El control exhaustivo de la trazabilidad del producto asegura que se cumple la normativa de seguridad alimentaria y de alguna manera «reemplaza» a la conexión entre el productor y el consumidor final. Los agricultores que trabajan con esta vía no conocen cuál es el lugar final exacto al que se destina su producción ni a quién se le vende su producto: «No, eso no te lo sabría decir yo [el destino final de la producción] nosotros lo dejamos todo ahí [en la central frutícola] y ellos se encargan de distribuir» (P13. Bajo Cinca).

Además, destacan la calidad de su producto: «aquí la fruta tiene que ser perfecta» (P9. Bajo Cinca). En línea con otros trabajos realizados en enclaves agroexportadores (De Castro *et al.*, 2021a; Pedreño y Melgarejo, 2021), la calidad aparece como un elemento dentro de la relación comercial, que crea el valor de la mercancía alimentaria. Una noción de calidad industrial, como indica Martínez Álvarez (2018). En el Bajo Cinca, de igual forma que sucede en las explotaciones de producción de frutas y uvas de la Región de Murcia descritas en el trabajo de Pedreño y Melgarejo (2021), la calidad conlleva «civilizar» los procedimientos productivos en cuestiones de higiene, espacios de trabajo, sistematicidad, etc. para aislar al producto de los contaminantes generados por la interacción con el cuerpo humano. Se distingue así, el producto de calidad como la nueva gerencia de la calidad y se asegura formalmente a través de las certificaciones privadas, Estas tienen el objetivo de una mejora de la eficiencia para disminuir el impacto medioambiental de las prácticas agrícolas y contribuir a la sostenibilidad.

Los estándares de calidad son protocolos que establecen los requisitos productivos y que se consolidan como formas de autoridad moral, política, económica y técnica (De Castro *et al.,* 2021*b*). Controlan que se han cumplido una serie de prácticas agrícolas, entre las que se incluyen el nivel de uso de los tratamientos fitosanitarios. Por tanto, se asocia el concepto de calidad a un atributo medible, parametrizado, que cumple con la normativa exigida para su comercialización.

La sostenibilidad se institucionaliza de esta manera a través de un entramado sofisticado de actores y la elaboración de su propia burocracia, asentada en la racionalización de los procesos productivos, el cálculo y previsibilidad y las premisas de neutralidad y objetividad (De Castro *et al.,* 2021*b*). Existen numerosos certificados que aseguran el cumplimiento de determinadas características de la producción agraria y los productos alimenticios. Estos certificados cubren una variedad de iniciativas, tanto en la parte agraria como en otros eslabones de la cadena agroalimentaria (Chever *et al.,* 2022).Se basan en un proceso de control interno o realizado por un organismo externo acreditado, que garantiza ciertas características o atributos del producto, tipo de producción o sistema y que puede ser de empresa a empresa o de empresa al consumidor. Pueden medir aspectos que ya están cubiertos por las leyes nacionales o europeas o, a veces, amplían estos requisitos. Asimismo, atañen a uno o a más agentes implicados del sistema (Chever *et al.,* 2022). Garantizan que el proceso de producción sea más transparente y aseguran un mayor control y trazabilidad en las cadenas de valor (Truninger, 2008). Sería el caso de los sellos *Global GGAP, IFS* o *BRC*[3] promovidos por organizaciones internacionales de carácter privado y también las certificaciones públicas de agricultura ecológica y producción integrada. Asimismo, las centrales frutícolas suelen comercializar con su propia marca distintiva. En los acuer-

---

3   Global GAP: Global Good Agricultural Practices; IFS: International Featured Standards; BRC: Brand Reputation Compliance Global Standards.

dos comerciales se específica el modelo de producción requerido: tratamientos permitidos, calidades del producto y ciertas prácticas agrícolas. Normalmente, el producto se vende con el sello de calidad *Global GAP.* La empresa comercializadora es la encargada en este proceso de garantizar el cumplimiento de estos requisitos frente a sus clientes por lo que dicta a los agricultores lo que se permite y lo que no:

> Ellos [la comercializadora] te dicen: «Mira, los supermercados solo nos dejan estos». Solo pueden salir cuatro o cinco pero por debajo del límite europeo que te dicen. Y de eso, juegas. Te hacen muchos análisis, normalmente te lo hacen casi todos. Por eso cuando me dicen: te voy a hacer [un] análisis, me da igual. Porque, a veces, dices «me iría bien esto» y lo tienes, pero no lo puedes hacer. Por los plazos. O sea, que se lleva un control. Demasiado para mí (P3.Bajo Cinca).

Las Organizaciones de Productores de Fruta y Hortaliza (OPFH)

Los productores forman junto con la central frutícola una entidad con personalidad jurídica propia (cooperativas, sociedades agrarias de transformación, sociedades mercantiles, etc.) y se establecen como Organización de Productores de Fruta y Hortaliza (OPFH). Las OPFH están reguladas a nivel europeo y financiadas a través de la PAC. Son agrupaciones entre productores y empresas comercializadoras, que se asocian para planificar la producción, concentrar la oferta y la comercialización de los productos y optimizar los costes de producción y los beneficios para estabilizar los precios de producción (Comisión Europea, 2017). Exigen a sus miembros productores que comercialicen toda la producción a través de ellas, la exclusividad de pertenencia a una sola organización por producto y la aplicación de todos los protocolos de producción, comercialización y protección de medio ambiente (Ministerio de Agricultura, Pesca y Alimentación, 2021*b*). España es el miembro de la Unión Europea con mayor número de OPFH, con un total de 595 en el año 2012, lo que suponía el 36 % del total de la UE (Ministerio de Agricultura, Pesca y Alimentación, 2021*b*). En 2019 había 236 organizaciones de productores de fruta de hueso, con la mayor concentración en Andalucía, Aragón, Catalunya, Comunidad Valenciana y Canarias. Destinadas a la producción de hortalizas hay 263, con una concentración mayor en Andalucía, Canarias, Comunidad Valenciana y Murcia. Aragón cuenta con 39 organizaciones de fruta de hueso y, de las cuales el 39 % están en el Bajo Cinca.[4] A nivel español, la media de productores por organización es de 30 para la fruta de hueso, lo que indicaría la relevancia que esta fórmula tiene en la comarca (Ministerio de Agricultura, Pesca y Alimentación, 2021*b*).

Las organizaciones de productores funcionan como grupos con disciplina interna y agrupan productores pequeños y medianos en torno a la central frutícola de mayor tamaño, lo que en la práctica sería una forma de integración vertical o contractual (Narotzky, 2016). Actúan como grandes organizaciones: «[Respecto a la] producción propia estamos en unas 250 ha y nuestra agrupación de agricultores está en 1500 ha» (P3. Bajo Cinca). Se forman estructuras jerarquizadas donde se asocian agricultores individuales con comercializadores, lo que les permite a pequeñas y medianas explotaciones llegar a mercados que de otra manera inaccesibles e integrarse en las cadenas de valor global. Las centrales frutícolas del estudio suelen trabajan con un grupo de agricultores (alrededor de 10) que suministran más de la mitad del producto total que comercializan esas centrales.

La integración productor-comercializadora necesita que se realicen grandes inversiones en infraestructuras en la parte productiva y en la central frutícola, así como incorporar las innovaciones de manera constante. La central frutícola depende de que sus productores adopten esas innovaciones productivas para proporcionar el producto a sus compradores y a la vez los productores necesitan de ellas para vender sus elevados volúmenes de producto: «Yo no puedo obligar a un agricultor a hacer una inversión cuando él es libre de elegir el almacén que él quiera. [...] Tienes una confianza de decir "tú estás conmigo y yo estoy contigo". Yo no te voy a obligar a hacer lo que no quieras, pero ya estamos haciendo algo juntos. Hay una simbiosis, una confianza» (P1. Bajo Cinca). Esta dependencia obliga a los pequeños y medianos agricultores que trabajan con la central a seguir invirtiendo dinero en su explotación.

Las comercializadoras trabajan normalmente la producción de los agricultores de una misma zona, aunque también existe el caso de empresas que comercializan el producto que proviene de otros enclaves agrícolas de la península especializados en otros productos como los cítricos y

---

4 Calculado a partir de los datos del Ministerio de Agricultura, 2021. Incluye organizaciones tanto de «frutas» como «frutas y hortalizas».

los caquis, desde Andalucía y Valencia respectivamente, y que sirve para superar la estacionalidad del trabajo ligada a la producción de fruta de hueso. Optar por esta estrategia supone un salto en la escala de negocio:

> De melocotones, paraguayos y nectarinas no podemos más. ¿Por qué queremos fomentar más eso? Hay otros productos. Si nos vamos al caqui, por ejemplo, te he comentado que el año pasado hicimos 9000 t. Esto nos coge fuera de temporada. Nosotros, este año aspiramos a comercializar casi 12. Es un crecimiento de un 30 % fuera de la temporada normal de nuestra zona que son melocotones y nectarinas. Y luego, a partir de noviembre y diciembre, incorporar las naranjas que nos lleve hasta mayo. En naranjas tenemos ocho meses de trabajo, solo que lo hagamos normal, 1 millón de kg al mes, son 8 millones de toneladas. ¿Por qué crecer más en melocotones? Si tenemos otras cosas, en otros momentos que nos cogen con las instalaciones paradas. Es mejor dar la vuelta al círculo (P3. Bajo Cinca).

En este punto es relevante señalar el papel de las cooperativas como mecanismo que contribuye a mantener las pequeñas explotaciones. Están formadas por los socios y comercializan la producción propia, por lo que su funcionamiento interno se asemeja a otras centrales frutícolas de carácter privado. Se trata de una forma organizativa con poco peso en la comarca, las existentes se mantienen gracias al haberse integrado en el modelo agroindustrial, rebajando así su componente más social (Ajates, 2020). Trabajan con las mismas fórmulas comerciales, vendiendo su producto a intermediarios en países europeos. Por ejemplo, la cooperativa de Osso de Cinca está formada por 40 socios, con explotaciones que van desde las 2 o 3 ha hasta las 30 o 40 ha (E13. Bajo Cinca), lo que indica el perfil heterogéneo de los integrantes. La superficie media de las explotaciones de la cooperativa de Fraga es de 8-9 ha (E11. Bajo Cinca). Vemos que cuentan con un número elevado de socios frente a las centrales frutícolas de carácter privado. En línea con lo señalado por Moragues-Faus (2014), muchas de estas explotaciones de menor tamaño, que cuentan con un perfil de agricultor a tiempo parcial, encuentran en la cooperativa una vía de comercialización, sencilla y útil, para agrupar su producción con la del resto y poder mantenerse: «Y los que tienen 2 o 3 ha, si no estuviéramos nosotros, haría ya tiempo que no existirían» (E13. Bajo Cinca).

La articulación de la producción de esta manera fomenta la homogenización del paisaje agrícola de la zona, con una tendencia al monocultivo de las explotaciones para conseguir los grandes volúmenes de producción requeridos por los intermediarios o por la gran distribución. Las explotaciones del Bajo Cinca, en general, están especializadas en fruta de hueso, lo que se limita a cinco cultivos: paraguayo, melocotón, nectarina, ciruela y albaricoques, pero no todas se dedican a los cinco cultivos. Esta especialización extrema es necesaria para garantizar las economías de escala y dar una respuesta eficiente y rápida a las demandas del mercado.

Las empresas de suministros fitosanitarios

De manera mayoritaria, las explotaciones frutícolas trabajan en el modelo de agricultura convencional, no ecológica (solamente una de las explotaciones de la muestra está certificada como tal). Los productos fitosanitarios se compran en empresas distribuidoras que se sitúan en la comarca o en zonas cercanas como Silos del Cinca en Fraga. Muchas de ellas también ofrecen asesoría técnica y gestión integral de las fincas a los agricultores. Son distribuidores oficiales de las empresas internacionales punteras en el sector. P16, aparte de tener su explotación agraria, es gerente de una empresa de fitosanitarios, que tiene como ocupación principal. Se trata de una empresa de carácter familiar, que fundó después de estar trabajando unos años en otra empresa del mismo estilo. Él se había incorporado al sector tras la muerte de su padre, pero tras ver que la explotación no daba el rendimiento esperado, empezó a compaginar el trabajo en la explotación con el trabajo en la empresa. Es una estrategia común seguida por algunos agricultores para mantener la explotación y la cercanía al sector en el contexto de reestructuración agraria, como señala Camarero (2017a).

> Yo cuando me quedo como propietario de la explotación familiar, porque mi padre muere. Entonces, yo veo que con aquello no puedo continuar. Y me sale trabajo como vendedor de abonos, trabajo en la empresa de abonos y continúo trabajando el campo. Poco a poco, la empresa de abonos coge un ritmo y yo monto una empresa. De esto estamos hablando de hace veinte años. Y monto la empresa, pero, paralelamente, siempre tenemos campo y el campo también lo hemos hecho crecer (P16. Bajo Cinca).

Los agricultores generan relaciones de confianza tanto con los compradores como con el resto de los proveedores de productos y servicios: técnicos, empresas de tratamientos y servicios de mantenimiento. Los agricultores del Baix Llobregat y del Bajo Cinca forman parte de organizaciones de productores que tienen como finalidad el uso eficiente de los productos fitosanitarios y/o tienen asociado un técnico agrícola que les asesora. En el caso del Baix Llobregat, se trata de las Agrupacions de Defensa Vegetal (ADV), que en el Bajo Cinca se denominan Agrupaciones para Tratamientos Integrados en Agricultura (ATRIA). Ambas son entidades constituidas por los titulares de las explotaciones agrarias para mejorar en el uso de los productos fitosanitarios, a través de la vigilancia de la sanidad vegetal de la zona, el asesoramiento diario a las explotaciones agrarias y el fomento e implantación de nuevos métodos de control de plagas (Departament d'Acció Climàtica, n. d.; Gobierno de Aragón, n. d. *a*). Los técnicos de la ADV y del ATRIA visitan regularmente las explotaciones y son los encargados de asesorar a los agricultores, quienes delegan esa labor a las decisiones tomadas por el técnico, existe una confianza:

> Yo trabajo en una empresa porque estoy en un ATRIA y ellos me lo controlan todo. Yo tengo unas trampas de captura de los insectos y se ve si hay que tratar o sulfatar o lo que sea. Hay empresas de transporte que te traen el producto, sulfatas y ya está. Yo no sulfato a lo loco, cuando quiero, sino cuando dicen (P15. Bajo Cinca).

El proceso de fijación de precio

Las relaciones de confianza y dependencia sobre las que funciona el sistema de integración productor-central frutícola involucran desigualdades de poder y malas prácticas, por ejemplo, en el proceso de fijación de precio y el plazo de pago establecido. Estos elementos aparecen como un elemento constitutivo de la sostenibilidad social para la agricultura. Si bien la ley dicta que en productos frescos no puede superar los 30 días (*BOE,* 2021), los agricultores del Bajo Cinca reconocen que la norma es vender sin precio: «Tú llevas la materia prima, ellos cuando la venden... Deciden el precio que te van a pagar. Tú vendes sin precio y al tiempo te dicen» (P13. Bajo Cinca). También la central frutícola vende sin precio a sus compradores:

> Soy un gestor, soy un organizador de tareas porque el precio no puedo ponerlo. Yo si quiero vender fruta, que es lo normal, a la gente hay que ponerle precio. Tú vendes un bolígrafo y le pones un precio, pero en la fruta no puedes ponerlo. He pasado de ser comerciante a ser un organizador, un gestor, un encargado de almacén. Siendo el dueño, soy un encargado de almacén (P1. Bajo Cinca).

El agricultor entrega el producto en verano, conforme va recogiendo las variedades de fruta y al final de la campaña, para septiembre y octubre las centrales frutícolas hacen la facturación, realizando el pago en diciembre, incluso enero:

> Si quieres, te van haciendo adelantos, si lo necesitas y si no, a finales de octubre... más noviembre que octubre. Pues ya se hacen las liquidaciones correspondientes. Estos años anteriores, ni octubre, ni noviembre ni diciembre. Ya se iba a enero o febrero. Han sido años tremendos. ¿Muy injusto? Sí. Porque claro, ellos la fruta la venden al momento y que realicen los pagos tan tarde... pues, imagínate lo que es (P11. Bajo Cinca).

Esto supone que el agricultor a partir de octubre tenga que adelantar los pagos de los trabajos de cara a la siguiente campaña, sin tener la liquidación de la anterior ni saber a cuánto le van a pagar el kilo de fruta, lo que les genera una gran incertidumbre y aumenta sus riesgos. Estas prácticas son valoradas muy negativamente por parte de los agricultores, a quienes les gustaría que cambiara, pero reconocen que no pueden hacer nada porque todas las empresas hacen lo mismo.Se sienten atrapados. El agricultor puede pedir un adelanto de dinero para hacer frente a los gastos, algo que ocurre recurrentemente, pero esa cantidad de dinero no se sabe a qué porcentaje del total corresponde: «Aquí en la cooperativa te daban adelantos, pero sin precio. Te daban un adelanto de x kg, pero no te daban el precio. Pero yo creo que el precio es algo clave para saber cuánto vas a cobrar, porque podrías estirar más la manga o menos» (P12. Bajo Cinca).

No obstante, se observa la introducción de nuevas fórmulas al respecto por parte de alguna central frutícola que pone el precio a la semana de la entrega del producto y hace el pago a los treinta días. Esto es utilizado como un distintivo de diferenciación frente a sus competidoras y forma parte de la línea de imagen de la empresa, apareciendo en los eslóganes de la marca:

> Nosotros, única empresa a nivel nacional, el precio lo fijamos al productor a los siete días de haberlo recolectado. Lo que entró la semana pasada, de lunes a domingo, el jueves lo liquidaremos. [...] y a los 30 días de la fecha de recolección, pagamos. Esto lo denominamos 7/30, si te fijas en nuestros vehículos pone una pegatina con eso. Esto en nuestro sector no se hace, pero a nosotros nos parece que es la manera de informar al agricultor (P3. Bajo Cinca).

También P17, quien, después de años de producir fruta en convencional decidió dar el cambio a la producción en ecológico y está vendiendo a la gran distribución. Percibe diferencias entre el trato al agricultor entre el canal convencional y el ecológico:

Sí, un poco de diferencia con los pequeños hay. Porque te respetan más. Muchos son incluso productores y se ponen en tu piel y te dicen: mira, hemos tenido este problema. Vamos a partir la diferencia. Si hemos perdido el 50, 25 tú y 25 yo. En convencional, esto no pasa nunca. Siempre terminas perdiendo todo el productor (P17. Bajo Cinca).

La formación del precio es un proceso opaco con poca información al respecto, atribuyéndose a una cuestión de mercado, de oferta y demanda. El precio medio final por kilo producido varía cada año y en él influyen muchos factores externos: heladas, situación de otras zonas productivas, consumo, etc.:

En un 80 % de nuestro trabajo, sí [sabe a qué precio vende], en un 20 % no. Y luego, cuando ya está el precio regulado. Ya estamos en 50 céntimos/campo, por ejemplo, ya estamos en un precio y se va a mover cinco céntimos más o menos. Cada semana estamos hablando con supermercados y te dicen el precio que te van a pagar, pero el precio lo fijan ellos, no nosotros. Es una ley de oferta y demanda. ¿Quién manda aquí? La cadena de distribución, nosotros no mandamos nada. Es una realidad (P3. Bajo Cinca).

Es un proceso de negociación entre las partes donde quien está en mejor posición va a poder establecer acuerdos más ventajosos. En este caso, la gran distribución ejerce una presión sobre las centrales frutícolas que deja poco margen para la toma de decisiones. Las centrales frutícolas exponen que tienen muy poca capacidad para decidir a qué precio venden el producto: «Al 10 % de la fruta que vendo puedo ponerle precio, pero al 90 % no» (P1. Bajo Cinca). A la vez, las centrales frutícolas trasladan esa presión al agricultor, a quién le fijan el precio al que vende su producto: «El precio yo no lo puedo decir nunca en la vida. Es lo que te dan» (P4. Bajo Cinca).

Frente a la nula capacidad que tiene el agricultor para establecer el precio, la opción que le queda es la de aumentar la productividad por hectárea, para ganar eficiencia y reducir el coste por unidad, potenciando así las economías de escala:

Resulta que yo en una parcela puedo sacar 40000 kg de fruta o 50000 kg de fruta. La diferencia de estos kilos, al final el precio será el mismo, pongamos 40 céntimos, aquí 40 céntimos en 40000 kg nos iríamos a 16000 y aquí, en 20000. Para producir estos 40000 kg hemos tenido casi el mismo coste. Es decir, que de esta que hemos sacado 16000 € a lo mejor nos hemos gastado 8000. En esta de los 50000 nos hemos gastado igual

8000. Aquí nos han quedado 8000 y aquí resulta que nos han quedado 12 000 (P16. Bajo Cinca).

El agricultor, generalmente, vende su producto a una sola central frutícola, aunque, a veces, puede combinar entre varias si está en proceso de cambio. La fruta se recoge directamente en palots, que suelen tener una capacidad de carga de unos 300 kg. Se hace por «pasadas», es decir, se va pasando varias veces por los mismos árboles y se recoge según tamaño. Generalmente, se hacen dos o tres pasadas, en la primera se recoge la fruta de mayor calidad y sucesivamente, hasta que ya no quedan. Los palots son llevados a la central frutícola de manera diaria por el agricultor o lo viene a recoger la empresa comercializadora. Por lo que el transporte queda a su cargo. En la central frutícola, se hace el escandallo de la fruta, que es el proceso por el cual la fruta se clasifica por calibres (tamaño) que tendrán diferentes precios de venta. Se suele tomar una muestra de los palots recibidos para medir sus características y, en base a eso, se calculan cuántos kilos y con qué características se ha entregado el producto del agricultor. Parámetros que luego servirán para calcular el pago al agricultor. Posteriormente, el producto se prepara en las máquinas de lavado y secado, por la calibradora y después se encaja y se prepara para el envío de acuerdo con los parámetros establecidos por el comprador final: logotipo, tipo de embalaje, materiales utilizados, etiquetas, etc. En la central frutícola también se selecciona el «destrío» que es el tipo de fruta que no va a comercializarse por los canales habituales, sino que se destina a la industria de transformación.

Se observa un cambio hacia el fomento de una relación más competitiva entre productores y la central frutícola. Si antes predominaba una manera igualitaria de tratar el producto, con precios más o menos uniformes para todos los agricultores que trabajaban con la misma empresa comercializadora, ahora se imponen las prácticas de diferenciación entre productores, quienes reciben un precio individualizado:

> Hay almacenes que, algún amigo [con el] que hablas o lo que sea, se lleva poco la diferencia de un agricultor a otro. En este se lleva. En [la empresa comercializadora] valoran tu producto, si tú lo haces bueno, cobrarás más que el otro y punto. Y yo lo quiero así. Si tú te lo trabajas más, que te paguen más. Si haces fruta más buena, más limpia, más gorda. Y el otro que lo hace más pequeño, que son todas buenas igual, pero si uno se lo trabaja más, que cobre más. Porque si no, todos haríamos lo otro, hacer kilos y ya (P4. Bajo Cinca).

Por ejemplo, el gerente de una cooperativa en el Bajo Cinca, E13 (Bajo Cinca), habla de la diferenciación a la hora de hacer el escandallo, mientras que antes se hacía de una muestra de uno o dos *palots*, ahora se hace una muestra de cada palot y en base a eso se establece el calibre. P14 explica cómo su empresa comercializadora (P3) hace un *ranking* anónimo de los precios por kilo pagados a los agricultores, para que vean dónde se sitúan y cómo pueden mejorar:

> [La empresa frutícola] siempre te dice lo mismo: «el precio lo pones tú». Si traes fruta buena, tiene un precio; si la traes más floja, tiene otro... y tú hablas con gente de los que llevamos fruta ahí y unas veces vas por encima, otras por debajo [...]. Y ahora que llega final de campaña, él te da un libro y tú ves el número [en el] que estás. No sabes quién hay delante y quien detrás, tú ves que estás el sexto, el séptimo...y te pone lo que has sacado por hectárea (P14. Bajo Cinca).

El modelo de integración vertical, por tanto, no conlleva una estrategia de planificación común de la producción entre explotaciones que suministran a la central, sino que solamente se establece una comunicación entre los agricultores y la comercializadora, no hay relación horizontal entre miembros del mismo eslabón.

Programas de retiradas de producto y canal de industria

Uno de los aspectos clave de la participación en las OPFH es el acceso a los programas operativos. Estos fondos subvencionan gastos de la explotación derivadas de la construcción de infraestructuras, mejora de la comercialización, la calidad del producto y la investigación, medidas dirigidas a la prevención y gestión de crisis y aquellas enfocadas a objetivos medioambientales (Agricultura y Pesca y Medio Ambiente, 2017). En las entrevistas se observa una fuerte participación en las OPFH. A través de ellas, pueden vender comercializar el producto directamente o, como hacen algunos agricultores que venden el producto por su cuenta, lo cobran a través de ahí. Además, les permite acceder a otros servicios: «La única ventaja que tiene es que, a través de la facturación, te corresponden algunas cosas. Agrupamos sulfatos, abonos, fitosanitarios... Sale un poco mejor de precio, en vez de comprar para 20, compras para 500» (P5. Bajo Cinca).

De las medidas que aparecen en las entrevistas, sobresale la participación en los programas de retiradas del producto y la recolección en verde o no recolección. Ambas medidas están dentro de las medidas para la prevención de las crisis, en este caso, en años donde se espera que haya unos altos niveles de producción y, por tanto, un hundimiento de los precios. Frente a ello, los agricultores pueden retirar hasta el 5 % de los kilos que han comercializado en las últimas tres campañas, producción que se destina a la distribución gratuita a través de bancos de alimentos y otras iniciativas sociales, bien en fresco o previa transformación en zumos. Al ser un producto muy perecedero, los que no pueden distribuirse por las entidades sociales se destina a alimentación animal, compostaje y biodegradación o a otros destinos (Fundació Banc dels Aliments, n. d.). Las retiradas son la única vía por la que el producto llega a los bancos de alimentos y a la distribución gratuita, pero es un efecto secundario de las retiradas, no su objetivo principal. No se hacen de manera regular todos los años, sino aquellos que hay sobreproducción: «Y luego los bancos de alimentos, en años de abundancia, tienes que solicitarlo. Porque estamos hablando de un producto perecedero. No es una sopa. Entonces, se hace, pero, por desgracia se hace cuando hay abundancia. Cuando hay escasez… pues no sé cómo lo deben de hacer» (P1. Bajo Cinca). Tampoco es una medida con objetivos de reducir las pérdidas de producto, aunque no se consideran desperdicio alimentario (Vidal *et al.,* 2018). Es una medida enfocada a mantener los precios del producto y la rentabilidad del cultivo, por lo que los motivos que exponen los agricultores para participar corresponden a una visión económica. Este exceso de producto derivado de un modelo industrial puede tener graves consecuencias medioambientales, por un sobreuso de recursos (Martínez-Valderrama *et al.,* 2020).

El producto tiene las calidades y estándares estéticos exigidos, no se destina producto que no cumple con ellos, solo que al haber sobreproducción se opta por disminuir la oferta. Distinta es la producción que no se comercializa por motivos de calidad, porque no cumple los requisitos estéticos, de tamaño, consistencia o presentan desperfectos a la vista, también la que se ha caído al suelo, se destina a la industria de transformación para su conversión en zumos, concentrados, néctares, cremas, purés, etc. La selección del producto que va a industria se hace en algunos casos directamente del campo y en otros, el agricultor vende todo a la central frutícola y de ahí se seleccionan lo que va a transformación. Existen dos tipos de operadores, los de primera transformación que transforman la fruta fresca en diferentes productos y se lo venden a las empresas de segunda transformación para la confección final de los productos elaborados (Vidal *et al.,* 2018). Los agricultores del Bajo Cinca venden su producto a empresas cercanas como ZUCASA, una fábrica de zumos, purés y concentrados en

Fraga y Conva, en Tamarite de Litera, a unos 50 km. Son empresas que no pertenecen a grandes grupos, sino de tamaño mediano. También trabajan con grandes empresas del sector como Nufri, con sede central en Mollerussa, a unos 70 km de la comarca e Indulleida, S. A., a unos 50 km. Se trata de grandes grupos empresariales que no solo se dedican a la transformación, sino que también cuentan con empresas viveristas, explotaciones de producción en origen, almacenes de distribución y puestos de venta en diferentes mercados (Nufri, n. d.). Es un canal que funciona bajo las mismas estrategias agroindustriales que la comercialización en fresco, el precio suele ser menor a 0,10 €, por lo que no constituye un canal principal, sino que a él va el producto que no tiene otra vía:

> En la OPFH que estoy, del porcentaje que tengo del dinero o es para inversiones o para retiradas. Yo, para la producción que tengo 400 igual podía retirar, pues, 4000. Por derecho, por el dinero, no soluciona mucho. Sé que muchos años me envían para bancos de alimentos, cuando «la retirada» no quiere destruirla para zumos va para bancos de alimentos, para casas de beneficencia, para todo eso, pero cumpliendo una calidad. La fruta mala, la del suelo, eso no. Es fruta buena, más pequeña, pero buena. Suele ser el calibre más pequeño, pero la fruta es igual. La del suelo va para zumos, pero la nectarina y el paraguayo está en tres céntimos... Te cuesta más recogerlo que... y el melocotón amarillo que es lo que valora el mercado para zumo, ya va entre siete y diez céntimos, según el año, eso es lo único a valorar del suelo (P7. Bajo Cinca).

Perfiles divergentes dentro del sistema agroindustrial

Dentro de las explotaciones enfocadas a este tipo de comercialización encontramos dos casos singulares que la combinan con una estrategia de venta en circuitos cortos de comercialización. El primero es el caso de P17, agricultor frutícola, con 16 ha, que decidió hacer la transformación en ecológico hace cuatro años, implantando un manejo de agricultura regenerativa. El año 2021 fue el primero que podía vender con el sello de certificación oficial. Al hacer la conversión y mantener el mismo número de superficie cultivada, con una producción de 200 000 kg, empezó a trabajar con empresas comercializadoras que se encargaban de vender su producto, mayoritariamente a grandes distribuidoras en el extranjero. Sin embargo, esta fórmula la considera solo temporal y le genera contradicciones: «Porque estamos haciendo agricultura regenerativa y luego estamos vendiendo el producto a miles de km, no tiene ningún sentido» (P17. Bajo Cinca). Pero es la opción que tiene para dar salida a sus volúmenes de producción. Su intención es diversificar sus canales de venta y enfocarse al mercado nacional:

> Porque cuando tú llevas a un intermediario que ya es un comercializador a gran escala, casi todos venden a Europa. Y lo de la venta a Europa se paga más caro por kg, pero tienes otros problemas. Es mucho tiempo entre la recolección y el consumo y ahí se pierde mucho. Y los comercializadores de Europa te mandan unas fotos y dicen: esto no lo cobras. Yo preferiría trabajar con mercado nacional pero ahora mismo España no es uno de los países que más se consuma ecológico (P17. Bajo Cinca).

Sin embargo, esto solo es posible si reduce superficie y producción, ya que, con el nivel de producción actual, los gastos en mano de obra e insumos se incrementan, por lo que depende de más factores:

> Entonces, yo creo que me he equivocado en el aspecto de producir demasiado, porque yo creo que los productores ecológicos debemos producir solo la cantidad que seamos capaces de gestionar cerca de nosotros y de sacarle un margen comercial. Porque cuando empiezas a producir mucho, es mucha mano de obra, es un gasto enorme que se puede descontrolar en cualquier momento... Yo lo que veo es que los que están funcionando son los que van a mínimos (P17. Bajo Cinca).

Ahora está probando otras fórmulas de comercialización como trabajar con grupos de productores que hacen diferentes tipos de venta directa o a empresas de distribución de menor tamaño, que se enfocan a un mercado minorista, pero con requisitos de valor más elevados. Está probando a diversificar sus cultivos e introducir productos de huerta: brócoli, tomate rosa, tomate de colgar, cebolla y ajo, para aumentar su oferta y, además, ha plantado variedades de higos tradicionales de la zona.

El segundo es el caso de P16, que tiene una explotación frutícola y una empresa de fitosanitarios. Hace cuatro años decidieron plantar granados en parte de su explotación (5 de 30 ha). Una parte la comercializa directamente a través de un intermediario del Vendrell que distribuye a una red de pequeñas fruterías de esa zona y otra parte, la transforma en zumo, que distribuye a comercios minoristas de la zona para su venta al consumidor. Para ello, su hijo e hija, que trabajan también en la explotación frutícola y en la empresa de fitosanitarios, han creado otra empresa con un obrador. El objetivo es ir creciendo, pero siempre en base a su producción, sin caer en las dinámicas industriales: «No queremos industrializar nada... Tenemos las máquinas para pasteurizar y para hacer el zumo» (P16. Bajo Cinca).

3.2.2. Canal 2: La venta en el mercado nacional

Dentro de esta categoría, se encuentran las explotaciones que tienen como estrategia de venta principal la comercialización del producto en los mercados nacionales. Se considera como estrategia de venta principal cuando la planificación productiva se hace en base a las expectativas de venta en este mercado y, por tanto, el volumen económico de este canal es mayor al resto. Esta se hace a través de los mercados centrales de las ciudades (Mercabarna, Mercamadrid, etc.) o mediante acuerdos comerciales con intermediarios y distribuidoras que compran directamente a la explotación agraria. Quedan fuera, por tanto, las explotaciones que venden directamente al consumidor a través de canales de comercialización cortos, que explico en el apartado siguiente, y a la gran distribución que, aunque operen en territorio español, el modelo comercial se asemeja al descrito en el apartado anterior.

Dentro de esta categoría, existen perfiles heterogéneos de explotaciones en base al volumen de producto comercializado, el número de compradores con los que tratan y el perfil final del consumidor. La cadena de valor del producto desde el productor al consumidor nacional también varía en el número de intermediarios.

El mercado nacional en el Baix Llobregat: Mercabarna

En el caso del Baix Llobregat, Mercabarna ha sido tradicionalmente el mercado principal donde se ha comercializado el producto. Nace en 1967 cuando se crea la sociedad anónima mercantil Mercados de Abastecimientos de Barcelona, S. A. y en 1971 se instala en el recinto el Mercado Central de Frutas y Hortalizas, que hasta la fecha se hallaba en el Mercado del Born, en el centro de la ciudad de Barcelona. Desde ese momento, se van trasladando progresivamente el resto de los mercados y se va ampliando la oferta de servicios y actividades llevadas a cabo (Mercabarna, n. d.). Durante estas décadas se va produciendo una reestructuración del sistema agrario periurbano, tal y como explica P20, con el cambio en los patrones de consumo y el crecimiento de Mercabarna, muchos de los antiguos agricultores deciden comprar un puesto en el mercado, convirtiéndose en asentadores y así comercializar su producto o el de otro:

> El pequeño agricultor tenía unas paradas que se ponían y se quitaban afuera de los mercados de Barcelona, en cada barrio y ahí vendías lo

tuyo junto con lo de los demás. [...] Esto poco a poco fue degenerando y prácticamente acabó que la mayoría pues ya, los que sustituyeron a sus padres, [...] los que ya continuaban ya no se dedicaban. Iban a comprar a Mercabarna, vendían las cosas de Mercabarna, aquello se fue degenerando hasta que se acabó. [...] Que fue cuando algunos mercados se transformaron y los arreglaron.los agricultores, que ya no quedaban, si alguno quiso continuar tuvo que comprar una parada dentro del mercado [...] Antes eran pequeños propietarios que trabajan la tierra y vendían sus productos, ahora son más empresas que venden y han reproducido el modelo, pero con parada en Mercabarna. Entonces, tienen la parada de Mercabarna y el trabajo del campo y la parada de Mercabarna la complementan también con otra gente que les lleva artículos y cosas para vender (P20. Baix Llobregat).

Mercabarna es un canal de venta habitual para los agricultores del Baix Llobregat. Por un lado, para quienes se dedican principalmente a la venta directa a través de su tienda o los mercats de pagès, ahí comercializan productos específicos o cuando tienen exceso de producción que no pueden canalizar por otra vía, venden «cuando les sobra algo» (P24. Baix Llobregat). Por el contrario, para un grueso de los agricultores del Baix Llobregat sigue siendo el destino principal de su producción. Los agricultores venden individualmente su producto a asentadores que cuentan con puestos de venta o de manera colectiva a través de la participación en cooperativas agrícolas, las más comunes nombradas son la Cooperativa del Prat, la Cooperativa de Sant Boi de Llobregat y la Cooperativa de Santa Coloma de Cervelló. Son compradores con los que llevan años trabajando, con quienes se establece ya una relación de confianza y cercanía, pues muchos de ellos son también compañeros agricultores o llevan trabajando juntos desde generaciones anteriores. Este tipo de relación hace que el intercambio comercial sea más cercano, fomentando un sentimiento de honestidad y lealtad: «En agricultura, los *pageses*, que creo que somos serios... nos damos un apretón de manos y aquello es mejor que cualquier papel firmado delante del notario. Y, además, nos conocemos. Sabemos quien es serio y con quien puedes ir y, sin decir nada, nos entendemos». (P25. Baix Llobregat).

Los agricultores son los encargados de transportar directamente el producto hasta Mercabarna. La falta de estructuras de comercialización conjuntas y la extrema atomización de los productores a la hora de vender el producto aparece en las entrevistas como elementos que limitan el desarrollo del sector y son vistas como una debilidad: «En el tema aquest que et deia que el sector estava molt atomitzat, cadascú treballa pel seu compte, s'han fet intents que des de la cooperativa agrícola es pogués fer aquest rol de fer coses conjuntes però no va funcionar»[5] (E5. Baix Llobregat).

Los agricultores que trabajan con este canal mayoritario (P20, P22, P26, P27, P29, P31) tienen una superficie media de 16 ha, siendo el tamaño mínimo de 4 ha, que pertenece a P20, un agricultor ya jubilado y la máxima de 35 ha. Más del 50 % de su producto se destina a este canal y el resto lo comercializan tanto a través de *mercats de pagès* como directamente desde la explotación. No tienen tienda propia. Se trata de explotaciones con largo recorrido, con negocios estables ya que muchas cuentan con puesto en Mercabarna (bien por ser empresa familiar, bien por formar parte de una cooperativa). Combinan el cultivo de fruta (manzana, pera, ciruela, melocotón e higos) con el de huerta, tradicionalmente la alcachofa, pero han ido diversificando para ampliar mercado. Sin embargo, su objetivo principal es la comercialización en volumen: «mira, nosotros como cooperativa y yo como presidente te hablo desde esta visión, de que nosotros funcionamos de esta manera y nosotros estamos para hacer palets y hacer cajas y hacer género» (P22. Baix Llobregat).

El mercado nacional en el Bajo Cinca

Existe un perfil de explotación en el Bajo Cinca que se orienta de manera principal a este mercado como estrategia de diferenciación y valor, lo que se asemejaría a las cadenas basadas en valor enfocadas a redes intermedias, a escala regional (Stevenson *et al.,* 2011). Trabajan combinando la producción de volúmenes relativamente altos, más de los que se podría comercializar en las cadenas cortas de distribución y cumpliendo unos estándares de calidad exigentes para alcanzar un mercado más selecto: supermercados regionales, restaurantes, instituciones públicas y privadas y consumidores individuales (Fleury *et al.,* 2016). Son explotaciones agrarias que, al aumentar su superficie y producción, decidieron dar el salto a la parte de la comercialización, constituyéndose también como centrales frutícolas, pero manteniendo la composición de base familiar. Son de un tamaño menor que las otras empresas comercia-

---

5 Traducción al castellano: «En el tema este que te decía que el sector avanza muy atomizado, cada uno trabaja por su cuenta. Se han hecho intentos que desde la cooperativa agrícola se pudiese hacer este rol de hacer cosas conjuntas, pero no funcionó».

lizadoras que venden al canal agroexportador, con una superficie media en torno a las 100 ha. Aunque también venden el producto de algunos agricultores más pequeños, a través de fórmulas de integración vertical, el grueso de la comercialización proviene de la producción propia.

P6, P8 y P10 del Bajo Cinca se englobarían dentro de esta categoría, trabajan con una media de cinco agricultores, que representan en torno al 20-30 % del producto total comercializado por ellas. Los objetivos productivos de este perfil de explotaciones no pasan por el incremento de la producción y la superficie. Buscan el mantenimiento sostenido del negocio gracias a una estrategia de diferenciación del producto en calidad y a disminuir la dependencia de otros actores, como el número de explotaciones que les proveen. Priman su autonomía y la flexibilidad para adaptarse a la demanda. Por ejemplo, en vez de vender el producto de un grupo de agricultores de manera continua, como hacen las grandes distribuidoras, optan por comprar a otras centrales frutícolas el producto que necesitan (según variedad, cantidad, calidad) cuando hay picos puntuales de demanda que no pueden satisfacer con su propia producción. Pasan de los objetivos de crecimiento a estrategias de calidad (Von Münchhausen *et al.*, 2017):

> La mayoría de clientes o productores que nos traían la fruta se han acabado jubilando y nosotros nos hemos quedado sus tierras. [...]y tampoco hemos querido sustituirlos. «Como ha marchado uno, cogemos a otro». Al revés, la tendencia nuestra es a que no haya ninguno. Los que ya tienes, ya los tienes. Porque también son gente que plantan lo que nosotros les decimos. Van de nuestra mano. Pero ya ir a buscar otros proveedores, no. Y ahora mismo es mucho más fácil si necesitas, por decir algo, «tengo que comprar un camión de nectarinas». Pues, te vas a un almacén y lo compras. Es mucho más fácil que ir a un agricultor. Y sabes que vas ahí, elegirás entre 20 partidas, por decir algo, te cogerás la que más te gusta (P6. Bajo Cinca).

La eficiencia en la logística y la rapidez en la entrega son elementos centrales para esas centrales porque es necesario para poder ofrecer el producto de mejor sabor, así que el tiempo entre la recogida y la venta es de un día:

> Nosotros, la fruta la cogemos por la mañana, la manipulamos durante la mañana o durante el día y la vendemos por la tarde. Es una fruta que no ha pasado por cámaras ni es una fruta «vieja» digamos que han pasado cinco días desde que se consume. Nosotros conseguimos recolectar y vender el mismo día y casi que se puede consumir al día siguiente (P10. Bajo Cinca).

También en el Bajo Cinca hay agricultores que van a vender su producto en mercados mayoristas directamente, sin pasar por la central frutícola ni constituirse como tal, de la misma manera que hacen en el Baix Llobregat. Venden principalmente a Lleida, Reus o Barcelona. Esta opción los dota de cierta flexibilidad frente a los rígidos estándares de calidad de la producción enfocada al mercado exterior y las exigencias de grandes volúmenes, lo que permite al agricultor de menor tamaño dar salida a su producto, como es el caso de P15 que cuenta solo con 14 ha y vende a un total de 20 clientes situados en diferentes ciudades. Además, no necesita de infraestructura (cámara frigorífica, maquinaria para clasificar la fruta, etc.), pero es un mercado con una capacidad de venta limitada. Además, requiere de gran logística para transportar el producto desde la explotación a los puntos de venta que se sitúan a 50-100 km, dos o tres veces a la semana.

Algunos agricultores que probaron trabajar de este modo señalan que, al final, no compensaba por lo que decidieron empezar a trabajar con las empresas comercializadoras:

> En años también mandábamos fruta a Mercabarna, a los asentadores. No sacabas nada, ellos se enteran del precio que va a aquí y te daban dos o tres pesetas más. Porque claro, si te dan el mismo precio, no mandabas, pero al final dije que no porque no ganabas nada y a lo mejor podías haberte ganado más. Pero ellos saben el precio. En fin, el intermediario lo quiere para él (P14. Bajo Cinca).

Los mercados centrales como vía auxiliar

En el caso del Bajo Cinca, la venta al mercado nacional es minoritaria para el cómputo general de la producción. De hecho, los informantes hablan de poco más del 20 % de la producción total que termina en el mercado español frente al 80 % de la exportación. Constituye un canal auxiliar para muchas centrales frutícolas al que destinan una cantidad reducida de producto. Las grandes empresas comercializadoras que venden principalmente en el exterior (canal 1) consideran el mercado nacional como una vía para el producto de menor calidad, entendida en los términos de calidad industrial (Martínez Álvarez, 2018), que no entra dentro de los estándares de la gran distribución o de la exportación. También es un canal para dar salida al producto en los momentos de sobreproducción:

Vamos a separar. Lo que sería un Mercabarna, que lo empleamos como una vía de escape. Tenemos una línea de trabajo y podemos estar poniendo 30 o 33 palets. Si la comercialización de aquí la llevamos bien, a Barcelona le vamos a dar 3 palets para mantener una línea de visualización. Que nos vean.si tenemos un problema en algún momento dado, tipo tenemos muchos palets de este calibre que no se están vendiendo, pues, Barcelona échame una mano que tengo que dar salida a eso (P3. Bajo Cinca).

También Mercabarna constituye un canal complementario para algunas explotaciones del Baix Llobregat que se orientan principalmente a los canales de proximidad. En este caso destinan parte de la producción que no va a la venta directa que, pese a tener un valor más elevado, la capacidad de la demanda de absorber todo el producto es limitada. Venden en este canal aquellos productos concretos con mayor demanda y que cultivan en más cantidad, como la alcachofa, también si tienen preacuerdos comerciales con algún intermediario: «Al Mercat del Pages. Hacemos la venta directa... viernes por la tarde en Sant Boi y el sábado por la mañana en la Colonia Guell, en Santa Coloma. Y lo que no se vende en estos mercados o los productos que son... digamos segunda categoría, se va a Mercabarna» (P25. Baix Llobregat).

El intercambio comercial en Mercabarna

El producto es distribuido directamente desde la explotación, estableciendo acuerdos comerciales con los compradores o a través de asentadores en los principales mercados centrales. Contrario a las explotaciones del Baix Llobregat que trabajan con Mercabarna, las explotaciones del Bajo Cinca no están orientadas a un mercado de una ciudad en exclusiva, sino que envían sus productos a mercados centrales en distintas ciudades, por lo que combinan y diversifican el número de clientes. Priorizan la venta a redes de fruterías y tiendas minoristas enfocadas a un tipo de consumidor final dispuesto a pagar más dinero por un producto de mayor calidad. La producción se divide según sus cualidades (mayor calibre, color, consistencia, sabor, etc.) con diferentes precios que tienen *targets* de consumidor según su nivel adquisitivo:

La col que es más gorda la venden un poco más barata, pero nos ahorramos el envase. La col que es más pequeña, la vendemos más cara pero, claro, nos cuesta el envase. Entonces al cliente que paga más, pues, le pones la pequeñita o de eso porque también la familia es más pequeña y entonces no quieren esas coles grandes y tal, vas haciendo así (P26. Baix Llobregat).

Cuando el agricultor o la central frutícola tiene puntos de venta en diferentes lugares, esta estrategia de segmentación del mercado está unida al tipo de comprador y la ciudad donde se vende, es decir, no todas las cualidades del producto se venden en todos los puntos de venta, sino que ya se envía dependiendo de las demandas del comprador:

> Porque cuando entra la fruta, ya entra catalogada por calibres. Esa fruta tú ya sabes a qué mercados puede ir y a qué mercados no puede ir. Son clientes que pagan dinero por la fruta, pero quieren fruta buena. Porque va a sitios turísticos; son zonas que se gastan dinero en fruta. Sin embargo, hay otras zonas, por ejemplo, Valladolid ciudad o barrios más obreros que ahí tienes que enviar fruta de calibre menor porque nunca van a poder pagarte el precio que te van a pagar los otros (P6. Bajo Cinca).

Esta característica la comparten con los clientes más habituales de los puntos de venta de las cooperativas del Baix Llobregat:

> También trabajamos un buen producto... por tanto hay gente que esta dispuesta a comprar este buen producto, saben que detrás hay una cooperativa, hay una gente, las cosas se hacen bien, comerá saludable. Hay gente para todo y una persona que cobra 900 euros, no puede comprar una alcachofa a 3 o 4 €, pues, tiene que comprar a 0,99. Y esto es así, la realidad es esta, no hay otra, cada uno tiene que buscar su nicho de mercado y ya está. Nosotros intentamos crear un nicho de mercado, que la gente valore nuestro producto, por producto de proximidad y saludable (P22. Baix Llobregat).

Relacionado con ello, señalan el cambio en el perfil de los compradores minoristas, que ha repercutido en la valoración que se le hace del producto y el precio percibido. Los agricultores señalan la irrupción de los nuevos comercios regentados por personas extranjeras que dan prioridad a un producto barato, aunque con una apariencia peor (calibres menores, desperfectos, etc.):

> Ahora ha cambiado mucho. Mercabarna, tienes que pensar, que toda la zona, toda el área metropolitana, todas las tiendas que había pequeñas, casi todas han cerrado. Y lo han cogido chinos, pakistaníes, etc. Entonces esta gente está en Mercabarna comprando y esta gente lo que miran mucho es el precio, no miran el producto porque quieren comprar muy barato. Entonces, hay problemas, en este sentido... porque tú puedes presentar un producto muy bueno, pero ellos no lo quieren, tampoco miran si es de proximidad, etc., etc. Estas cosas, a esta gente, no les interesa (P22. Baix Llobregat).

Según un informe encargado por Mercabarna (Solà y Solà, 2015) en 2015, el 52 % de los establecimientos minoristas dedicados a la venta principalmente de fruta y hortalizas en Barcelona estaban regidos por población extranjera. Para el 89 %, Mercabarna era su canal principal de aprovisionamiento (Solà y Solà, 2015). El cambio en el tipo de cliente modifica las relaciones en el mercado al introducir nuevas reglas o estrategias comerciales que afectan a las premisas implícitas en las transacciones. Cuestiones como el proceso de fijación de los precios de venta se ven modificados:

> Sí. Los chinos son complicados. Ellos van, hacen compras agrupadas, se juntan tres o cuatro chinos que tienen tres o cuatro tiendas y compran para todos. Y al vendedor lo «cargolan» con el precio. Ha cambiado mucho, antes era más más franco y más de otra manera porque tenías los clientes de toda la vida y sabían que producías buen género y que entonces lo venían a buscar, pero ahora es un mercado más anárquico (P31. Baix Llobregat).

Los precios dados por el *Observatori de Preus* muestran una gran diferencia entre el precio para el consumidor de la fruta vendida en el canal tradicional, donde se incluyen las tiendas minoristas, entre la categoría I a 1,61 €/kg y la de categoría II a 0,61 €/kg (Mercadé y Teixidó, 2019).

El producto comercializado en Mercabarna permanece principalmente en un mercado local o regional, aunque su alcance también incluye el sur de Francia. No se trataría de un proceso de exportación como el descrito en el canal 1, sino que los intermediarios franceses compran en los puestos de venta del mercado y se encargan ellos del transporte hasta el consumidor final. También existen empresas especializadas en estas transacciones que se encargan de exportar el producto, P28 trabaja con una de ellas, con quien mantiene una estrecha amistad y quien en invierno destina entre el 50 y el 60 % de la producción, alcachofas y habas a este canal. Además, produce una determinada variedad de alcachofas que tiene mayor aceptación en el mercado francés.

En el Bajo Cinca, también, encontramos el mercado en origen Mercofraga, una lonja cuya área de influencia abarca las comarcas del Bajo Cinca, La Litera, Los Monegros y el Bajo Aragón (Ayuntamiento de Fraga, n. d.). Fue creada por el Ayuntamiento de Fraga para promover un espacio de compraventa de productos agrarios, que sirva de vínculo entre productores y compradores, dé información sobre transacciones y precios de los productos agrarios y asegure el cumplimiento de las normas de calidad de los productos (Ayuntamiento de Fraga, n. d.). E11, director de Mercofraga, explica que a través de ahí comercializan un tipo de agricultor, con explotaciones de pocas hectáreas, que no suelen ser profesionales, sino que se dedican a tiempo parcial o están jubilados. De hecho, P7 señala las prácticas informales que observó y la poca capacidad que tiene para gestionar grandes cantidades de producto, lo que es valorado negativamente:

> Fuimos un dia a Mercofraga a preguntar, y nos dijeron «Aquí, si quieres vender en negro, lo que quieras». Había mucha gente que eran como jubilados, [...] gente que a lo mejor tiene otros trabajos y no quiere pagar la fruta... eso sí, fruta buenísima... gorda... dicen que venden muchos kilos... pero no es un mercado... yo lo vi como gente que baja con cuarenta o cincuenta cajas, ahí van con un remolque y te hacen pillar cajas de ahí, furgonetas, coches con remolque... pues pocas cosas, un palet, dos palets, medio palet, pero eso sí, la calidad la vi muy buena (P17. Bajo Cinca).

Los compradores suelen ser minoristas individuales o que tienen varios establecimientos, también del sector hostelero, principalmente de la zona de la costa de Tarragona, que por cercanía se suministran de producto durante el verano que es cuando la demanda en esas zonas crece, debido al turismo, también de Zaragoza o establecimientos de la propia comarca: «Nosotros tenemos 100 km digamos, porque más lejos ya van a otros sitios. El margen que tenemos es un mercado de proximidad. En nuestra zona, más que nada, es la cadena HORECA. De aquí de la playa que está cerca y son mercados y fruterías pequeñas. Tiendas pequeñas» (E11. Bajo Cinca).

Especificidades en la organización del trabajo

Las explotaciones que optan por esta vía de comercialización en el Bajo Cinca siguen una estrategia de economía de escala, pero requieren algunas prácticas específicas en el campo para poder ofrecer el producto con las cualidades exigidas. En el Baix Llobregat, muestran mayor grado de diversificación de cultivos, aunque menos que los que se dedican a la venta directa. En el Bajo Cinca las explotaciones enfocadas a este canal presentan la misma estructura que las explotaciones que trabajan con empresas comercializadoras en el canal 1. Se caracterizan por una fuerte especialización productiva, con un predominio del cultivo de fruta de hueso.

En el Baix Llobregat, las explotaciones observadas que priorizan este canal presentan tamaños superiores al resto que tiene la venta directa como canal principal. Suelen estar especializadas en el cultivo de alcachofa que combinan con otros productos. Durante un tiempo el cultivo de fruta de pepita (peras y manzanas) y de hueso (melocotón, cereza y ciruela) contó con fuerte presencia en la comarca. Sin embargo, ha sufrido un fuerte retroceso debido a la pérdida de competitividad en comparación con otras zonas productivas, como sería la propia comarca del Bajo Cinca: «Porque, bueno, esta zona siempre ha sido [de] fruta, lo que pasa que en los años aquí había mucha manzana, mucha pera... y cuando en Lérida empezaron a plantar mucho de esto, aquí se quedaron con variedades muy antiguas y no eran vendibles.Y al final pues bueno, se transforma un poco en hortaliza» (P22. Baix Llobregat). Él es uno de los pocos socios de la cooperativa de Sant Boi que se dedica al cultivo de melocotón (7 ha, 70 % de la superficie de su explotación), que lo combina con el cultivo de hortalizas, principalmente alcachofa (3 ha) que comercializa a través de la propia cooperativa.

Tanto en el Baix Llobregat como en el Bajo Cinca, las frutas se recogen y encajan en el campo, no se colocan en palots ni pasan por máquinas que las traten. Esto requiere un mayor número de «pasadas» y horas de trabajo, lo que incrementa el coste:

> Según los kilos que cojas, de 5 a 10 céntimos más de gasto por kilo de coger en caja... Total, te gastas 5 o 10 céntimos pero te dan 25, quiero decir, de 25 te quedan 5, a cuarenta te quedan 20, quiero decir, ganas tres veces más. [...] Es mucho más lento. Tienes que mirar la fruta casi una por una..., colocarlas al sitio, has de hacer, en vez de hacer... la gente, en palot, haces dos o tres pasadas y a la tercera pasada ya lo ponen todo. Yo hago, hasta cinco (P7. Bajo Cinca).

En el caso del Baix Llobregat, al ser explotaciones de menor tamaño y menos producción, en estos procesos es donde se emplea a la mano de obra familiar: «Sí, lo hacemos directamente. No hay manipulación. Yo voy cortando, mi abuelo va encajando, según [el] calibre. El trabajador va cargando en el camión y va paletizando» (P29. Baix Llobregat).

La gestión del excedente de producción

El producto que no se recoge por no cumplir con esos criterios se vende, en el caso del Bajo Cinca, a las empresas de la industria de la transformación de la zona, las mismas con las que trabajan las explotaciones que comercializan con el canal 1: Conva, Zucasa, Indulleida y Nufri. Es decir, se canaliza a través del canal destinado a industria y transformación.

En el caso del Baix Llobregat, destaca la presencia de la Fundación Espigoladors, creada en 2014 como asociación sin ánimo de lucro para desarrollar acciones para el aprovechamiento de los alimentos a la vez que busca generar nuevas oportunidades para personas en riesgo de exclusión social (Espigoladors, n. d.). Para la mayoría de los agricultores, la colaboración con Espigoladors es la única vía de aprovechamiento del producto que no se puede vender, ya que, al ser explotaciones de poco tamaño, no acceden a los acuerdos con las grandes empresas de transformación (Nufri e Indulleida). Espigoladors se encarga de recoger el producto que no se ha comercializado y queda en el campo para su venta o transformación en otros productos: patés, zumos, mermeladas, etc. que luego pueden ser vendidas por el agricultor: «¡No, hombre, no! Nosotros no podemos ir a Nufri, fui con los «Espigoladors». Estos me hicieron compota de manzana. Tenía muchas manzanas picadas e hice» (P24. Baix Llobregat). Trabajar con Espigoladors no supone un plan sistemático de recogida del producto, sino que son acciones puntuales, pero están enfocadas a la reducción del desperdicio alimentario.

La negociación del precio de venta

El proceso de fijar el precio de venta es diferente dependiendo si son clientes con los que se establecen acuerdos directos o son asentadores de mercados. La formación del precio diario es un proceso comunicativo entre las partes implicadas, tanto de la central frutícola con sus intermediarios como del agricultor con los asentadores de los mercados centrales. Para el primer caso, se establece de manera similar al procedimiento que en el primer canal. Está marcado por la situación de la oferta y la demanda, con una amplia variación:

> El precio depende del mercado. Eso es como todo, la oferta y la demanda. A veces, puedes exigir y otras que tienes que decir «llévatelo, a un precio o a otro, pero llévatelo». Porque sabes que están las cámaras llenas y no podemos vender. Hay épocas que estamos en condición de estirar más y de decir: «si no es a este precio, no te lo cargo» porque hay menos fruta. A veces, no lo podemos hacer (P10. Bajo Cinca).

Influye notablemente la cantidad de información de la que se dispone: conocer cómo ha ido la producción esa temporada, a cuánto se está vendiendo en otras zonas, cómo se espera que evolucione el mercado en los próximos días, etc. y en función de eso, las centrales frutícolas venden todo el producto o deciden mantener parte en las cámaras. Es un flujo de comunicación constante entre la central y el cliente para adaptarse a los cambios en el mercado. Al tratarse de clientes más pequeños, el margen de negociación es mayor y el proceso más individualizado:

> El precio lo fijamos nosotros siempre, pero siempre acorde o consensuado con el cliente. Porque si tú pones un precio y él te lo tiene que pagar, mejor que estemos los dos de acuerdo. [...]. Tienes que poner un precio que esté dentro de la razón del mercado. [...] es un poco el pez que se muerde la cola. Ayer a mí me mandaban mensajes, bueno, esto es cada día, «¿a qué precio se está haciendo la nectarina?» Ellos también necesitan saber un poco el precio en origen. Y entre un poco el precio que ellos te dicen y lo que tú dices, pues, bueno, dices «podemos subir un poco porque vemos que esta semana igual puede faltar». Pero es algo que se tiene que ir hablando. O imagínate que yo les diga, que esto ha pasado muchas veces, el cliente solo ve el camión, no ve las cámaras llenas. Entonces tú les dices: «va a venir una superproducción de melocotón rojo, vamos a bajar y vamos a vender». Y vamos a sacar mercancía. Entonces le dices: pon un precio que la gente pueda ser atractivo y saca producto. Es muy importante la información continua (P6. Bajo Cinca).

Cuando se vende a un asentador en un mercado, esta empresa no compra el producto, sino que va a comisión del 12 % por vender el producto. El plazo de pago puede llegar hasta los 60 días. El precio final es el resultado de la negociación entre las partes donde influye la capacidad de imponerse de cada uno. En este sentido, habría que distinguir entre las centrales frutícolas del Bajo Cinca, que, aunque pequeñas en comparación con las otras del territorio, tienen gran capacidad productiva y las explotaciones de pequeños agricultores que van a vender a los asentadores de manera individual. Para estos últimos, las empresas asentadoras tienen la capacidad de establecer el precio al que le compran el producto y las condiciones de venta. Los agricultores que también cuentan con empresa asentadora bien porque forman parte de las cooperativas que tienen parada en el mercado o bien porque tienen una empresa familiar (P26. Baix Llobregat) tienen mayor margen para decidir el precio al que se vende su producto, teniendo lugar la negociación con el cliente final, los establecimientos minoristas. En este caso, observan un cambio en las estrategias comerciales de los compradores, que ha generado que pierdan poder de decisión frente a sus clientes:

> Si entra mucho, va barato. Si hay poco, sube el precio. Pero también, ahora, nos damos cuenta que, antes, esto funcionaba así... Ahora también cuando un producto, no hay mucho, tampoco quieren pagar más de lo que les dicen de pagar y casi hay tiendas que se ponen hasta de acuerdo en

este aspecto. Entonces, el factor sorpresa está hasta desapareciendo (P22. Baix Llobregat).

El precio final no es algo público, sino que lo informan los propios asentadores, por lo que los agricultores no tienen forma de comprobar que es el real y, por tanto, les están pagando la comisión adecuada:

> Porque tú dejas una caja de lechugas y al día siguiente te dicen: la he vendido a 60. Y tú te lo tienes que creer. Porque a lo mejor lo han vendido a 1 € y se quedan 40 por la cara. Porque, claro, el 12 % de qué. Yo no veo lo que han vendido, yo me lo creo. [...] Ellos nunca tienen pérdidas, hacen tres divisiones: pagar los gastos por el espacio, pagar a los trabajadores y lo que sobra es lo que tiene el agricultor. Si yo lo he vendido a 80 pero no llego a cubrir gastos, vas a cobrar 60 porque primero estoy yo. Y eso ha sido lo que me ha hecho ir descartando. Se pasan, a veces, se pasan. Porque yo he mandado a amigos míos para que compraran una caja de las mías e igual las vende a 80 y luego, en la factura 60. Así es como pillé a uno de ellos (P29. Baix Llobregat).

El caso de la Cooperativa HORTEC

En el Baix Llobregat se encuentra una cooperativa de productores en ecológico que es ejemplo de iniciativa de salto de escala del nicho de consumo local a un mercado más general. La cooperativa HORTEC nace en 1994, cuando ocho agricultores del Área Metropolitana de Barcelona que hacían huerta en ecológico e iban a vender a los mismos puntos de venta, decidieron asociarse en una cooperativa y coordinar su producción para no solaparse entre ellos. Actualmente son treinta socios de perfiles diversos, en cuanto a producción y tamaño de explotación.

> Fa 30 anys ens vàrem constituir, els pagesos de l'àrea de Barcelona que fèiem horta i que anàvem a vendre els mateixos productes als mateixos llocs. I al final, a l'Aula Integral, que era la botiga de referència de l'alimentació ecològica, estic parlant de fa 30 anys. [...] I la Laura que era la que portava la botiga, ens va posar un dia en fila i ens va dir: «escolta nois, no em vingueu tots portant-me patates, enciams, bledes i cols, feu el favor d'organitzar-vos i tu fas la ceba, tu la patata, tu els enciams i tu la col»[6] (E15).

---

6 Traducción al castellano: «Hace treinta años que construimos, los agricultores del área de Barcelona que hacíamos huerta y que íbamos a vender los mismos productos a los mismos lugares. Y, al final, en el aula integral, que era una tienda de referencia de la alimentación ecológica, estoy hablando hace treinta años. [...] Y Laura que era la que llevaba la tienda, nos puso en fila y nos dijo:

Se trata de una iniciativa englobada dentro de las cadenas basadas en valor, entendido tanto en el sentido de un producto con valor añadido (ej. ecológico) como por la calidad de las relaciones entre productores y compradores (García-Martín *et al.*, 2021; Stevenson y Pirog, 2013). Fleury *et al.* (2016) señalan que las explotaciones que se dedican a ello suelen tener una motivación económica, principalmente por la obtención de salarios y precios justos, aunque también son de gran importancia los valores éticos, sociales y medioambientales para tomar la decisión de adoptar esta estrategia productiva. Los objetivos de la cooperativa es la distribución de productos con certificación ecológica, para facilitar la logística entre productores y las tiendas minoristas. Desde un primer momento la demanda siempre ha sido mayor que su capacidad productiva, así que fueron incorporando la comercialización de productos que provenía de otros lugares como el resto de España (Aragón, Valencia, Castilla y Andalucía), Francia e incluso la importación desde países de fuera de la Unión Europea. No solapan los productos importados con los cultivos de temporada de aquí, sino que los utilizan para completar la oferta de productos. Sin embargo, su objetivo ha sido la disminución de ese tipo de productos, priorizando la cercanía. Comparten una concepción de producto de proximidad, como parte de la soberanía alimentaria y de la sostenibilidad, entendida como «proximidad social» es decir, trabajan con explotaciones que son cercanas en valores, trabajan bajo los mismos parámetros que ellos:

> Quan parlem de producte de proximitat, tothom té la proximitat geogràfica. Però hi ha un altre que també té valor, però no s'explica tant. Que és la proximitat social. Per mi, pels meus valors, és tan proper poder comprar-li un producte alimentari al productor que està al costat de casa teva com a un productor d'Andalusia, que té una tipologia d'explotació comuna als teus valors i que, per tant, et venc directament i estalviem els intermediaris. I aquesta tipologia, si algú et vol comprar tomàquets a l'hivern, aquesta tipologia l'haurem d'explicar. Que la proximitat no només és de km sinó també de concepte social. El cafè o el cacau pot ser de proximitat? No. En canvi, ja fa molts anys que Intermón va posar en marxa el de "Comerç Just" i aquest concepte també ho hauríem de poder aplicar al ECO.[7] (E15).

«Oid, chicos, no me vengáis todos llevándome patatas, lechugas, acelgas y coles. Haced el favor de organizaros y tú haces cebolla, tú, patata, tú, lechuga y tú, la col».

7   Traducción al castellano: «Cuando hablamos de producto de proximidad, todos tienen en mente la proximidad geográfica. Pero hay otro tipo que también tiene valor, pero no se explica tanto, que es la proximidad social. Para mí, por mis

Lo que la distingue a HORTEC de otras cooperativas es la estrecha vinculación y coordinación entre los puntos de venta minoristas y la cooperativa. La organización trabaja con tiendas especializadas en alimentación en ecológico y va incorporando los productores como socios en la medida en que la demanda aumenta y se necesitan nuevos productos, de manera que la producción se adapta a lo que las tiendas piden. Y no al revés:

> És a dir, la cooperativa no és una cooperativa a l'ús que puguis conèixer. No és una empresa que els pagesos produeixen i la cooperativa comercialitza, sinó que en el nostre cas l'experiència és al revés. És a dir, Hortec ha nascut i ha crescut d'una manera determinada per la seva praxi i basa la seva producció en l'univers clientelar que té. És a dir, si ofereix serveis a botigues especialitzades, que és una estratègia per la qual hem apostat, si aquest segment creix, la producció s'ha adaptat al que el client demana (E15).[8]

La relación que se establece entre la cooperativa y el agricultor es muy importante para incorporarse como socio a la cooperativa HORTEC. Primero, hay una primera toma de contacto donde un técnico de la cooperativa va a la explotación del posible socio, ve cómo se organiza, qué puede producir, cómo está vendiendo en la actualidad, etc. En base a ello, elige los productos que va a poder comercializar con la cooperativa durante un tiempo determinado, dos o tres años. Después de ese periodo, decide si se incorpora como socio, se mantienen esos términos o cómo se

---

valores, es tan cercano poder comprarle un producto alimentario al productor que está al lado de casa como al productor de Andalucía que tiene una tipología de explotación común a mis valores y que, por tanto, te vende directamente y ahorramos intermediarios. Y esta tipología, si alguno te quiere comprar tomates en invierno, esta tipología la tendremos que explicar. Que la proximidad no es solamente los kilómetros, sino también el concepto social. ¿El café o el cacao pueden ser de proximidad? No. En cambio, ya hace muchos años que Intermón puso en marcha lo del "comercio justo" y este concepto también lo tendremos que poder aplicar a lo ECO».

8   Traducción al castellano: «Es decir, la cooperativa no es una cooperativa al uso que puedas conocer. No es una empresa que los agricultores produzca y la cooperativa comercialice, sino que en nuestro caso la experiencia es al revés. Es decir, Hortec ha nacido y ha crecido o de una manera determinada por su praxis y basa su producción en el universo clientelar que tiene. Es decir, si ofreces servicios a las tiendas especializadas, que es una estrategia por la que hemos apostado, si este segmento crece, la producción se tiene que adaptar a lo que el cliente demanda».

hace. En la actualidad son treinta socios, pero compran producto a más de cien agricultores.

Una de las características de las cadenas basadas en valor es la la interdependencia y colaboración entre actores dentro de la cadena (empresas comercializadoras y productores) asegurando un reparto equitativo y beneficioso para todos, frente a la lógica competitiva de la presión a la baja en la parte agrícola (Fleury *et al.*, 2016; Stevenson *et al.*, 2011). Para la cooperativa HORTEC, el objetivo es la viabilidad y rentabilidad de las explotaciones, por lo que el precio de venta del producto se establece sobre los costes de producción que se han determinado. El equipo de la cooperativa, con asesores comerciales y técnicos, trabaja para hacer las explotaciones viables. Sus clientes son tiendas pequeñas, especializadas, «de barrio» (E15) que requieren de mucha variedad de cada producto pero poca cantidad. También venden su producto a agricultores que participan en el *mercat de pagès* y quieren completar la oferta de productos. Son clientes generalmente fijos, la mayoría de la provincia de Barcelona, aunque también envían producto a Madrid e incluso a algún país europeo, como Dinamarca.

Descartaron la venta a la gran distribución porque no contaban con suficiente capacidad productiva para abastecer la demanda, tampoco estaban preparados para la exportación, por lo que decidieron enfocarse a estos canales intermedios, que se englobarían dentro del concepto de cadenas basadas en valor (*Valued-based chains*) (Stevenson y Pirog, 2013):

> I com tots començàvem, vam anar a Eroski per si volia producte ecològic i ens deia: necessito un palet cada setmana. I nosaltres, hòstia... no podem. No podíem treballar amb la gran distribució perquè no podíem produir tant i l'exportació que era una bona opció perquè Alamània pagava molt bé, però no teníem als pagesos preparats per treballar a l'exportació. I ens vam quedar amb el nitxo aquest, fins ara. Anar fent. Hi ha molta gent que produeix ecològic, però ningú jo crec com nosaltres, que hem creat aquest univers de botigues a força de picar pedra. De tenir furgonetes, de portar-les a la botiga. De facilitar l'encegament de noves botigues (E15).[9]

---

9   Traducción al castellano: «Y como todos comenzábamos, fuimos a Eroski por si quería producto ecológico y nos decía: necesito un palet cada semana. Y nosotros, ostia... no podemos. No podemos trabajar con la gran distribución porque no podemos producir tanto y la exportación, que era una buena opción porque Alemania pagaba muy bien pero no teníamos agricultores preparados para trabajar en la exportación. Y nos quedamos con este nicho,

3.2.3. Canal 3: La venta a través de las cadenas cortas de distribución

El concepto de cadena corta de distribución es amplio y engloba múltiples tipos de agricultura, aunque todas comparten el objetivo de renovar el uso de la biodiversidad agraria (agrobiodiversidad), con fuerte presencia de las perspectivas innovadoras basadas en soluciones *bottom-up* (Sacchi *et al.*, 2018). Los múltiples formatos de venta que se engloban dentro de la etiqueta de canales cortos de distribución o redes alternativas comparten la venta directa del productor al consumidor, lo que permite un contacto directo y cercano entre ambas esferas (Milford *et al.*, 2021). Muchas de estas iniciativas nacen como respuesta al descontento con el modelo agroalimentario global e industrializado, se crean así iniciativas para abordar los efectos sobre la salud, la mala calidad de la dieta, la pérdida de los vínculos comunitarios y los impactos negativos sobre el medio ambiente. Estos movimientos se caracterizan por buscar la creación de sistemas territorializados o localizados, es decir, con un anclaje en el territorio, que satisfaga las necesidades sociales y económicas de las personas y la justicia alimentaria (Moragues-Faus *et al.*, 2020). Aunque representan de algún modo una alternativa al sistema dominante de distribución alimentaria, su grado de autonomía, desafío o alternatividad es diferente dependiendo de los argumentos sobre los que se constituyen: el tipo de producto, proceso y lugar. Se caracterizan por su componente de territorialidad, la presencia de lo local en el discurso y una identidad espaciotemporal concreta entre productores y consumidores que se nutre por el sentido de lugar generado por la proximidad geográfica o institucional (Sánchez, 2009). Una perspectiva que corre el riesgo de caer en una simplificación de la multitud de procesos internos que conforman las cadenas de valor alimentarias complejas que van más allá de la producción y el consumo (Lamine, 2015).

La venta a través de los circuitos cortos de comercialización engloba la comercialización en las tiendas minoristas propias de los agricultores (ej. fruterías), los *mercats de pagès*, la venta directamente en la explotación y a través de grupos y cooperativas de consumidores. Las explota-

---

hasta ahora. Ir haciendo. Hay mucha gente que produce ecológico, pero ninguno yo creo que, como nosotros, que hemos creado este universo de tiendas a base de picar piedra. De tener furgonetas, de llevarlas a la tienda. De facilitar el comienzo de nuevas tiendas».

ciones que tienen estos canales como principales están presentes en el Baix Llobregat. No obstante, no encontramos explotaciones «puras» en el sentido de que funcionen íntegramente bajo esta fórmula comercial, sino que suelen combinar estas opciones de venta con la venta en Mercabarna. De hecho, es común que las explotaciones pequeñas, diversificadas y con pluriactividad coexistan con las de gran dimensión enfocadas en economías de escala (De Roest *et al.*, 2018; Milford *et al.*, 2021). Esto se debe a que los procesos de globalización que empujan a la reestructuración agraria también pueden estimular la reconversión de las pequeñas explotaciones que ya no pueden competir en los mercados nacionales e internacionales, hacia el mercado de proximidad (Jarosz, 2008). Lo que las distingue a estas explotaciones del grupo anterior es la prioridad que le dan a estos canales que hará que organicen su explotación en base a ello, que les permite tener un mayor margen de beneficio. El canal de proximidad es el canal que representa el mayor porcentaje de ingresos, aunque el volumen de la producción destinado a este sea menor. Lo que evidencia el impacto positivo en términos económicos que ha tenido la irrupción de esta vía de comercialización y su importancia para la sostenibilidad económica. Pese a ello, reconocen la imposibilidad de dedicarse íntegramente a este tipo de canales, ya que admite poca oferta de producto: «Yo ahora llevo quince o veinte cajas de brócoli, como mucho me quedaré una caja en la tienda. Yo no puedo vivir de la venta directa exclusivamente. [...] Sí, es un apoyo porque va muy bien» (P2. Baix Llobregat).

En contraposición al modelo de economía de escala, las explotaciones que se enfocan a a las cadenas de proximidad siguen una estrategia de desarrollo agario basada en las economías de alcance o integrativas. Estas se caracterizan por buscar la reducción de los costes a través del aumento del número de productos que se producen (De Roest *et al.*, 2018). Los costes de suministros se reducen al estar éstos asociados con múltiples procesos productivos, es decir, se incrementa la productividad a través de generar varios productos. Se trata de una estrategia que, además, reduce el riesgo asociado a un monocultivo que enfrentan las economías de escala. La diversificación agrícola se asocia con las nuevas fórmulas de desarrollo rural que promueven la multifuncionalidad (De Roest *et al.*, 2018; O'Farrell y Anderson, 2010). Son canales que requieren una planificación de la plantación, que envuelve la elección correcta de variedades para que después la recogida sea paulatina y no se produzca una saturación del mercado que no puedan gestionar. Eso permite que el

107

producto sea recogido en su punto óptimo de maduración y mantenga su frescura sin pasar por cámaras frigoríficas: «Abans ens passava que si teníem d'una mateixa varietat, no podies engolir tota la venda directa. Vam dir, pues arranquem uns quants i fem varietats més escalonades. El model que tenim és un dia collim i a l'endemà venen» (P19. Baix Llobregat).[10]

Las explotaciones que se dedican a ello suelen tener un tamaño más reducido, menos de 10 ha, aunque encontramos el caso de una explotación con 50 ha pero que en invierno está especializado en el cultivo de alcachofa y habas para la venta en Mercabarna (P28). Tienen menor control de la producción, ya que las cantidades son mucho menores y pueden utilizar incluso la unidad de producto como medida para cuantificar sus resultados (en vez de kilos). No llevan una contabilización tan pormenorizada como otras explotaciones sobre el número o el coste por kilo. Además, enfocarse a la venta directa al consumidor genera unas necesidades organizacionales de la explotación específicas. Por un lado, la necesidad de diversificar al máximo los cultivos, para poder ofertar el mayor número de productos posible. Las explotaciones presentan una variedad de hasta treinta clases de productos durante todo un año, lo que conlleva una fuerte planificación de las tareas requeridas para cada uno de ellos y un ritmo de trabajo más homogéneo y continuo durante el año. Por otro, aumentan considerablemente las horas de trabajo dedicadas a la parte de la comercialización y la poscosecha ya que se tienen que encargar de producir, trasladar el producto y estar en los puntos de venta. Un modelo de venta que también genera rechazo para algunos agricultores porque no está dentro de sus preferencias o gustos y que aparece como un freno para muchos a la hora de adoptar este tipo de comercialización:

> El agricultor que está en el mercado no está en el campo. Un agricultor puede tener tres o cuatro artículos como máximo, no cuarenta y tú cuando vas a un mercado tienes que tener variedad de productos. Porque una persona cuando va a comprar quiere cargar el cesto y no «aquí compro las alcachofas, aquí los plátanos, aquí los kiwis, ahí voy» [...] Entonces, si una persona tiene menos tierra y se lo quiere vender directamente, con la mujer, o va él o no sé qué, pues me parece muy bien y ya está. Pero no es nuestra manera de ser (P22. Baix Llobregat).

---

10 Traducción al castellano: «Antes nos pasaba que, si teníamos de una misma variedad, no podías engullir toda la venta directa. Dijimos que arrancaríamos unos cuantos y haríamos variedades más escalonadas. El modelo que tenemos es un día cogemos y al día siguiente vendemos».

La venta en tienda propia

En primer lugar, encontraríamos las explotaciones que venden a través de su propia tienda (P2, P21, P23, P28). La tienda suele estar en el mismo municipio que la explotación, que son ciudades del área metropolitana de Barcelona o en la ciudad de Barcelona. Normalmente, el establecimiento se ha creado posteriormente a la incorporación en la actividad agraria y es regentado por un miembro de la familia, generalmente la mujer. Los agricultores cada día recogen el producto del campo que se necesita en la tienda a primera hora de la mañana y lo trasladan ahí, para que pueda venderse en el mismo día, igual que hacen el día que tienen que ir a vender al mercado.

La venta en el mercat de pagès

En segundo lugar, está la venta en los distintos *mercats de pagès* que se celebran en la comarca.[11] Estos mercados están organizados conjuntamente por el Área Metropolinta de Barcelona, el Parc Agrari del Baix Llobregat, el Consell Comarcal del Baix Llobregat y los ayuntamientos de cada localidad. Nacen con el objetivo de ser un espacio de encuentro entre los agricultores del Parc Agrari y los consumidores para promover «la agricultura local y de temporada, justa social y ambientalmente, y un consumo responsable que evite el uso de envases y el combustible que comportan los productos de importación» (Consell Comarcal Del Baix Llobregat, n. d.). Es el canal de venta directa mayoritaria para quienes no cuentan con una tienda propia o están empezando a diversificar sus canales de venta. Normalmente los agricultores acuden a uno o dos mercados semanales. También hay algunos que van a más mercados, pero no es algo común por el aumento de la dedicación que supone asistir a estos mercados, deben dedicar todo el día a ello, lo que puede ser un impedimento:

---

11 Se celebran una vez a la semana en algunos municipios del Baix Llobregat. En 2020 tenían lugar en nueve municipios (Consorci de Turisme del Baix Llobregat, n. d.). También en la ciudad de Barcelona se celebran periódicamente siete mercados de *pagès* dinamizados por las entidades del barrio (Ajuntament de Barcelona, n. d.). Además, existe una amplia red de agrotiendas: 29 en total en dieciséis de los municipios del área metropolitana de Barcelona (Parc Agrari del Baix Llobregat, n. d. c).

Si eres *pagés* de profesión, no puedes abarcar tanto. A mí me ofrecieron ir también los domingos al mercado de Cornellá. Yo trabajo los domingos, mi mujer que también y no puedes estar, es un sinvivir y hay gente ... hay *pageses* que se han vuelto «mercadilleros». Hay otro mercado de *pagés* en Gavá, en Viladecans, en Cornellá, en Sant Feliu... hay en diferentes sitios, pero si tú eres *pagès,* tienes que estar en lo tuyo (P28. Baix Llobregat).

De hecho, los agricultores señalan que el aumento de trabajo asociado con la venta directa, así como el desarrollo de nuevas habilidades en *marketing* y ventas, son elementos que están transformando su manera de ser agricultores:

Sí, claro, se ganan la vida, pero tienen que trabajar mucho más. Porque son productores, pero a la vez se tienen que levantar cada tres días a las 5 para montar una parada, ir a comprar el día de antes lo que les falta a Mercabarna, se gana un poco más, pero trabajan el doble. Tampoco todo el mundo vende. Tienes que tener unas actitudes para vender lo que no todo el mundo tiene (E2. Baix Llobregat).

Los *mercats de pagès* nacieron como lugar donde los agricultores podían vender su producto directamente al consumidor, inspirándose en los mercados tradicionales que solía haber en cada municipio y donde los agricultores del área metropolitana vendían su producto. Ahora, los agricultores venden lo cultivado en la explotación, aunque ya es común completar su oferta con productos comprados a otros agricultores directamente o en puestos de Mercabarna. Coinciden en que ofrecer al consumidor un surtido más variado de productos es necesario para que el mercado funcione:

Cuando tú vas a comprar si yo no te ofrezco tu gran parte de cesta alimentaria, un día vas a venir «Hostia, voy a buscar porque hoy tengo ganas de hacerme una pasta a la boloñesa», «me hacen falta unos tomates para hacer sofrito», «hostia, ¡qué acelgas más guapas!» si tú no das la cesta mínima de la compra y, para mí, la cesta mínima de la compra las divido en producto de temporada más sofritos y papillas para los niños. Sofritos, papilla y, en invierno, la mayoría de las familias, no te digo todas «hoy vamos a comer col», producto de temporada, mañana coliflor, pasado espinacas y la otra col y al final tú, tu pareja o quien sea come judías o come otra cosa (P27. Baix Llobregat).

Sin embargo, esto se ha convertido en un aspecto polémico. En las entrevistas encontramos tanto partidarios como detractores de esta práctica. El discurso institucional y la lógica con la que se creó *los mercats de pagès* fue la de vender los productos de la propia explotación, pero con el paso del tiempo, se han ido generando estas prácticas:

> Yo soy un poco el pionero en los mercados de *pageses*. Quiero decir que yo hace dos años, cuando hacíamos las reuniones y yo decía que sería bueno montar unos mercados de *pagès,* entonces estuve dos años insistiendo y al final hubo gente que se apuntó y lo fuimos tirando adelante. Y a partir de aquí se ha hecho la pelota más grande y los *pagesos* se van animando y se van apuntando. Yo me enfadé un poco porque mi intención era que solo llevaras lo que tú producías y entonces aquí hubo oportunistas, iban a comprar a Mercabarna y vendían lo suyo y también llevaban cosas de Mercabarna y yo me enfadé y dije que esto no podía ser. Entonces me fui al *Slow Food,* al mercado del *Paral·lel.* Nosotros solo llevamos lo nuestro. Por ejemplo, el que hace verdura, lleva verdura. Claro, lo que no puede ser es que si no produces naranjas, la gente monte parada de naranjas compradas al Mercabarna (P31. Baix Llobregat).

Esa necesidad de ofrecer cuanta más diversidad como sea posible impulsa acuerdos productivos de colaboración entre agricultores de carácter informal. No se constituyen como una entidad ni se agrupan bajo ninguna forma jurídica específica, sino que se reparten entre un grupo de agricultores los productos que cada uno va a cultivar y también a los mercados que van a ir. Es el caso de P25 quien se ha juntado con cuatro agricultores más para repartirse los cultivos, evitando así un exceso de diversificación en su finca, pero asegurándose la oferta de varios productos en el mercado. El trato lo hacen de palabra, a principio de temporada deciden qué plantar y quién lo hará. Luego, cada uno participa en *mercats de pagès* diferentes:

> Somos cinco, así que vamos a cinco mercados diferentes. No nos hacemos la competencia, que mi competencia no es el compañero que tengo al lado es el Mercadona o la sección gourmet de El Corte Inglés. Entonces, ¿qué hacemos? [...] Le cedo mis productos y él me cede los suyos, se los vendo y la parte que es suya pues ya yo luego, al consumidor le puedo hacer una oferta variada durante todo el año. En esto salimos ganando en cada parada y no tengo que tener aquí treinta artículos, sería imposible de gestionar y, por otro lado, aquí muchas plantas no las podría tener, de esta manera, tenemos esta variedad (P25).

La venta en la explotación

La venta en la propia explotación es otra de las opciones presentes en el Baix Llobregat. Los agricultores venden a clientes como tiendas minoristas o restaurantes que les compran directamente en la explotación.

No es un canal mayoritario ni supone un porcentaje alto frente a los otros canales de venta, en torno al 10 % del volumen de ventas. Esta opción se da en las explotaciones de menor tamaño que permiten una venta más flexible. En cambio, en las explotaciones vistas del Bajo Cinca esta opción no se contempla. Los agricultores hablan de que prefieren regalar las cajas si alguien se las pide que venderlas, porque el precio de esos pocos kg en los canales de venta no les supone un gran coste y no les interesa que esa opción crezca porque no están organizados para ello:

> El otro día un amigo de Barcelona me llamó y me dijo que quería melocotones pagando y le dije, pagando no. Fue al almacén y le hice un detalle muy bonito de melocotón, cereza y albaricoques. No se lo cobré. No vendemos al por menor, yo no lo hago. Y si quieres una caja, te la voy a regalar (P5. Baix Llobregat).

Los agricultores que están en la OPFH deben vender a través de ahí por lo que no tienen margen para hacer esa estrategia de venta individualmente. Sí que aparece un caso de una explotación que vendió a un comerciante que luego distribuía en mercadillos ambulantes, se hizo de manera puntual y sin declarar:

> El lunes vendimos 500 kg en negro. A un chico que va a vender a la montaña y dijo: «Quiero tantos kilos». Para nosotros mejor, pedimos el doble. Si nos pagan a 30, pedimos el doble. Que no vendemos mucho porque a última hora todo pasa por una OPFH. Todos los kilos tienen que pasar por ahí, cuantos más pases, más beneficios tienes. Y tú haces el seguro y aseguras X kg y esos aparecen en la OPFH. La OPFH la tenemos en ese de ahí arriba y cuando vendemos aquí, no nos puede pagar directos a nosotros, le paga ahí, él lo pasa por la OPFH y entonces, nos paga a nosotros. Estás un poco atado. Es lo que te digo, tiene sus beneficios y tiene sus contras. Estás atado y con lo tuyo no tienes libertad para hacer lo que quieras (P12. Bajo Cinca).

La venta a grupos de consumo

Por último, está la explotación que trabaja con grupos de consumo en Barcelona. Responde a un perfil de explotación innovador que, contrario al resto de perfiles, se trata de un tipo de explotación que no tiene vínculos agrícolas, como explicaré en el capítulo 4, que se relaciona el perfil de nuevo campesinado (Milone y Ventura, 2019; Monllor y Fuller, 2016; Van der Ploeg, 2010a). Se dedican a la producción hortícola en ecológico. La explotación empezó muy vinculada a los grupos de consumo, ya que P23 formaba parte de uno de ellos y decidió dar el paso a la producción porque notaba que les faltaban proveedores. Comenzó con otro socio con el que no tenía relación pero que contaba con alguna parcela agrícola y conocía el sector. Cuentan también con una tienda propia donde venden el producto de la explotación y también han elaborado cestas de verduras con los cultivos de la temporada que se venden a un precio cerrado. Con los grupos de consumo acuerdan una cuantía y un día de recogida y cada semana distribuye el producto, lo que le permite una estabilidad al contar con esa demanda fija. Además, pueden fijar el precio al que venden el producto, que suele mantenerse de manera regular.

El precio del producto

Como se ha señalado antes, la venta directa constituye un canal de gran importancia para los ingresos de las explotaciones, lo que permite la viabilidad de explotaciones de menor tamaño. Al no contar con intermediarios ganan el margen que antes se quedaba en la parte de la distribución. Es por eso por lo que es una estrategia de venta fomentada por el Consorci del Parc Agrari para fortalecer la rentabilidad de las explotaciones de la comarca.

El precio, aunque condicionado por el mercado, lo fijan los agricultores según sus gastos y la previsión de producción para ese año, lo que supone mucha diferencia con el precio de otros canales de venta: «Aquí nosaltres al principi de la temporada posem un preu que cada any és el mateix. Quan anem a Mercabarna o a majoristes el preu el passen ells. [...] Si aquí a casa venem a 2,5 el kg, allà el paguen a 1»[12] (P18. Baix Llobregat). Aunque a veces eso suponga no venderlo o destinarlo a otro canal, para no devaluar el producto:

> Yo, a ver, el tomate tiene un coste de producción, yo más barato de ese coste no lo puedo vender. Porque, claro, hay veces que te encuentras que el de al lado te está vendiendo el tomate más barato, yo a menos de 1,50 no lo puedo vender, con el coste de producción que tengo y yo vendo tomate… y que hay veces que tengo el tomate maduro y tengo mucho y el tomate maduro no aguanta mucho, pues hacemos conserva (P28. Baix Llobregat).

---

12 Traducción al castellano: «Aquí nosotros al principio de la temporada ponemos un precio que cada año es el mismo. Cuando vamos a Mercabarna o a mayoristas, el precio lo ponen ellos. Si aquí en casa vendemos a 2,5 el kilo, allá lo pagan a 1 €».

El préssec d'Ordal

Un caso especial que debe considerarse son las explotaciones de P18 y P19; ambas se sitúan en la comarca del Alt Penedès, en los municipios de Cantallops y Subirats.[13] Se trata de una de las pocas zonas de secano donde se cultiva el melocotón, que se comercializa con el distintivo «*préssec d'Ordal*». Desde hace unos años, se viene celebrando en el pueblo de Sant Pau d'Ordal el mercado de venta directa con los productores (diez en total) (Préssec d'Ordal, n. d.). Las explotaciones mayoritariamente combinan el cultivo de melocotón con la viña, ya que se trata de una zona donde el sector vitivinícola tiene gran peso. En ambos casos, el melocotón se comercializaba a través de asentadores en Mercabarna (canal 2), pero recientemente han empezado a cambiar la estrategia hacia la venta directa. P18 es una explotación familiar de 7 ha, gestionada por dos hermanos que llevan tanto la parte de la viña como la del melocotón (25 000 kg). En verano suelen trabajar todos, hijos e hijas, ayudando en la recolección y las tareas. En los últimos años, gracias a la iniciativa de una hija, se reorientó la comercialización hacia la venta directa, en el mercado y en la propia explotación/casa. La casa, a pie de la carretera principal, tiene un área que funciona como tienda y donde se vende el producto.

La explotación de P19 está regentada por una pareja joven que tomaron la decisión de seguir con la explotación familiar de él, de 7 ha, donde se cultivan viña y melocotón (4800 kg). Al tomar el mando de la explotación, decidieron transformar el negocio y enfocarse a los circuitos cortos y la producción en ecológico, buscando la autosuficiencia y el «empoderamiento» a través de la transformación y comercialización de su producto:

> La nostra manera és ser el màxim autosuficient per no dependre d'altres que t'acullin... i llavors la nostra manera, tot i que implica un esforç personal molt gran, és la venda directa. Igual que la transformació del raïm en vi, que t'empodera, perquè si no tu vens una part del raïm i te paguen el que ells volen. És un camí i és el que impera a pagès, però no és el nostre camí (P19).[14]

---

13 Por su proximidad al Baix Llobregat, así como su particularidad a la hora de cultivar melocotones en secano, se incluyó su estudio como parte del Baix Llobregat y no se hace distinción a la hora de tratar los datos.

14 Traducción al castellano: «Nuestra manera es ser el máximo de autosuficientes para no depender de que otros te acojan y, entonces, nuestra manera, aunque

Es por eso por lo que empezaron a elaborar y comercializar su propio vino y a vender ellos mismos el melocotón. Lo hacen principalmente en los mercados diarios de los municipios cercanos y la venta desde la explotación, lo que marca el calendario de recogida: «Nosaltres la idea és que collim el dimecres, dijous anem al mercat de Sant Sadurní, collim el divendres i el dissabte anem a Vilafranca al mercat, diumenge es descansa en teoria i collim el dilluns i el dimarts és el dia que obrim aquí a casa per particulars, grups de consum i tot el que vulgui venir» (P19).[15] El precio lo fijan ellos y no baja de los 2 €/kg. Sin embargo, reconocen que es un tipo de cultivo que requiere mucha dedicación, lo que incrementa el coste, sobre todo, al haber implementado medidas para evitar la sustitución de los tratamientos sintéticos por ecológicos, como el embolsado del melocotón. Esta técnica consiste en colocar en cada fruto una bolsa de papel manualmente para evitar el efecto de las plagas:

> Nosaltres collim el dia abans i aquí crec que ningú ho fa. I això també té els seus costos perquè la fruita ha d'estar al seu punt [...]. I llavors és molt tàctic per saber si està en el punt o no. Clar, tot és molt manual. La feina de collir i com fem ecològic, a mitjan juny las empaperi'm, com es fa amb el melocotón de Calanda. Nosaltres també ho fem, hem trobat que és la manera més efectiva per combatre la mosca negra que és la que pon els ous. Entonces el color tampoc el veus i tot depèn del tacte. Després la pesen i la posem per calibres (P19).[16]

---

implica un esfuerzo personal muy grande, es la venta directa. Del mismo modo que la transformación de la uva en vino, que te empodera, porque, si no,tú vendes una parte de la uva y te la pagan como ellos quieren. Es un camino y es lo que impera en la agricultura, pero no es nuestro camino».

15 Traducción al castellano: «Nosotros, la idea es que cogemos un miércoles, jueves vamos al mercado de Sant Sadurní, cogemos el viernes y el sábado vamos a Vilafranca al mercado; el domingo se descansa en teoría y cogemos el lunes, el martes es el día que abrimos aquí en casa para particulares, grupos de consumo y todos los que quieran venir».

16 Traducción al castellano: «Nosotros cogemos el día antes y aquí creo que nadie lo hace. Y eso también tiene unos costes porque la fruta tiene que estar en su punto [...]. Y entonces es muy táctico para saber si está en el punto o no. Claro, todo es muy manual. El trabajo de coger y como hacemos ecológicos, a mediados de junio las empapelamos como se hace con el melocotón de Calanda. Nosotros también o hacemos, hemos encontrado que es la manera más efectiva para combatir la mosca negra que es la que pone los huevos. Entonces el color tampoco los ves y todo depende del tacto. Después la pesamos y la ponemos por calibres».

Por ello, en el momento de la entrevista se estaban planteando dejar de cultivar melocotón y centrarse solo en la viña, ya que las responsabilidades familiares (el cuidado de los dos hijos pequeños) les requerían más tiempo.

La calidad en las cadenas cortas de distribución

Los productores valoran de su producto la calidad entendida como «cercanía, proximidad, km 0» (P25. Baix Llobregat). Lo distinguen del resto por el poco tiempo que pasa desde que se recoge hasta que se come:

> Es muy sabroso porque lo coges maduro, nosotros cogemos por la mañana y vendemos por la tarde. Y la cereza igual, cuando yo la cojo por la mañana, la llevo a Barcelona y sabe que está cogido por la mañana y los clientes la cogen por la tarde. Y dices: estoy en Barcelona y estoy comiendo cerezas que hace 12 horas estaban en un árbol (P30. Baix Llobregat).

No solo fomentan la conexión de su producto con ese tipo de atributos, sino que también con su propia figura, haciendo que la marca ya no se asocie solo a un lugar concreto, a un territorio, como el Baix Llobregat, sino también al agricultor: «Y a mí me hace ilusión cuando me vienen y me dicen: "mi hijo se come la cereza y dice 'me estoy comiendo la cereza de la Teresa'" porque yo siempre digo que el mundo rural se tiene que unir al mundo urbano para hacer visible nuestro trabajo» (P30. Baix Llobregat). Para ello, utilizan estrategias como las redes sociales para dar a conocer su trabajo y crear lazos comunitarios: «tengo Instagram básicamente, que va conectado con el Facebook, pero yo no lo miro. Y sí que es verdad que te ayuda mucho, la red social, la gente está contenta, cuando cuelgas una historia, el otro día colgué la típica: "me he comprado unas nuevas tijeras de podar y estoy feliz" y la gente aplaudiendo. Es ese *feedback*. Que sepan» (P30. Baix Llobregat).

El tratamiento del producto que no se comercializa

Al tratarse de explotaciones pequeñas, de pocas hectáreas y cantidad de producción, el producto que no se recoge es gestionado por la Fundación *Espigoladors*, como ya se ha explicado. Otros, al tener su propio punto de venta, optan por la rebaja del precio y ponerlo de oferta, para dar salida. Si no, se va a vender a Mercabarna o intercambia con otros agricultores. Puede darse el caso que no se coja y permanezca en el campo, pero no supone grandes cantidades de producto:

No, és que excedent, el que es diu excedent... no ho sé. Nosaltres quan tenim excedent, igual que els comprem als pagesos, les oferim, perquè ells estan igual que nosaltres. Llavors ja no és excedent. I excedent, excedent de dir que el producte no es cull, és en ple agost que crec que els Espigoladors i tot els altres tampoc està. Perquè funcionen amb voluntaris i a l'agost fan vacances (P23. Baix Llobregat).[17]

Se observan otras prácticas informales que generan un mecanismo de aprovechamiento con el mismo alcance que sus negocios de venta. Se establecen acuerdos con otras personas para la transformación del producto a pequeña escala, para consumo propio o la comercialización: «És una noia que se ha legalitzat el seu obrador, el fa a casa seva però amb obrador i clar és petitona. No sé si fa mil pots de melmelada, de préssec que ja són, però no és una indústria»[18] (P19. Baix Llobregat). También colaboran con entidades de distribución gratuita, a nivel local, al no ser grandes cantidades de producto.

3.3. ESTRATEGIAS ANTE LA INCERTIDUMBRE DE MERCADO

Un tema transversal a todas las entrevistas es la permanente incertidumbre que sobrevuela el sector agrario, bien sea por la situación de los mercados globales o por los eventos climáticos que condicionan cada vez más la producción. España es uno de los países más vulnerables frente a los efectos del cambio climático, tanto por su situación geográfica como socioeconómica (Sanz-Sánchez y Galán, 2021). La agricultura será uno de los sectores que sufra las consecuencias en mayor medida, viéndose afectada por los efectos directos del cambio climático como son la erosión de los suelos, las inundaciones y las sequías, el incremento de plagas y enfermedades (Sanz-Sánchez y Galán, 2021). Efectos que ponen en peligro la seguridad alimentaria a nivel nacional y los paisajes agrarios tradi-

---

17 Traducción al castellano: «No, es que excedente, lo que se dice excedente, no sé... Nosotros cuando tenemos excedente, igual que le compramos a los agricultores, les ofrecemos porque ellos están igual que nosotros. Entonces ya no es excedente. Y excedente, excedente de decir que el producto no se coge es en pleno agosto que creo que los de *Espigoladors* y todos los demás tampoco están porque funcionan con voluntarios y en agosto cogen vacaciones».

18 Traducción al castellano: «Es una chica que se ha legalizado su obrador, lo hace en su casa, pero con obrador y claro, es pequeña. No sé si hace mil botes de mermelada de melocotón, qué ya son, pero no es una industria».

cionales que tienen gran valor ecológico y cultural (Sanz-Sánchez y Galán, 2021).

A ello se suman las presiones no climáticas que afectan al desarrollo del sector y aumentan su vulnerabilidad, tales como el aumento de los insumos, la bajada de precios de los productos, la introducción de especies exóticas, la despoblación de las zonas rurales, etc. (Sanz-Sánchez y Galán, 2021). Por ello, cada vez son más las políticas y medidas diseñadas para paliar las consecuencias de estos episodios climáticos, a la vez que se intenta proteger los beneficios económicos de los sectores afectados, que movilizan grandes cantidades de recursos públicos. De hecho, durante el transcurso de esta investigación, varios eventos han sacudido el sector agrario y han puesto de relieve su capacidad de adaptación. Los primeros meses de la investigación estuvieron marcados por la pandemia del Covid-19 en 2020 y el primer contacto con el trabajo de campo estuvo influido por las restricciones que aun perduraban durante 2021. Después, las fuertes heladas de 2021 que afectaron a los cultivos frutícolas del Bajo Cinca. En 2022 comenzó la guerra de Ucrania y la crisis de suministros y, ahora, mientras escribo estas líneas, junio 2023, la grave situación de sequía afecta a la agricultura.

Asimismo, la mano de obra en la explotación representa gran parte de los costes de producción, por lo que el cambio en materia laboral (ej., subida del salario mínimo) supone incrementar el gasto y afecta a la organización del trabajo. En el caso del Bajo Cinca, esto puede ser determinante para la viabilidad de la explotación.

3.3.1. Incertidumbres climáticas

En el Bajo Cinca los episodios de heladas se han incrementado en los últimos años, lo que hace aumentar la incertidumbre y el riesgo de pérdida en la campaña. En el año 2021, una helada tardía en el mes de marzo dejo una afectación del 70 % de la producción general (Puértolas, 2021). Los informantes tenían una afectación de entre el 40 y el 100 % en muchas parcelas: «Este año, con la helada, en teoría, que he ido creciendo y demás, tendría que haber hecho 500 000 kg y si hago 250 000… este año, el del 2021, ha helado y yo soy de los que menos le ha helado. Un 40 %. Yo espero hacer 250 000, pero bueno, esto no lo sabes hasta el final» (P7. Bajo Cinca). Esto supone que no se puede comercializar por los canales habituales de venta, sobre todo, aquellos que exigen unos niveles de calidad altos, en términos estéticos, como la gran distribución: «En el año 2018, cuando cayó la piedra, para nosotros la exportación cayó totalmente. Porque teníamos fruta con defecto y eso no podía ir al supermercado» (P6. Bajo Cinca). Lo que no quiere decir que no se pueda vender por otras vías, como lo que relata P5 sobre la fruta dañada por una tormenta con granizo: «El año pasado de 0,55 €/kg, nosotros tuvimos también pedrisco. Y nosotros tenemos una buena póliza de seguro que nos cubrió bien. La mayoría del daño del pedrisco lo vendimos también. Fue al pelo. Cobramos pasta por todos los lados. Contra pronóstico, fue bien». En el caso del Baix Llobregat, se trata de un clima menos propenso a las heladas, por lo que no tienen ese riesgo presente, sí las tormentas.

Para el Bajo Cinca, en términos económicos directos, las pérdidas ocasionadas son cubiertas por el Agroseguro, que calcula el nivel de los daños sobre la fruta total, lo que es más arbitrario:

> Ahora está agroseguro. Pero lo que nos ha pasado este año, tenemos el 30 % de carencia, o sea, que el 30 % lo hemos perdido. De la campaña. Eso es el contrato que tienes del seguro, pero como solo hay una empresa para toda España, hacen lo que quieren. A partir de ahí te van a sacar lo que vas a coger. Si yo tengo de cosecha un 30 %, el seguro solo me va a pagar un 40 porque ya es el 30 % de carencia, 30 % de fruta, pues solo me cobrará el 40... La piedra es diferente, te lo hacen parcela por parcela. Es un 10 % de carencia y vale. Pero el frío... ha jodido bastante este año (P4. Bajo Cinca).

Sin embargo, el impacto de las heladas tiene graves consecuencias en términos económicos indirectos porque al bajar la producción, baja el número de personas necesarias para la poda y la recolección, así como el uso de servicios auxiliares (reparación de maquinaria, suministros, etc.):

> Si bajamos de 4 a 1, nos quedamos con un 25 %, esto va a ser un problema añadido al que ya tenemos. [...] Nosotros, en Aragón, necesitamos 15 000 temporeros. [...] «Hombre, pero tenéis el seguro». Déjate el seguro, yo te hablo de otras cosas. Perder 100 millones de kilos que vamos a perder sí o sí. Esto va a hacer mucho daño. El daño económico es una cosa, pero el social es otro (E11. Bajo Cinca).

Por ejemplo, la central frutícola P1, que cuenta también con la parte de producción relata que frente a las 100 personas que solían estar trabajando en el campo a esas alturas del año (abril), ese año solamente estaban 7:

Este año había buenas perspectivas, pero ha venido una helada que nunca la hemos visto ni la hemos conocido y eso es lo que pasa. Ahora en estas fechas tenemos que estar 100 personas aquí en casa ya, aclareciendo y esas cosas, y estamos 7. El lunes empezarán a lo mejor 15, lo que serían los fijos de todo el año que deberíamos estar (P1. Bajo Cinca).

La mayor probabilidad de heladas y las tormentas son los dos efectos climáticos que más aparece en las entrevistas, seguramente porque son los que más afectación directa tienen sobre los cultivos y que generan mayores pérdidas en términos económicos. Sin embargo, sí que se identifican otras problemáticas que subyacen a los casos de estudio como la degradación de los suelos. En el caso del Baix Llobregat, existía la problemática de la extracción de árido ilegal, que supuso un grave problema medioambiental durante la década de los 70 y 80. Lo que correspondería con un problema medioambiental local, que llevó a un fortalecimiento de las medidas de protección del suelo agrario en la zona. En el caso del Bajo Cinca, aparece el tema de la presión que ejerce la ganadería y la gestión de los purines, un debate actual que está impulsando también un endurecimiento de la legislación ganadera.

El año pasado, a raíz de que producían soja, había un uruguayo que se echaba las manos a la cabeza. Ahí tienen una ley del suelo muy estricta, nos dijo que lo que se hace aquí con el purín es una locura. Yo creo que tenemos un problema muy grande con el sector porcino. Pero nadie dirá nada. Porque el sector porcino mueve mucha pasta, crece y va en avión. Y nadie está contando lo que cuesta medioambientalmente (E9. Bajo Cinca).

3.3.2. Riesgos sociopolíticos

Aparte de los eventos climáticos, destacan también en la última década las inestabilidades sociopolíticas globales que afectan a los mercados económicos. Los informantes detectan varios puntos de inflexión que supusieron un choque para su actividad y comportaron la adopción de medidas adaptativas para hacer frente a ellos. Para los agricultores del Baix Llobregat, esos momentos fueron la situación pandémica del Covid-19 y, sobre todo, el incremento de precios en los insumos relacionado con la guerra de Ucrania. Para el Bajo Cinca, a esos dos momentos de crisis, se le suma el veto ruso de 2014 que supuso un gran golpe al sector de la fruta europea y, especialmente, española.

El veto ruso de 2014 hace referencia al decreto por el cual el gobierno ruso prohibió la entrada de determinados productos agrícolas, alimentos y materias primas de los estados que le habían impuesto sanciones económicas a Rusia como consecuencia de la crisis de Crimea, entre los que se encontraba España (Ministerio de Agricultura Alimentación y Medio Ambiente, 2015). El mercado ruso, en ese momento, constituía uno de los mercados principales de exportación para España, siendo el 16.° destino de las exportaciones totales entre los años 2007 y 2012, con una media anual de 312 millones de euros (Agroinformación, 2020). Las exportaciones a Rusia de legumbres y hortalizas en 2013 representaban el 1,3 % del total de las exportaciones y las frutas el 2,6 %. Después del veto, las exportaciones incrementaron la cuota del mercado comunitario, así como el mercado en Suiza y Emiratos Árabes, mercados tradicionales que absorben la oferta del producto que antes se destinaba al mercado ruso, sin que apareciese en ese momento nuevos mercados (Ministerio de Agricultura Alimentación y Medio Ambiente, 2015). Los agricultores del Bajo Cinca coinciden en que supuso un gran golpe para el sector frutícola, sobre todo para quienes les suponía el mercado principal de comercialización. Sin embargo, el incremento de la oferta influyó negativamente en el precio, que bajó significativamente e hizo que se viera afectado todo el sector en general: «Nos afectó a todos porque nosotros no trabajamos con Rusia, pero si la gente que trabaja con Rusia deja de enviar, pues eso, baja los precios. Pero así una afección directa no tuvimos» (P8. Bajo Cinca).

Los entrevistados del Bajo Cinca señalan el momento del veto ruso como el inicio de la crisis del sector frutícola, con el aumento de la incertidumbre en los mercados y la bajada del precio de los productos, lo que incrementa la inestabilidad e incertidumbre en el sector:

> En nuestra zona, desde el año 2014 que sufrimos el famoso veto ruso, dices... del 2014 al 2021... ha habido un antes y un después. Desde entonces se han desplomado mucho los precios. Abrir nuevos mercados es difícil, por lo visto, como son acuerdos a nivel político, no se espera que se vuelva a poder abrir. Yo lo veo bastante difícil. Mi visión, quizá, te parece pesimista, pero yo veo difícil que hoy por hoy, un joven pueda volver a vivir solamente del sector de la fruta y del sector agrícola (E11. Bajo Cinca).

Muchas explotaciones cesaron su actividad porque quebraron y no pudieron mantenerse. Al haber entrevistado a agricultores en activo, no hay ninguno que se encuentre en esta situación:

Cuando salió el veto ruso, sacaron unas ayudas y muchos se acogieron, pero claro, luego tienes que devolverlas y mucha gente entró en quiebra y por eso con lo del veto ruso quizás plegó mucha gente. Aquí en Zaidín, que hay gente con más de un millón de kilos, gente que... que dices hostia, superricos, que siempre les va bien, «casa grande», «pecho fuera», hostia, todo el mundo miraba esas casas, las tres o cuatro casas de más de un millón de quilos y han plegado. Claro, al bajarles diez céntimos, al ir al límite de 25 o 30... invertían, iban creciendo... (P7. Bajo Cinca).

La situación derivada del Covid-19 (marzo-2020) y el inicio de la guerra en Ucrania (febrero-2022) tuvieron grandes consecuencias socioeconómicas para la sociedad y en especial, para la agricultura. La crisis pandémica trajo consigo problemas en las cadenas de suministro globales, además supuso la restricción en el movimiento de trabajadores, cambios en la demanda de los consumidores, el cierre temporal de industrias alimentarias, políticas comerciales restrictivas y un aumento de la presión financiera (Din *et al.*, 2022). El efecto en los mercados es valorado por algunos como positivo, con un incremento de la demanda de fruta y verdura durante ese verano: «La incertidumbre más grande fue la del mercado, porque en abril estábamos todos acojonados. Decíamos ¿vamos a echar la campaña adelante?, ¿vamos a poner perras aquí? Y luego fue superpositiva. Desde el primer día» (P5. Bajo Cinca). Para otros fue negativo por el cierre de las fronteras que no permitió la movilidad de los trabajadores y de muchos mercados: «El año del Covid-19 yo tenía un millón aquí plantados y se me quedaron casi 600 000 sin cosechar, porque los mercados en Francia estaban cerrados... El apio fue mal...» (P28. Baix Llobregat) y otros lo señalan como indiferente: «Yo creo que no nos ha afectado demasiado. Ni positiva ni negativamente. Quizás se vende un poquito más, la fruta ecológica, la gente igual se preocupa un poco más por la salud. Pero es algo que en los números no lo hemos notado» (P17. Bajo Cinca).

La inestabilidad en los mercados se agudizó con la crisis logística y de suministros derivada del inicio de la guerra en Ucrania, que afectó significativamente a los mercados financieros globales, de la energía y de los productos agrícolas. Esto se tradujo en un aumento de los costes de producción derivados del incremento de los precios de los carburantes y los tratamientos químicos, sobre todo, de los que contienen nitrógeno, fósforo y potasio, conocidos como NPK. El grueso del trabajo de campo se hizo durante el verano de 2021, un año después de la irrupción del Covid-19 pero aún con muchas de las medidas para su prevención y control en vigencia. Para los entrevistados, la situación pandémica tuvo dos efectos: por un lado, una parte positiva en los primeros meses, especialmente durante el periodo de confinamiento cuando el sector primario fue catalogado como sector esencial y, por tanto, se les permitió la libre movilidad. Ese momento también se tradujo en una mayor valorización de la actividad agraria y de la alimentación como factor clave para la salud, algo señalado tanto por los agricultores del Baix Llobregat: «El año pasado con el Covid... Hostia, felicitaciones de todo. "Gracias, gracias por estar ahí", ahora, ¿quién se acuerda?» (P28. Baix Llobregat), como por los del Bajo Cinca: «Y pueden ver que ahora en tiempos de pandemia, se ha valorado mucho que el sector primario ha dado el callo y es necesario para vivir». (P10. Bajo Cinca).

Tanto Rusia como Ucrania son grandes exportadores de cereal, aceite de girasol, maíz, trigo y cebada, de gran valor para el sector ganadero español. Asimismo, ha acentuado la tendencia al alza de los precios de las materias primas alimenticias, por ejemplo, el precio de los fertilizantes se incrementó un 137 % de promedio interanual en marzo y abril de 2022 debido a la crisis de la energía. En 2021, el precio de los alimentos ya había crecido un 31 % a nivel global y los fertilizantes un 80 %, muy superiores a los niveles prepandemia (Álvarez y Montoriol, 2022).

3.3.3. Reacciones y medidas de adaptación

Frente a los episodios de incertidumbre, las estrategias de adaptación implementadas por los agricultores fueron variadas; algunas suponen medidas de reacción puntuales para paliar las consecuencias inmediatas y otras son acciones estructurales que cambian el comportamiento de las organizaciones.

La respuesta inmediata de los agricultores a las incidencias en el mercado es mayoritariamente pasiva, es decir, no llevan a cabo medidas alternativas para compensar los daños de esa temporada. Trabajan con la producción restante y esperan la respuesta del agroseguro. Solamente uno de ellos, P15, con una explotación de 14 ha y una venta directa a asentadores en mercados centrales, decidió plantar tomates en alguna parcela el año que había helado, para poder contrarrestar las consecuencias de las heladas: «Me dedico prácticamente a la fruticultura. Este año he puesto tomate porque como se había helado, había que hacer algo» (P15. Bajo Cinca).

Asimismo, a raíz de la crisis pandémica, la situación de «nueva normalidad» implicaba cambios en la organización de la actividad agraria. Las primeras, las medidas de distanciamiento social requerían de adaptar la logística de la explotación. Por ejemplo, las enfocadas a respetar el número máximo de personas permitido que implicó cambios en los turnos de comida en el comedor de las centrales frutícolas y el incremento de viajes o vehículos a la finca. También hizo emerger problemáticas estructurales del sistema que la situación sanitaria agudizó como los casos de infravivienda o la situación de los trabajadores temporeros. Esto impulsó medidas públicas al respecto, como un mayor control y seguimiento de los trabajadores de la zona: «No lo llevamos mucho [seguimiento de los trabajadores]. El año pasado [2020] sí, por [el] tema del Covid-19. Nos tuvimos que poner las pilas, en tu pueblo sabes más o menos, pero no lo tienes afinado. El año pasado sí que los pedimos. Lo que hicimos fue un listado con la gente que trabajaba: nombre, DNI y teléfono» (E8. Bajo Cinca).

Sin embargo, estos eventos imprevistos añaden un riesgo a un sector que atraviesa una crisis marcada por la inestabilidad y la incertidumbre. Ante ello, muchos agricultores optan por la diversificación que puede ser de cultivos, de actividades en la explotación o de canal de distribución.

En el Bajo Cinca, los agricultores de las explotaciones pequeñas y medianas optan por la ganadería, mediante la fórmula de la integración vertical con las centrales frutícolas, que no convierten parte de su superficie, sino que construyen alguna granja de porcino o bovino. Se aprovechan de la fórmula de integración, ampliamente arraigada en a la zona, con grandes empresas cárnicas integradoras, lo que les facilita la comercialización y la gestión de la explotación. Esto les permite una serie de ingresos constantes, lo que da estabilidad y, a la vez, no supone tener que aumentar la mano de obra que se dedican a ello:

> Una renta fija, la granja son horas contadas. Al mes, más o menos, sabes lo que te va quedar. Es un precio fijo. De la fruta no sabes nada, en el año 2017 yo perdí 36 000 € trabajando como un burro. Podría tener un mercedes clase A y no lo tengo. Los tenía. El año pasado ganamos dinero, sí, pero una vez que pierdes, te quedas un poco mosca ya (P5. Bajo Cinca).

Esta opción se posiciona como la más favorable frente a alternativas para las explotaciones pequeñas y medianas como la comercialización del propio producto que, aunque les disminuiría la dependencia de la central frutícola, perciben como una opción menos segura que la ganadería:

> Mover todo el volumen que nosotros hacemos, en una campaña normal y confeccionar todo, mantenerlo en el campo, tener una cámara. Para

hacerme la infraestructura, para comercializarme todo lo que yo produzco, tengo que gastarme igual de dinero que con la granja. Sí, claro, tienes otro margen. El margen de beneficio que puedes sacar en una campaña buena es agradable. Pero es que yo, me lo estuve pensando, pero no me atreví. Porque tienes que doblar el personal. No me quería gastar 300 000 € para la fruta. De hecho, muchos que lo han hecho, han tenido que cerrar. Porque han cogido los últimos años que han sido muy malos. Cada año es un escenario diferente, este año no hay fruta. La incertidumbre de si va a ir bien o mal, pues en dos noches se fue todo (P5. Bajo Cinca).

También hacia el cambio de cultivos para disminuir la dependencia de mano de obra externa. Este tema es especialmente sensible, ya que la gestión de recursos humanos es señalada como un problema del que quieren prescindir, sobre todo los agricultores autónomos que se encargan personalmente:

> Pero los gastos son extremadamente altos, los trabajadores igual y la almendra no. Mano de obra no hay, ahora quizá más. Es una poda leve, no se aclarece, que eso sube mucho la mano de obra y coger con máquina. Que, con mi padre y yo, te compras una máquina y ya está. Porque cogimos más tierras y era: poner fruta e ir a tope con gente o cambiar un poco a almendra. Y dijimos: pues cambiamos, no llevaremos tantos trabajadores y por calidad de vida será mejor (P4. Bajo Cinca).

Las centrales frutícolas optan por la diversificación, e incluso reorientación total, de los canales de distribución. Por ejemplo, ante el veto ruso de 2014, algunos siguieron exportando a ese mercado a través de intermediarios situados en otros países, sobre todo a aquellos cercanos geográficamente a Rusia, lo que facilitaba la logística. Supone un alargamiento de la cadena de distribución desde la producción hasta el mercado ruso: «Tuvimos muchos problemas con el veto ruso, que cerró las puertas en seco. Ahora se sigue vendiendo ahí, pero con un pequeño giro, en vez de entrar por Rusia, entran por Lituania o por donde sea» (E8. Bajo Cinca). Otros, en cambio, optaron en se momento por el envío a nuevos mercados extracomunitarios como Brasil o Emiratos Árabes, medidas de reacción ante el choque inicial, que después no siempre se han mantenido: «¿Dónde se mete toda esa fruta que comían en Rusia? Comían el triple que en Europa. Aquel año se envió a Emiratos Árabes, a Brasil... si no van a llegar ahí. No llegaban. Aquel año nos bajamos los pantalones todos» (P5. Bajo Cinca). Para algunas centrales frutícolas que trabajaban con el mercado de exportación (canal 1), el veto ruso supuso una restructuración de su negocio con una reorientación hacia el mercado nacional, adoptando nuevas estrategias comerciales. Es el caso de P6, quién pasó de la venta de exportación en mercados de países extracomunitarios a una venta en el mercado doméstico, pero basada en estrategias de valor (canal 2):

> Un poco la tendencia fue que los mercados nacionales cada vez fueron a peor, se empezaron a exportar mucho, se abrieron mercados nuevos, estuvimos mandando mucho a Argelia, a Rusia... se mandaba a muchos sitios. Y luego volvimos al mercado nacional pero ya con una venta directa. No volviendo a Mercabarna ni a Mercamadrid ni a mercados generales, sino que, a cadenas de tiendas, de fruterías... a un cliente final (P6. Bajo Cinca).

Estas estrategias son posibles gracias al acceso a crédito, lo que supone para muchos agricultores la inversión de ahorros y el endeudamiento, hipotecándose y asumiendo el risgo. Por otro lado, complementar el cultivo frutícola con otros cultivos más rentables económicamente, como el almendro o el olivo. Esto se da bien ampliando la explotación con la compra o el arriendo de tierras o, lo que es más común en las entrevistas, con una disminución de la superficie dedicaba a la fruta de hueso para cultivar el otro producto: «Las almendras las he empezado este año. Porque la fruta requiere muchísima mano de obra y muchísima inversión. Tiene que sulfatar cada semana o cada quince días, están prohibiendo los productos que van mejor y se están introduciendo las cosas naturales. Pero los gastos son extremadamente altos, los trabajadores igual y la almendra no» (P4. Bajo Cinca).

En el Baix Llobregat, la diversificación se da hacia el incremento del número de productos cultivados, disminuyendo su estacionalidad, y hacia nuevos canales de distribución. Para algunos agricultores del Baix Llobregat, la situación extraordinaria de las medidas para contener el Covid-19 les sirvió para experimentar nuevas fórmulas de comercialización como el envío de cestas de alimentación o la venta *on line*: «Empezamos con el Covid-19 [a hacer cestas de verdura a domicilio], como la gente con el rollo este no podía y nos pedía, el servicio era gratuito. Lo hacemos a nivel de pueblo [...] y la aceptación de la gente, bien» (P28. Baix Llobregat).

Se observa una disminución del cultivo frutícola en favor de la especialización hortícola de las explotaciones, que, aparte de su rentabilidad, da mayor seguridad y flexibilidad: «La verdura cada tres o cuatro meses se está recolectando, entonces si va mal, la fruta son dos años hasta volver a cosechar. Pero la verdura son cuatro meses. Si ahora viene mucha agua y se pudre, sabes que va a volver» (P29. Baix Llobregat). En los casos de las explotaciones pequeñas y diversificadas, donde la fruta no es el cultivo principal, sino que sirve de complemento a los cultivos de huerta, los árboles no suelen estar concentrados en una misma parcela, sino que se colocan en los márgenes de los campos. Esto disminuiría el riesgo de daño a toda la producción: «los árboles los tenemos separados porque si te toca un pedrisco, es difícil que te coja todos, lo tenemos separado» (P25. Baix Llobregat).

Al tratarse de explotaciones de menor tamaño que no tienen acceso al mercado europeo, son menos dependientes de las variaciones a nivel sociopolítico. Ante el aumento de los costes de los suministros, muchos optaron por bajar el margen de beneficio: «yo creo que repercute en el beneficio. El coste final de la verdura es lo mismo. Yo veo que vendemos al consumidor final y cuando una semana le subes 10 céntimos, ya lo notan, como para subirlo. La gente, al final, dejará de venir a mí y se irán a una gran superficie» (P29. Baix Llobregat). Asimismo, presentan mayor capacidad para probar soluciones alternativas ante los cambios en el mercado, por ejemplo, disminuyendo la demanda de esos productos mediante un uso más eficiente y la aplicación de técnicas como el abonado en verde, que sustituye la fertilización química. Es el caso de P25, con quien hablé en verano de 2022 por segunda vez, cuando el incremento de los fertilizantes ya se había agudizado y había empezado la guerra en Ucrania. Él decidió aplicar el abono en verde para las parcelas de hortalizas con el objetivo de reducir el coste de los fertilizantes. Eso le conllevó más horas de trabajo físico porque debía sembrar y cosechar, pero al tratarse de parcelas de pequeño tamaño pudo hacerlo:

> Así, controlamos mejor cuánto abono tiramos, porque antes decías: «bueno, si no le echo un poco más, pero ahora si puedes echarle 4 en vez de 5 mejor, y 3 mejor que 4, porque tal y como están los precios. En dos años me han subido un 400 %, por eso estamos buscando alternativas. Que son más sanas para el cultivo, más sanas para la tierra y más sanas para el consumidor también (P25. Baix Llobregat).

Esta estrategia también la probó P28, pero no consiguió los resultados esperados, por lo que volvió al abono con base de nitrógeno: «Intenté hacer materia orgánica, sembradas en verde y demás, pero no me da lo que necesito; me da consistencia en el suelo pero no lo que necesita la planta» (P28. Baix Llobregat).

3.4. LA SITUACIÓN DE LA PRODUCCIÓN EN ECOLÓGICO

La producción ecológica es minoritaria tanto en el Bajo Cinca como en el Baix Llobregat. Varios de los entrevistados producen utilizando métodos en ecológico, tanto certificada como no (P25, P21, P17, P19, P23). Estos casos se encuentran mayoritariamente en el Baix Llobregat y presentan una estructura de explotación muy similar. Se trata de explotaciones pequeñas que trabajan enfocadas a los circuitos cortos de distribución, bien a través de la venta en *mercats de pagès* y la venta en la propia explotación, como sería el caso de P25 y P19 como a través de su propia tienda, como tienen P23 y P21. Por tanto, comparten las características propias de este grupo de explotaciones: gran diversificación de cultivos, principalmente de huerta, ritmo de trabajo estable durante todo el año y una estructurada organización del trabajo que exige una buena coordinación logística para recoger los productos del campo y repartir diariamente. En el Bajo Cinca, el agricultor que produce en ecológico tiene una explotación que se asemeja en estructura a las otras explotaciones pequeñas y medianas de la zona, que funcionan a través de la venta a una empresa comercializadora. Sin embargo, junto con la transformación en ecológico está buscando romper con las dinámicas dominantes en la zona y establecer nuevos canales de venta, como el contacto con otro tipo de distribución (cooperativas, personas individuales, etc.). Para ello, se asoció con otras personas que no eran agricultores para impulsar así la transición

Entre los motivos para producir en ecológico, aparecen los argumentos ligados a la salud y a la responsabilidad con el consumidor: «Es que siempre hemos hecho ecológico, de que no quiero envenenar a nadie. No me convence la agricultura convencional; me gusta la ecológica y hago ecológico» (P21. Bajo Cinca). También las visiones de la agricultura como una actividad que debe estar en armonía con el medio, regida por unos criterios de sostenibilidad que van más allá de la sustitución de los *inputs* sintéticos por los ecológicos: «Un any en vam fer servir i què va passar, que un insecticida no és selectiu, va matar la mosca, però també va matar totes les marietes, tot la resta. [...]. I vam dir que això no ho tornaríem a utilitzar en la vida, pot ser molt ecològic, perquè el producte en si és ecològic però això no té res d'ecològic»[19] (P19. Baix Llobregat). El atributo eco-

---

19 Traducción al castellano: «Un año lo usamos y qué pasó, que un insecticida no es selectivo, mató a la mosca, pero también mató a todas las mariquitas, todo

lógico les permite diferenciarse y añade valor a su producción, sin embargo, el perfil del consumidor al que se dirigen, en un mercado muy local, no presenta grandes diferencias con el perfil del comprador de otros agricultores que venden utilizando estrategias de valor o canales de venta directa. Por el contrario, para P17, el producto en ecológico sí que les supone acceder a un mercado de más valor, sobre todo la venta a la gran superficie europea, aunque también se han doblado los costes por kilo: «los gastos por kg antes eran 30 y ahora 60». Para P25, la producción en ecológico no forma parte de una estrategia comercial, ya que él ya se orienta a un mercado diferenciado en valor y calidad, sino que es una preferencia productiva para lograr un uso más eficiente de los recursos y aumentar su autonomía productiva. Además, no quiere ni pagar ni hacer el trabajo burocrático que conlleva la certificación: «Porque no me gusta trabajar bien y pagar. Y trabajando en ecológico y certificado tienes que pagar pues... todo... todo el papeleo y todo. Estamos camino de ecológico, pero sin... sin certificar» (P25. Baix Llobregat). Una estrategia por la que también opta P19, quien elabora sus propios tratamientos como el polisulfuro de calcio, para el control de plagas y enfermedades, en vez de comprarlo cada vez, aunque sea una práctica que se salta las normas de control sanitarias: «El plori sulfur de calci es pot fer, però ara et diuen que cada producte ha de tindre el seu número de registre. Clar, aquestes marques en adonar-se que és necessari, va pujar molt de preu. Clar, el que fem és comprar una garrafa i després ens ho fem i vam reomplir. Això ho fem, el tècnic ho sap però tu no pots posar-ho als llibres»[20] (P19. Baix Llobregat).

Sin embargo, pese a compartir similitudes con las demás explotaciones, los agricultores en ecológico presentan particularidades en la forma de relacionarse con los actores del sistema agroalimentario de cada zona, que los diferencian y conforman como grupo. Aunque suelen trabajar con un técnico agrario, a veces también perteneciente a la ADV, la diversidad

---

lo demás. [...] y dijimos que eso no lo volveríamos a utilizar en la vida, puede ser muy ecológico, porque el producto en sí es ecológico, pero eso no tiene nada de ecológico».

20 Traducción al castellano: «El por sulfuro de calcio se puede utilizar, pero ahora te dicen que cada producto tiene que tener su precio de registro. Claro, estas marcas al darse cuenta [de] que es necesario, subieron mucho el precio. claro, lo que hacemos es comprar una garrafa y después nos lo hacemos y vamos rellenando. Esto el técnico lo sabe, pero no puedes ponerlo en los libros».

de modos de la producción ecológica hace que requieran más seguimiento. Los agricultores se involucran más y buscan otro tipo de recursos para hacer viable la producción. No solo pueden acudir al técnico, que, a veces, no es especialista en ecológico y no va a darles todas las herramientas posibles, sino que son activos en buscar sus propios recursos. Los modos por los que se informan ya no son solo los dominantes en un territorio, sino que amplían y se nutren de experiencias diversas, creando nuevas redes y contactos que les permiten aprender e implementar nuevas prácticas:

> Al principi vam tenir algun noi però sabia tan poc com nosaltres. És que aquí no hi ha cultura, vam ser els primers que vam dedicar-nos a això. Ara hi ha un altre noi. Però no, vam tenir un tècnic que vam aprendre junts. Després vam parlar amb [nombre del técnico] que és com un referent a la zona del Baix Llobregat, que el també ens va donar quatre guies bàsiques però no era el nostre tècnic. Un dia vam anar a conèixer-ho (P19. Baix Llobregat).[21]. .

Este fenómeno se observa de forma más clara en el caso de la experiencia en ecológico de P17, en el Bajo Cinca, donde domina un modelo convencional de alta productividad y especialización. Él decidió convertirse a ecológico, pero no existe una red consolidada de técnicos, infraestructuras, canales de comercialización alternativos, por lo que ha tenido que ir creando sus propias alianzas con otros actores fuera de la zona para avanzar en el proyecto.

Los agricultores que producen ecológico pasan por un proceso de «reaprender» sobre el cultivo y los tratamientos. Se caracterizan por ser mucho más abiertas en las posibilidades y arriesgada, en el sentido que no cuenta aún con todos los recursos en cuanto a tecnología, conocimiento y productos disponibles que sí tienen la agricultura convencional y que engloba múltiples prácticas agrícolas dentro de la etiqueta «ecológico»). Este riesgo les empuja a situarse en una posición proactiva hacia el aprendizaje y la resolución de los problemas productivos: «Te tienes que buscar

---

21 Traducción al castellano: «Al principio, tuvimos un chico, pero no sabía tanto como nosotros. Es que aquí no hay cultura, fuimos los primeros que nos dedicamos aesto. Ahora hay otro chico. Pero no, tuvimos un técnico [con el] que aprendimos juntos. Después hablamos con [nombre del técnico] que es un referente en la zona del Baix Llobregat, que él también nos dio cuatro guías básicas, pero no era nuestro técnico. Un día fuimos a conocerlo».

bastante la vida. Un producto que se utiliza mucho para hongos, pulgón, que son como unas algas… Pues, es difícil de encontrar, muy difícil. Hay muchas que son malas. En el convencional tú vas a Bayer y dices: necesito esto, esto y esto. Y en el ecológico te tienes que mover más» (P17. Bajo Cinca).

3.5. A MODO DE SÍNTESIS: LA COMERCIALIZACIÓN MÁS ALLÁ DEL VALOR ECONÓMICO

Los agricultores, en ambos casos de estudio, se mueven guiados por objetivos económicos, en el sentido de que necesitan hacer sus explotaciones viables para garantizar su continuidad y para ello siguen diferentes estrategias: asociarse y agrupar la producción, como lo hacen las explotaciones que venden a la gran distribución y a la exportación (canal 1); distinguirse en valor y calidad para el mercado nacional (canal 2) o acortar la cadena de valor y así, ganar el margen de diferencia (canal 3).

Para la exportación y venta a la gran distribución, mayoritaria en el Bajo Cinca, se establece una estrategia de integración vertical entre productores y comercializadoras para ganar eficiencia en la producción y distribución del producto (Langreo, 2012; Narotzky, 2016). La central frutícola es la que dicta las exigencias de producción y se encarga del procesamiento y tratamiento de la fruta, lo que conlleva cambios estructurales hacia la concentración de la producción, potenciándose las asociaciones entre productores y comercializadoras para la venta conjunta, así como cambios productivos en las explotaciones con el cumplimiento de ciertas prácticas agrícolas. Se trata de un modelo organizativo que vincula a los pequeños productores al modelo agroindustrial, permitiendo su acceso a mercados más amplios, pero limita su autonomía y capacidad de decisión sobre su producto, que sigue en manos de otros agentes de la cadena, mientras mantienen el riesgo y la incertidumbre inherentes a la exposición a mercados globales (Narotzky, 2016). Se desarrollan formas organizativas (p. ej., creación de OPFH) y mecanismos institucionales (p. ej., sellos de calidad, contratos comerciales cada vez más rigurosos, etc.) que fomentan la especialización de la producción y la organización de la agricultura en base a la lógica empresarial (De Castro *et al.,* 2021*b*).

El segundo tipo de canal se enfoca a un mercado nacional que siguen una estrategia enfocada a crear valor a través de la calidad del producto, lo que las encuadraría dentro del concepto de cadenas de

131

suministro basadas en el valor (*Value-based supply chains*) de Stevenson *et al.* (2011). No obstante, se observan diferentes grados de implicación en cuanto a la inclusión de otros valores éticos y sociales a la hora de priorizar acuerdos comerciales. Se trata de centrales frutícolas en el Bajo Cinca y de explotaciones agrarias en el Baix Llobregat. Se dirigen a un segmento de mercado específico y minoritario (mayor calidad, mayor precio). En el precio, aunque esté sujeto a las variaciones del mercado, influye el proceso comunicativo constante entre ambas partes. Es un proceso opaco donde la información sobre la situación del mercado es lo principal y quien tiene más poder de negociación acaba imponiéndose.

Por último, las explotaciones que priorizan la venta directa en el Baix Llobregat. Esta estrategia de venta estimula la reestructuración del tiempo dedicado a las tareas productivas (necesidad de mayor número de cultivos y una planificación escalonada de ellos) y a la comercialización (asistir a los *mercats de pagès*, transporte y distribución). Este tipo de estrategias están siendo incentivadas por la Administración pública, a través del Consorci del Parc Agrari como parte de la estrategia de alimentación sostenible (Callau *et al.*, 2022). Al generar mayor margen económico a los productores y autonomía para fijar el precio, los agricultores optan de manera creciente por este canal, rompiendo con el predominio de Mercabarna como mercado principal (Vetter *et al.*, 2019). Sin embargo, la capacidad de este mercado de absorber la producción de los agricultores es más limitada, por lo que es viable para explotaciones de menor tamaño y muy diversificadas. Además, a esta vía, de manera similar a la estrategia en valor (Stevenson *et al.*, 2011), la siguen también explotaciones con modelos productivos convencionales, lo que muestra sus limitaciones para incentivar que las explotaciones adopten un modelo agroecológico socialmente sostenible.

Optar por un tipo de comercialización determinado depende entre otros factores de las oportunidades y recursos con los que cuenta el agricultor dentro su contexto productivo (Gaitán-Cremaschi *et al.*, 2019). En este sentido, en el Bajo Cinca, las explotaciones cuentan con un sistema de apoyo que propicia un sistema productivo de corte agroindustrial: sedes de distribución de productos fitosanitarios globales, grandes comercializadoras, grandes extensiones de terreno, técnicos agrícolas especializados en las últimas novedades, centros de investigación públicos y privados punteros en investigación agraria (p. ej., IRTA Fruitcentre, especializado en investigación sobre fruticultura se encuentra a menos de 50 km) y las grandes empresas de transformación. Esta disponibilidad de recursos contribuye a explicar que las estrategias que se adoptan frente a la incertidumbre del mercado sigan la misma lógica productivista que no rompe con el modelo dominante. Reorientan la actividad hacia otro producto u otro sector, por ejemplo, la ganadería, que se aparece como una opción viable frente a la incertidumbre de la fruticultura; también para la producción ecológica trabajar en los mismos circuitos globales es la alternativa más sencilla para comercializar las grandes cantidades de producto.

En cambio, en el Baix Llobregat, la proximidad a Mercabarna y la facilidad en la logística no promueve las estrategias de venta conjunta, sino que los agricultores venden individualmente al asentador en el mercado u optaron por diversificar su actividad mediante la compra de una parada. Las explotaciones ven limitado su crecimiento en volumen y superficie por la escasez de superficie agraria en la zona debido al desarrollo urbano, lo que les impide competir con aquellas zonas agrícolas altamente productivas o con los productos importados. Esto potencia su reorientación comercial hacia los *mercats de pagès* y los mercados locales, con un predominio del cultivo de hortalizas frente a los frutales tradicionales. Esta estrategia incentiva la diversificación de los cultivos en la propia explotación y nuevas formas de relaciones comerciales, de carácter informal, entre agricultores para ofrecer así mayor variedad de productos.

El compromiso, la confianza y la lealtad emergen como elementos constitutivos de las interacciones sociales, claves para la estabilidad del sistema. Sobre los acuerdos comerciales se generan relaciones de confianza y cooperación que son parte constitutiva del funcionamiento del sistema agrario y mantienen las formas en que se da el intercambio (tipo de cliente, plazo de pago, cantidades, tratos, etc.). Aseguran su reproducción y la repetición de la relación comercial, así como la flexibilidad y la economía de las transacciones porque no se necesita volver a negociar entre las partes año tras año. Permiten una comunicación fluida por la cual se trasladan las exigencias de los compradores finales al agricultor, creando así relaciones «técnico-administrativas» en las que el agricultor pierde el poder de decisión sobre cómo producir (Van der Ploeg, 2015).

Ambos sistemas se basan en redes donde se integran los actores que llevan a cabo diferentes actividades necesarias para su funcionamiento: proveedores de servicios e insumos, técnicos agrícolas, regulación, etc. Una característica del modelo agroalimentario actual señalada por

(Cattaneo y Bocchicchio, 2019) pero que, aunque en el Bajo Cinca se aprecia de manera extrema, también tiene lugar en el Baix Llobregat donde hay organizaciones centrales en el desarrollo: la cooperativa de Sant Boi para proveer insumos, las ADV para guiar en los tratamientos, el Parc Agrari para regular y mediar.

En línea con lo señalado por Bünger y Schiller (2022) aparecen perfiles «divergentes» que constituyen nichos dentro de los sistemas agrarios de cada zona. Trabajan de manera aislada al sistema dominante, implementando procesos innovadores radicales enfocados a los aspectos de la sostenibilidad social y ecológicos. Además, buscan nuevas alianzas con otros actores que les permita desarrollar sus negocios. Los agricultores que producen en ecológico han seguido otras prácticas distintas a las habituales, enfocadas a la adaptación a la demanda, en pequeñas cantidades, que no requiera depender de mucha maquinaria o mano de obra, para poder sobrellevar la explotación ellos mismos. Además, aparecen también un perfil de productor de carácter híbrido, que trabajan bajo los parámetros del sistema agrario dominante convencional pero que se interesan por las prácticas llevadas a cabo en el nicho y poco a poco se abren a nuevas innovaciones para implementar cambios en la producción hacia la sostenibilidad. Estos actores son la correa de transmisión entre ambas esferas y a través de su colaboración con los actores del nicho, emergen las tensiones e inconsistencias (Bünger y Schiller, 2022).

La diferencia en la comercialización también implica una segmentación de mercados en base a diferentes perfiles socioeconómicos de los consumidores, dejando los productos de mayor calidad (sabor, apariencia, calibre) para los establecimientos más selectos y zonas donde se va a vender a un precio más elevado (Fleury *et al.*, 2016). A nivel productivo, esto añade presión para mejorar el producto, con mayores requisitos de trabajo (empaquetado, limpieza, técnicas específicas de recogida de producto). En las explotaciones grandes, todo el producto se envía a diferentes canales según esta segmentación de mercado. En cambio, las explotaciones pequeñas que se enfocan a este grupo minoritario con mayor nivel adquisitivo venden el producto mejor y el resto que no cumple los criterios, o es vendido a otro comprador o se abandona en el campo, aumentando las pérdidas alimentarias.

Los diferentes canales también conllevan cambios en los mecanismos para fijar el precio, de lo que sigue dependiendo la sostenibilidad económica de la explotación. En el canal de venta a la exportación o gran distribución que el precio no se fija partiendo de los costes, el agricultor no participa en el proceso de establecer el precio de venta, mientras que en los canales cortos conllevan mayor capacidad de fijarlo en base a los costes de producción. Las explotaciones pequeñas que han conseguido vender parte de su producto a través del canal de proximidad, donde es más elevado el precio, han reforzado su viabilidad (Van der Ploeg *et al.*, 2019). Esto es un aspecto positivo, en línea con lo propuesto para la creación de sistemas alimentarios sostenibles (Callau *et al.*, 2022) y hay que impulsar de medidas que acerquen (y aseguren) la demanda con la oferta a través de métodos como la compra pública de alimentos agroecológicos y de proximidad o la celebración de *mercats de pagès*. Sin embargo, el acortamiento de la distancia entre el consumidor y el productor no debe ser un fin en sí mismo (Lamine, 2015). Para los pequeños agricultores reorientar su producción a los mercados de proximidad puede ser una opción viable, pero cuando la superficie es mayor (más de 10-15 ha), la gestión de la producción de determinados cultivos como la fruta, requiere de una coordinación y una eficiencia a la hora de plantar, recolectar y vender, así como de un mercado que absorba esa demanda. Esto incentivó la asociación entre agricultores.

También la diferencia en la comercialización marca la forma en que se construye el atributo de calidad, que adquiere varios significados en la negociación comercial. Para los agricultores y las centrales frutícolas que trabajan enfocados a la exportación, en el Bajo Cinca, la calidad es una exigencia que se logra durante el proceso productivo. Es un atributo medible a través de unas variables estandarizadas que pueden mejorarse constantemente y es certificada a través de sellos oficiales. Para las explotaciones del canal 2, destinadas al mercado nacional, la calidad es una cualidad del producto que le dota de valor. Implica unas características estéticas y de sabor determinado. Puede relacionarse también con otros aspectos como la proximidad, el lugar de origen y la tradición. Por último, en el tercer canal de venta directa, el concepto de Calidad aparece ligado al tipo de explotación (pequeña, no industrializada) y a la cercanía entre el productor y el consumidor. Sin exigencias estéticas, aunque sí de sabor, guiado por unos valores sociales. Es un rasgo que lo distingue de otros alimentos que se comercializan por los canales convencionales.

Asimismo, la incertidumbre tanto climática como socioeconómica y geopolítica aparece como un componente en la gestión de la actividad agrícola cada vez más central. Ante esta situación, los agricultores adoptan diferentes estrategias y medidas de contención: reorientar el mercado, aumentar su autonomía productiva o diversificar. Las explotaciones del Bajo Cinca, con más capacidad productiva y de mayor tamaño, muestran menos capacidad de resistencia y adaptación a estos impactos. Las del Baix Llobregat, precisamente por no ser tan competitivas como para acceder a esos mercados globales, resisten mejor a los distintos impactos y muestran mayor facilidad para adapartse y reorientar su actividad.

Por último, es interesante puntualizar los rasgos en común que aparecen en ambos casos de estudio y en los tres tipos de canal. Las explotaciones estudiadas presentan un alto grado de formalidad y racionalidad empresarial, con la búsqueda de la mejora de la eficiencia productiva tanto en pequeñas como en grandes explotaciones. Esto implica un control más exhaustivo de la producción y de los costes, que se observa de forma más usual en el Bajo Cinca que en el Baix Llobregat. Se observa la consolidación de nuevas prácticas empresariales derivadas de la profesionalización de la agricultura como el trato individual a la hora de calcular el precio del producto, la disminución de las prácticas informales, un mayor control sobre la producción y el uso eficiente de tratamientos.

Capítulo 4
La estructura social de la agricultura

El modelo agroindustrial global ha conllevado una reestructuración de la agricultura, transformando la organización del trabajo, los componentes tradicionales de las explotaciones agrarias y la posición de la figura del agricultor en la sociedad (Camarero, 2017*b*).

La consolidación del modelo de agricultura de la Revolución Verde durante la segunda mitad del siglo xx desencadenó los procesos de desagrarización y descampesinización (Hebinck, 2018). El primero hace referencia a la pérdida de centralidad de la agricultura en la configuración de los espacios rurales (Collantes, 2007; Hebinck, 2018). El segundo, al cambio en la composición de la explotación agraria y el perfil del agricultor, pasando de una agricultura dominada por campesinos a una agricultura corporativa o capitalista (Hebinck, 2018). No obstante, aunque el número de explotaciones agrarias se redujo drásticamente en la última mitad del siglo xx y sigue disminuyendo tanto en España como en Europa y a nivel global (EUROSTAT, 2022*b*), la estructura familiar sigue predominando en las explotaciones españolas y europeas (EUROSTAT, 2022*a*). Asimismo, la agricultura familiar y de pequeña escala contribuye activamente a la seguridad alimentaria, el desarrollo rural y una gestión más sostenible de los recursos naturales (EUROSTAT, 2022*a*; Toader y Roman, 2015). Por tanto, su mantenimiento es clave para la sostenibilidad del sistema agroalimentario (HLPE, 2013).

En la literatura científica se distinguen dos marcos interpretativos principales de la agricultura familiar (Narotzky, 2016). Por un lado, una visión de la agricultura familiar de corte *chanyanoviano* (Chayanov, 1974), entendida como explotaciones campesinas o de pequeño tamaño (*small-*

scale farmers) donde el campesinado es tratado como un grupo social en sí mismo, con sus peculiaridades demográficas (Narotzky, 2016). La agricultura campesina se caracteriza por la superposición entre la unidad familiar y la unidad productiva (Sevilla y López, 1994). Se entiende en oposición a las dinámicas agroindustriales actuales y funcionan como resistencia a las redes del mercado global agroalimentario (Van der Ploeg, 2015). Desde esta óptica, las explotaciones familiares son una reserva de valores y prácticas tradicionales que deben preservarse y cuyo funcionamiento se realiza en contraposición a las dinámicas de las corporaciones y la producción industrial (Bronson *et al.*, 2019; Hennon y Hildenbrand, 2005).

Por otro lado, otros estudios se centran en la transformación de la agricultura familiar y su acoplamiento a la economía de mercado sin contraponer ambos modelos, sino analizando los procesos de adaptación de estas explotaciones. Al perdurar en el tiempo, la agricultura familiar y de pequeña escala ha mostrado tener una gran resiliencia (Moragues-Faus, 2014; Requena i Mora *et al.*, 2018). La integración de la agricultura familiar tradicional en los mercados globales significó la reconfiguración de sus estructuras sociales y productivas (Woods, 2014). Los agricultores quedaron relegados a un espacio minoritario en las cadenas de valor globales, con escasa autonomía para realizar y decidir sobre su trabajo (Camarero, 2017*b*).

Desde esta perspectiva, la industrialización de la agricultura no conllevó la transformación del sector en explotaciones puramente capitalistas, sino en una reconfiguración de los elementos que forman las explotaciones de carácter familiar (Hubert, 2018). En el contexto español, ya en los años 90 encontramos trabajos sobre cómo el modelo agroindustrial había transformado al agricultor tradicional en agricultor empresario (Alonso *et al.*, 1991). Alonso *et al.* (1991) llevan a cabo una serie de grupos de discusión con agricultores pertenecientes a distintos sistemas agrarios para analizar los discursos subyacentes al cambio en el sector agrario. Se trató de un proceso de modernización agraria con fuerte impacto en las zonas rurales y en la estructura productiva del sector. No se tradujo en un fin del campesinado ni del agricultor, sino en la consolidación de una agricultura de mercado y un campesino capitalista que se comporta bajo parámetros empresariales. La modernización de la agricultura supuso el cambio de la mentalidad tradicional, articulada en torno al sacrificio del trabajo, una visión patrimonial de la tierra y el ideal comunitario como ejes de identidad colectiva, hacia una mentalidad productiva donde la tierra es un instrumento que se puede gestionar racionalmente para maximizar su producción (Alonso *et al.,* 1991). Moreno y Lobley (2014) demuestran que la modernización tecnológica de la agricultura, lejos de debilitarlos, refuerza los vínculos familiares de las explotaciones agrarias que adquieren un carácter multifamiliar, facilitando su expansión. Son explotaciones con una gestión corporativa, pero de base familiar, compuestas por varias unidades que comparten vínculos (p. ej., hermanos), lo que permite su crecimiento y la intensificación de la producción (Moreno, 2019).

Como he ido desentrañando a lo largo de este trabajo, el sistema agrario es complejo y la sostenibilidad social opera a varias escalas interconectadas y que pueden complementarse, pero que también presentan tensiones y contradicciones entre ellas (social vs. individual). Una de las dimensiones centrales identificadas que definen la sostenibilidad social de los sistemas agrarios es lo que llamaremos estructura social de la explotación, que determina la organización del trabajo agrícola. La sostenibilidad social se construye constantemente en ese diálogo entre la creación de nuevas prácticas y el mantenimiento de los «modos de vida» (*livelihoods*) existentes (Chambers y Conway, 1991). En este capítulo, se exploran las dinámicas de la explotación agraria, su composición, organización y relación con la sostenibilidad social. Para ello, primero se discute el concepto de agricultura familiar y su encaje en los modelos productivos analizados. Después, se analiza el perfil del agricultor y los perfiles de gestión de las explotaciones, la tendencia a la profesionalización y los elementos con los que esta se relaciona. En tercer lugar, se estudia el papel que juega la mano de obra contratada en la estructura social de la explotación, ya que constituye un elemento clave en la agricultura, especialmente por la intersección con la migración y su impacto en la comunidad local. A continuación, se analizan las concepciones que aparecen en los discursos de los agricultores sobre el relevo generacional en la explotación, tanto las trayectorias que llevaron a las personas entrevistadas a incorporarse al sector como la visión que se tiene sobre la propia continuación de la explotación y el sector agrario. Por último, se explora el papel de las mujeres en el entramado productivo, qué puestos ocupan y cómo los cambios en la sociedad han impactado de lleno en la organización de la agricultura.

4.1. LA COMPOSICIÓN DE LA AGRICULTURA FAMILIAR

La agricultura familiar se ha convertido en el tótem de los debates sobre agricultura, asociándose a un modelo de producción más sostenible en términos económicos, sociales y ambientales (Fuller *et al.*, 2021). Sin embargo, a falta de una definición operativa, se convierte en un concepto paraguas que es utilizado indistintamente por políticos y actores sociales según sus intereses (Álvarez-Coque, 2022; Fuller *et al.*, 2021).

Las explotaciones familiares son heterogéneas tanto en estructura como en la forma organizacional, el modelo de negocio y las estrategias que siguen para mantenerse en el tiempo (Bock *et al.*, 2020; Moreno y Lobley, 2014).No existe un consenso claro sobre qué elementos la diferencian de otros tipos de agricultura (Bronson *et al.*, 2019; Dinis, 2020; Moyano, 2014). La complejidad de los sistemas agrarios genera que su definición quede supeditada a las peculiaridades del modelo productivo y el lugar geográfico. Por ejemplo, la Unión de Pequeños Agricultores y Ganaderos (UPA), una de las principales organizaciones profesionales que agrupa a las explotaciones pequeñas y medianas de España, define la agricultura familiar como aquella que «da empleo al titular o titulares de la explotación, pudiendo o no tener trabajadores contratados y que está implicada en el territorio donde se ubica y, por tanto, la gestiona de manera sostenible, invierte en él y trabaja por él» (UPA, n. d.). Es una definición amplia, no excluyente por tamaño de la explotación y que resalta el vínculo con el territorio, incluyendo como un elemento definitorio el adjetivo «sostenible». Se trata, por tanto, de un concepto que sobrepasa los límites económicos y cuantitativos para incluir aspectos valorativos y simbólicos. En esta línea, Álvarez-Coque (2022) resalta su la relación entre la explotación y la unidad familiar, tomando las palabras de Tomás García Azcárate: «las decisiones se toman en la mesa de la cocina y no en la de un consejo de administración». Esto ejemplificaría la importancia de la unión entre esas dos esferas que constituían tradicionalmente el núcleo de la agricultura, donde las relaciones de trabajo se confunden con las relaciones familiares, en un mismo espacio (Sampedro, 1996). Esferas que a raíz de los procesos de modernización agrícola de la segunda mitad del siglo xx empezaron a separarse. En el informe que realizan para el Comité de Agricultura del Parlamento Europeo, Davidova y Kenneth (2014) definen la agricultura familiar como aquella donde el trabajo agrícola principalmente procede de la unidad familiar. Además, señalan que se comparten una serie de valores familiares como la solidaridad, la continuidad y el compromiso, que hacen que sea más que una ocupación, un modo de vida. En 2016, las explotaciones familiares de estas características en el Unión Europea representaban el 95 % del total (87 % para España), aportando el 56 % del valor de la producción agrícola (EUROSTAT, 2022a). Sin embargo, Moreno (2019) apunta que, en el caso español, la mayoría de las explotaciones que cumplirían este requisito están a cargo de jubilados o titulares con otra dedicación.

Se contrapone la visión de agricultura familiar a la agricultura corporativa (HLPE, 2013). En la primera, las decisiones siguen una racionalidad campesina o familiar, basada en las percepciones subjetivas, las preferencias individuales y las normas sociales imperantes (Darnhofer, 2022). El trabajo familiar no está remunerado, por lo que no se puede buscar la eficiencia de los procesos, el aumento de las ganancias o la rentabilidad de la producción (Van der Ploeg, 2015). Esta visión holística y compleja de la gestión de la explotación dificulta la planificación y la elaboración de recomendaciones para su supervivencia (Darnhofer, 2022). Por el contrario, la agricultura corporativa se caracteriza por el predominio de la racionalidad empresarial en el proceso de toma de decisión, para mejorar la eficiencia de los recursos utilizados, asegurar los beneficios sobre los gastos y aumentar las ganancias (Darnhofer, 2022). Esta perspectiva permite la creación de modelos de gestión en base a la medición de diferentes parámetros para una mayor planificación de la producción (Darnhofer, 2022).

Si nos atenemos a la personalidad jurídica, la explotación familiar es aquella gestionada por una persona física, que es el titular y que es quien decide cómo organizar los recursos, mientras que en la agricultura corporativa el titular es una entidad jurídica y la explotación se rige por criterios de racionalidad empresarial como la rentabilidad (Langreo *et al.*, 2017). Dentro de las explotaciones constituidas como empresa se distinguen las de base familiar, formadas a partir del patrimonio heredado y donde el agricultor, ahora socio, sigue vinculado a las decisiones de la explotación o bien se delega la responsabilidad a un gerente. Después encontramos el modelo de empresa de base capitalista, que se rige por objetivos puramente de económicos y su organización por modelos empresariales clásicos. Son empresas formadas por capitales que no provienen de una explotación familiar existente sino de fuentes externas, que buscan invertir en una determinada zona y forman sociedades empresariales (Langreo *et al.*, 2017).

Lo cierto es que la agricultura familiar se encuentra en una zona intermedia, combinando elementos a caballo entre lo familiar y lo empresarial, constituyendo entidades con una racionalidad propia y con una alta versatilidad que les facilita adaptarse a los cambios (Moreno, 2019). Ha evolucionado combinando la continuidad de las prácticas heredadas y la incorporación de las iniciativas individuales de cada generación. Esta sucesión no está exenta de conflicto entre la tradición y la innovación (Hu y Gill, 2020). Su racionalidad económica particular está llena de complejidades y contradicciones que no siempre encajan en una óptica de eficiencia económica (Darnhofer, 2022; Ram y Holliday, 1993). Las relaciones en las empresas familiares suelen ser menos formales y más negociadas (Ram y Holliday, 1993). Han demostrado tener una gran capacidad de resistencia y adaptación, abriéndose a los mercados locales y globales e incorporando innovaciones técnicas y productivas para abastecer la demanda de alimentos.

El proceso de modernización no solo afectó a la configuración de la explotación agraria familiar, sino que también remodeló el entramado de relaciones sociales en el que se sitúa (Woods, 2014). Su encaje en la economía de mercado global ha conllevado el desacople entre la explotación, la agricultura y el territorio, emergiendo nuevos actores sociales determinantes para la evolución del sistema (Cheshire y Woods, 2013; Ofstehage, 2018).

En la actualidad, la agricultura familiar es un concepto abierto y ambiguo que se define en base a diferentes variables (Fuller *et al.*, 2021; Moreno, 2019). Algunas son medidas estructurales como el tamaño de la explotación o el porcentaje de trabajo realizado por miembros de la familia (EUROSTAT, 2022a), otras veces son aspectos subjetivos que tienen que ver con la autopercepción de los agricultores (Bronson *et al.*, 2019). Moyano (2014) apunta que solamente tres elementos de los que caracterizaban a la explotación familiar siguen vigentes: la integración de la economía en el territorio, su orientación hacia el trabajo, entendido como autoempleo y su dependencia de las ayudas públicas. Esto sitúa a las explotaciones familiares como un elemento de gran valor para la planificación territorial de esas comunidades y las dota de un carácter de «bien público» por el impacto positivo que tienen para el conjunto de la sociedad.

Bronson *et al.* (2019) señalan la multiplicidad de matices, a veces en conflicto, que existen en los discursos de los agricultores que se identifican con el concepto de explotación familiar. Aspectos relacionados con el tamaño y el régimen de propiedad, las relaciones con la comunidad local, la seguridad alimentaria y las políticas o la sostenibilidad no tienen por qué estar relacionados directamente con las explotaciones familiares, que presentan una heterogeneidad de preferencias y prácticas agrícolas llevadas a cabo en la explotación. En su análisis concluyen que la agricultura familiar se convierte en un concepto flexible y de gran carácter simbólico, ya que engloba motivaciones y valores diversos, que es utilizado por los diferentes agentes del sistema para finalidades diversas, también por grandes empresas.

Por tanto, no debe entenderse la consolidación del modelo de modernización agroindustrial solamente desde una perspectiva destructiva de las estructuras sociales existentes, sino que los nuevos modelos de relación vinculados al capital crean sus propios procesos de significado sobre la explotación, la agricultura, la profesión de agricultor y su entorno (Ofstehage, 2018). Aunque la producción se destine a cadenas globales, estas operaciones suelen estar mediadas por otros agentes de la cadena de valor, por lo que el trabajo agrícola sigue estando limitado a un espacio concreto (Cheshire y Woods, 2013).

Como se ha observado, la situación de la agricultura familiar se ha estudiado ampliamente desde diferentes perspectivas (Fuller *et al.*, 2021). Sin embargo, existen menos estudios que se enfoquen en la capacidad de agencia dentro del sistema agrario y las razones, preferencias y expectativas detrás de las decisiones tomadas. En esta línea, Cheshire y Woods (2013) analizan la emergencia de la figura agricultor involucrado activamente en las cadenas globales de valor y como su agencia individual es clave para la transformación e integración de su explotación agraria en las dinámicas agroalimentarias globales.

A todo ello se le suman los efectos derivados de los cambios en la estructura familiar y los nuevos patrones sociales de sus integrantes, en especial de las mujeres (Sampedro, 1996). Las familias rurales distan mucho del prototipo de familia extensa de hace décadas que formaban la base de la explotación familiar. El hogar que predomina en el medio rural es el formado por dos, tres y cuatro miembros, con una tendencia a la disminución en el número de integrantes y al aumento de hogares unipersonales (Dirección General de Desarrollo Rural, Innovación y Formación Agroalimentaria, 2021). Además, aumenta significativamente el porcentaje de población con un nivel de estudios medio y superior (Dirección General de Desarrollo Rural, Innovación y Formación Agroalimentaria, 2021). La agricultura se ve afectada por los procesos de individualización y destradicionalización, donde la identidad de los individuos conlleva un cambio en la manera de entender los patrones de trabajo y los roles de género dentro de la explotación (Bryant, 1999; Coldwell, 2007). Se podría considerar como el paso de una agricultura de familia a una agricultura de individuos, lo que explicaría los cambios en los modos de ver la agricultura y el día a día de la profesión (Rodríguez y Menéndez, 2003).

4.1.1. La agricultura familiar en el Bajo Cinca y el Baix Llobregat

Al analizar las entrevistas en el Bajo Cinca y el Baix Llobregat, una de las características que aparece en los discursos es la identificación de la posición en un legado familiar que legitima la trayectoria personal y la decisión de dedicarse a ser agricultores: «Antes de que Colón descubriera América nosotros ya estábamos aquí. [...] [...] son 19 o 20 generaciones haciendo de *pagès* (P31. Baix Llobregat)». Son herederos de un sistema agrario tradicional, un rasgo presente tanto en las pequeñas explotaciones como en las de mayor tamaño, en ambos casos de estudio. El término agricultura familiar se identifica con la tradición familiar pero no con la continuación de un negocio concreto, existen rupturas con el tipo de explotación anterior y la necesidad de diferenciarse: «Nosotros, por ejemplo, somos la segunda generación. Pero yo no considero que sea el proyecto de mi padre. Si te pones a castigar el cerebro sí que puedes decir: "Tú eres la segunda generación..." Pero no, empezamos con una facturación de 2 000 000 y terminamos con 30 y eso lo hemos hecho porque nos gusta (P3. Bajo Cinca)».

Otro de los rasgos definitorios de la agricultura familiar es la vinculación con el territorio, posicionándose como actores legítimos para su gestión y defensa. De la misma forma que señala Moyano (2014), lo que diferencia la agricultura familiar o a pequeña escala de otras formas organizacionales como grupos corporativos es su anclaje territorial y su responsabilidad con el entorno. A través de las entrevistas se observa que el tipo de comercialización no está relacionado con un tipo concreto de relación con el territorio. Incluso en el Bajo Cinca, la reestructuración de todo el sistema agrario en torno al régimen global de alimentación (agroindustrial y convencional) es lo que ha permitido su continuación. Por tanto, el sistema agroindustrial dominante funciona gracias a los actores locales y al despliegue de nuevas relaciones con ellos. En los discursos aparece la preocupación por el futuro de la zona que no se desliga del futuro de la agricultura familiar: «Las explotaciones cada vez más grandes, hay que hacerlo y hay que seguir [...]. Pero después de estas explotaciones grandes... porque una empresa comprará otra empresa y los pueblos son los que acabarán pagando eso. Los pueblos no desaparecerán, pero serán todo gente inmigrante y poca cosa más. Y ahora estamos en una deriva. (P1. Bajo Cinca)».

En la investigación queda patente la tendencia a la desfamiliarización de la agricultura, tal y como señala Camarero (2017*b*), es decir, la desvinculación entre la esfera productiva y la esfera familiar en la explotación. La unidad familiar es ahora pluriactiva, donde uno de los miembros se dedica a la actividad agraria, mientras los demás buscan empleo en otros sectores (Camarero, 2017*b*). La agricultura pierde así la centralidad que tenía en la organización de la familia y como elemento aglutinador: «Antes llegaba a casa de mis padres y siempre se hablaba de lo mismo, de la fruta, del campo, de los problemas que pudieras tener. Ahora hablas de otras cosas. Puedes contar cosas, pero no es el vínculo de antes» (P5. Central frutícola). Ya no son familias agrícolas que viven en la explotación, sino familias cuyos miembros tienen diferentes profesiones, entre ellas, la agrícola y el día a día se caracteriza por la convivencia entre las obligaciones de cada uno de ellos. Un rasgo que está en sintonía con las dinámicas de cambio de la institución de la familia española y la tendencia a un modelo más igualitario entre hombres y mujeres (Rodríguez y Menéndez, 2003).

Esta ruptura entre lo productivo y lo doméstico no es total, ambas esferas están interrelacionadas (Reigada *et al.*, 2017). Las familias agrícolas no viven en el campo, sino en el núcleo urbano cercano, que puede ser un municipio rural en el caso del Bajo Cinca o una ciudad del área metropolitana en el Baix Llobregat. Sin embargo, el agricultor se desplaza diariamente a la explotación, por lo que se mantiene el contacto constante con lo que sucede en el campo, la familia visita a menudo la explotación, conoce lo que ahí sucede y en muchos casos, los hijos e hijas trabajan puntualmente: «En mi casa todo el mundo colabora. Mi crío, a las 05.30 la mañana, los sábados baja conmigo. [...] y mi niña lo mismo... si hay faena y hay que despachar, que aprendan a despachar» (P28. Baix Llobregat).

La explotación familiar no se asocia a un tipo de organización concreta, sino a la base material heredada para empezar la actividad. Por

TABLA 4. TIPOLOGÍA DE EXPLOTACIÓN, CASOS Y PRINCIPALES CARACTERÍSTICAS

Tipo	Casos	Principales características
Agricultor autónomo	P4; P5; P7; P9; P12; P15; P20; P22; P25; P29; P30;	Explotaciones pequeñas para el contexto Titular de la explotación es una persona física Trabajo proviene principalmente del titular Contrata mano de obra asalariada para tareas puntuales Mano de obra familiar nula o escasa, siempre informal (padre jubilado, mujer o madre apoyando en tareas de administración, etc.)
Empresa familiar	P2; P8; P10; P16; P19; P21; P27; P28	Explotaciones de tamaño medio-grande para el contexto Titular de la explotación es persona física o jurídica La pareja trabaja formalmente Mano de obra asalariada de manera regular Comercialización propia
Empresa multifamiliar	P1; P3; P6; P11; P13; P14; P18; P24; P26; P31	Explotaciones grandes constituidas como empresa La gestión se reparte entre hermanos Mano de obra asalariada de manera regular Comercialización propia Mayor volumen de negocio
No-familiar	P17; P23; E15	Conformada por socios sin vínculos familiares Tipo de negocio divergente: ecológico, venta directa

FUENTE: Elaboración propia.

tanto, identificarse como agricultura familiar no está reñido con otras categorías empresariales ni con un modelo intensivo de producción. El concepto aparece como contraposición a la agricultura corporativa llevada a cabo por las grandes empresas que provienen de otros sectores. Esto está en línea con lo que se ha expuesto anteriormente sobre el debate abierto en la literatura científica sobre las peculiaridades de la agricultura familiar. Existe una amplia diversidad de definiciones para el concepto y una apropiación tanto por los pequeños como los grandes. La agricultura familiar es heterogénea y contempla tanto explotaciones centradas en el trabajo familiar (Davidova y Kenneth, 2014) como empresas familiares (Langreo *et al.*, 2017). Si atendemos de manera más pormenorizada, se pueden trazar algunos rasgos generales sobre la tipología de explotaciones que están presentes en ambos casos de estudio y que responde a esa diversidad que subyace al concepto (tabla 4).

Agricultor autónomo

En los casos en que el titular es un agricultor autónomo, hijo de familia de agricultores, encontramos explotaciones normalmente de pequeño o mediano tamaño para el contexto: menos de 40 ha en el Bajo Cinca, menos de 8 ha en el Baix Llobregat. El trabajo dentro de la explotación lo realiza principalmente el titular, quien contrata a trabajadores para tareas puntuales como la recolección. No suele haber otros miembros de la familia trabajando formalmente en la explotación, pero sí que suele estar el padre jubilado (antiguo titular de la explotación) dando apoyo a la explotación en tareas concretas. Aunque, en este caso, solo sea el agricultor quien trabaja formalmente en la explotación.

En el caso del Bajo Cinca (P4, P5, P7, P9, P12, P15) son explotaciones que comercializan su producto a través de las centrales frutícolas, tanto para el mercado nacional como extranjero (véase capítulo 3). La integración vertical de estas explotaciones en la órbita de la central frutícola es la estrategia por la que optan mayoritariamente las explotaciones del Bajo Cinca. Muchos de ellos también han diversificado hacia la ganadería o hacia productos que requieran menos mano de obra, como la almendra o el olivo en regadío, de esta forma se evita el trabajo derivado de la coordinación de la mano de obra externa y se facilita la compaginación con el cultivo frutícola. No son estrategias rupturistas con el modelo agroindustrial, sino que se apoyan en las mismas fórmulas productivas y circuitos comerciales.

En el caso del Baix Llobregat (P20, P22, P25, P29, P30) son explotaciones que se dedican enteramente a la parte productiva, no cuentan con tienda física propia. Pueden estar orientadas tanto a un mercado de proximidad (ver capítulo 3), a través de la venta directa en *mercats de pagès*, como a la venta en mercados centrales de ciudades próximas.

Los agricultores autónomos pueden desplegar estrategias de cooperación informales. Se trata de un perfil que lleva a cabo prácticas de ayuda y asociación entre hermanos o vecinos para comercializar conjuntamente pero que no están constituidas formalmente como una empresa, por lo que quedan fuera de las estadísticas oficiales. Algunos son hermanos con explotaciones registradas individualmente en la administración, pero con una gestión de la producción y distribución coordinada. Este perfil de explotaciones sigue las estrategias de comercialización minoritarias en cada zona, en el Bajo Cinca, se enfocan a los mercados mayoristas en distintas ciudades y en el Baix Llobregat, a la venta directa (capítulo 3). Es el caso de P15 quien se repartió con su hermano las tierras heredadas de su padre, que ya provenían de los abuelos. Aunque formalmente son dos explotaciones separadas, en la práctica trabajan de manera conjunta. A veces, este tipo de asociacionismo informal, en el sentido que no está establecido mediante contrato, se realiza junto con otros agricultores, lo que les facilita coordinar la siembra de cultivos cuando se trata de aumentar la oferta de productos para el mercado de venta directa. Es el caso P25, en el Baix Llobregat, que, para poder ofertar un número mayor de productos en los mercados de *pagès*, se ha «asociado» con otros productores, de manera informal, solo de palabra, para repartirse la producción:

> Somos cinco, así que vamos a cinco mercados diferentes. No nos hacemos la competencia [...] Le cedo mis productos y él me cede los suyos, se los vendo y yo luego, al consumidor le puedo hacer una oferta variada durante todo el año. En esto salimos ganando en cada parada y no tengo que tener aquí 30 artículos. Sería imposible de gestionar [...] Nos sentamos «tal día» y hablamos, nos tomamos una cerveza y «venga, va, planificación de épocas de plantación». Nos las sabemos todas. «Tú que me vas a plantar este año», «yo te voy a plantar tal» (P25. Baix Llobregat).

Empresa familiar

Bajo la denominación de empresa familiar se agrupan las explotaciones familiares que comercializan su propio producto y pueden haberse constituido como empresa, pero mantienen la base familiar (Langreo *et al.,* 2017). Son de mayor tamaño (hasta 100 ha en el Bajo Cinca, entre 20 y 50 ha en el Baix Llobregat) y, generalmente, el núcleo de la gestión es el tándem marido-mujer. Normalmente, son explotaciones que estaban llevadas solo por el titular y en el momento en que crecen, se incorpora la mujer formalmente (Contzen y Forney, 2017) y se contrata a personal externo. Por tanto, se distinguen de las anteriores por ser explotaciones de mayor tamaño, con presencia de mano de obra familiar activa y con asalariados que trabajan de manera regular.

En el caso del Bajo Cinca (P8, P10, P16) son explotaciones que conforme han ido creciendo han optado por comercializar también su producto en la totalidad ya que cuentan con unos volúmenes de producción propia elevada:

> Bueno comercializamos la fruta desde siempre, nos hemos ido comercializando nosotros una parte de la fruta desde siempre, pero hace

unos años hicimos las cámaras y desde entonces comercializamos el 100 % de la fruta. Creamos también la empresa comercializadora y exportadora. Comenzamos con unas 10 ha y ahora tenemos unas 100 ha (P8. Bajo Cinca).

Este tipo de explotaciones agrarias que son también central frutícola optan por una estrategia de comercialización al mercado nacional basada en la diferenciación en valor. En el caso del Baix Llobregat (P2, P19, P21, P27, P28), son explotaciones que suelen contar con un punto de venta propio. Sin embargo, existe bastante heterogeneidad de perfiles según el tamaño y el modelo de comercialización. Por un lado, hay explotaciones de gran tamaño para el contexto de la zona (entre 30 y 50 ha), con volúmenes altos de producción que comercializan tanto directamente como a través de intermediarios. Por otro, explotaciones más pequeñas (menos de 10 ha), muy enfocadas a los canales cortos de venta.

Empresas multifamiliares

A la categoría de explotaciones multifamiliares (Moreno y Lobley, 2014) pertenecen las explotaciones pequeñas, con rasgos similares a las explotaciones de agricultores autónomos pero cuya gestión recae en dos hermanos, así como las explotaciones que se han constituido como empresas agrícolas, pero con base familiar (Langreo *et al.*, 2017). Están formadas por la figura de dos hermanos, herederos de la explotación familiar clásica, que aumentan en tamaño y volumen de negocio. Cada uno es responsable independiente de determinadas tareas o esferas de la empresa familiar, pero se trabaja con una gestión coordinada (Contzen y Forney, 2017). A este tipo de organización, el hecho de no dividir el patrimonio familiar heredado les ha facilitado implantar nuevas estrategias de desarrollo como el crecimiento hacia otros eslabones de la cadena, lo que permite la continuación de la explotación familiar en el tiempo a través de la intensificación.

En el caso del Bajo Cinca, en el primer grupo se encuentran las explotaciones que solo se dedican a la parte productiva que, en el caso de las de menor tamaño (máximo 40 ha de fruta), compaginan con ganadería y/o cereal (P13, P14) o con el trabajo a tiempo parcial fuera del sector (P14, P15). Dar el salto a la parte comercializadora necesita de una inversión financiera elevada y mantener altos niveles de producción, lo que incrementa el riesgo. Pocas explotaciones pueden acceder a los recursos necesarios y no se trata de una estrategia para la mayoría de los agricultores. Como relata P15, una explotación que tuvo que dejar de comercializar su producto, aun teniendo 65 ha, por los requerimientos exigidos: «A ver, antes nos lo comercializábamos nosotros, pero llegó un momento que tenías que hacer tanto volumen y tenía que ser tan lineal, de mayo a octubre, que la inversión tenía que ser brutal» (P15. Bajo Cinca).

En el segundo grupo se encuentran las pequeñas empresas familiares comercializadoras que cuando los hijos cogieron la dirección pasaron a la parte productiva (P1, P3, P6). Suelen ser hermanos herederos de una pequeña empresa comercializadora que deciden ampliar el negocio y constituirse como empresa conjuntamente: «En el año 2003-2004, nosotros teníamos 6 ha de plantaciones. Hoy en día estamos cerca de las 300 ha. Yo estoy aquí [en la central], mi hermano en [el] campo. La estructura es totalmente familiar, con nuestras mujeres» (P1. Bajo Cinca). La ampliación se hace normalmente mediante la incorporación de la superficie agrícola de los pequeños productores que ya trabajaban con esa comercializadora y que, a la hora de jubilarse, son absorbidos por la misma empresa comercializadora. Este perfil de empresa comercializadora presenta una gran extensión de producción propia (más de 200 ha) y se enfoca a la venta a la exportación y gran distribución. También es una explotación multifamiliar la empresa P6, gestionada por dos hermanos quienes decidieron trabajar en la finca familiar, después de haber estudiado en la universidad y, ampliaron la explotación de su padre de 5 ha, que no se dedicaba profesionalmente a ello para constituirse como una empresa que comercializa tanto su producto como el de otros agricultores. Si bien esta explotación trabajaba encaminada a mercados internacionales, reorientó su negocio hacia el mercado nacional, similar al perfil anterior.

En el Baix Llobregat, la fórmula de las empresas multifamiliares también se relaciona con explotaciones que se han mantenido a través de la intensificación de la producción (Moreno y Lobley, 2014): hijos de agricultores que deciden establecerse como empresa y amplían el negocio. En este caso no lo hicieron hacia la exportación, sino hacia la venta en Mercabarna, coincidiendo con su traslado a las nuevas instalaciones en la década de los setenta. P26, por ejemplo, es un negocio gestionado por cuatro hermanos, uno de ellos se encarga de los trabajos agrícolas y el resto tiene cada uno una parada de venta en Mercabarna. Sus padres tenían una explotación pequeña, de una hectárea, donde tenían vacas de leche, que la madre vendía directamente en el domicilio familiar. Con el paso del tiempo y con el nacimiento de los hijos, que hacía difícil para la madre seguir con ello, decidieron empezar a plantar árboles frutales y hortalizas. Los hijos, conforme van creciendo, se van incorporando al trabajo de la explotación familiar, por lo que llega un momento que deciden hacer la inversión y comprar un puesto de venta en Mercabarna. Ello supuso una gran movilización de capital familiar: «Mi padre se tuvo que vender uno de los trozos que le dejó mi abuelo, que es con lo que había empezado. Tuvimos que hacer una hipoteca en la casa, al 18 o 25 % que estaban entonces los intereses, no como ahora y lo apostamos todo para decir "tiramos para adelante"» (P26. Baix Llobregat).Cuando el padre se jubiló, los hermanos siguieron con el crecimiento de la empresa. Esta trayectoria coincide con la transformación de muchas explotaciones agrarias en el Baix Llobregat. También, similar a lo que ocurre con las empresas familiares, la gestión conjunta de la explotación permite una coordinación más efectiva y flexible del negocio, consolidando nuevos canales de comercialización como la venta directa (P18, P24, P31).

Explotaciones de socios no familiares

Por último, está la explotación agraria formada por socios no familiares, que deciden unirse para dedicarse a la agricultura o empezar un proyecto diferente. Se trata de un perfil minoritario que suele asociarse con nuevas formas de negocio como la venta directa al consumidor, el trabajo con cooperativas de consumo o el cambio a la producción ecológica (Milone y Ventura, 2019; Monllor y Fuller, 2016). Se enmarcarían en lo señalado por Van der Ploeg (2015) como nuevas formas de intercambio entre consumidores y productores que surgen como alternativa al funcionamiento de los grandes mercados. Generalmente son jóvenes que se incorporan a la actividad agraria emprendiendo proyectos innovadores, buscan la autonomía y la afirmación personal a través de la construcción de nuevas redes relacionales con los consumidores y la sociedad (Milone y Ventura, 2019).

Destaca que entre los motivos para empezar la actividad se encuentra un fuerte compromiso político y reivindicativo con otra forma de entender el sistema agroalimentario y económico actual. Sería el caso de P23 en el Baix Llobregat; se inició en la agricultura asociándose con otro agricultor para empezar a producir alimentos ecológicos para el grupo de consumo al que pertenecía. Después, ampliaron y decidieron abrir una tienda física y ahí se incorporaron las parejas de ambos. Los objetivos de la explotación no son puramente comerciales o económicos, sino que se asociarían a un paradigma de sostenibilidad medioambiental, en el que se da valor también a la construcción de sistemas agrarios sostenibles: «m'he fet pagès i m'he vingut a aquesta comarca on les terres són molt fèrtils, és molt bona per produir però és molt dura perquè tens la carretera, la pressió urbanística, de tot mal organitzat. I és un espai de lluita. És una mica militant. Bastant. Ara s'ha convertit en un modo de vida»[1] (P23. Baix Llobregat).

También el caso de la Cooperativa HORTEC, agricultores en ecológico sin ningún tipo de vinculación que decidieron formar una cooperativa para distribuir su producción. También P17, agricultor en ecológico en el Bajo Cinca, para el cual la transformación de la producción a ecológico supuso el inicio de un proyecto de agricultura regenerativa con otros dos socios para salirse del circuito convencional y empezar la comercialización propia: «Yo era quien hacía la producción, […] estaba en la parte más técnica y luego estaba […] que es un chico que se dedica a la publicidad y es representante de actores y está mucho en el mundo de la prensa. Tenía que hacer toda la parte de marketing. Y darle un valor añadido a la agricultura regenerativa» (P17. Bajo Cinca). Sin embargo, las dificultades de la reconversión hicieron que uno de los socios decidiera no seguir y no se llegó a materializar el proyecto inicial.

4.2. LA PROFESIONALIZACIÓN DE LA FIGURA DEL AGRICULTOR

Con la inserción de las explotaciones agrarias en las cadenas de valor globales y el declive de las explotaciones familiares, la figura del agricultor se profesionaliza. La agricultura europea continúa estando dominada por agricultores a tiempo parcial (Shahzad y Fischer, 2022), una fórmula que ha permitido mantener la actividad agrícola de pequeñas explotaciones a través de la combinación del trabajo en la explotación familiar con fuentes de ingresos externas (Moragues-Faus, 2014). Sin embargo, la tendencia actual es hacia la consolidación del agricultor profesional a

---

1 Traducción al castellano: «Me he hecho agricultor y me he venido a esta comarca donde las tierras son muy fértiles, es muy buena para producir, pero es muy dura porque tienes la carretera, la presión urbanística, de todo mal organizado. Y es un espacio de lucha. Es un poco militante. Bastante. Ahora se ha convertido en un modo de vida».

tiempo completo. La producción se concentra en cada vez menos explotaciones, de mayor tamaño y más especializadas, gestionadas por agricultores con poco tiempo de involucrarse en otras actividades (Shahzad y Fischer, 2022).

La transformación de la figura del agricultor ha sido ampliamente estudiada como elemento explicativo de las decisiones que se toman en la explotación y su posible evolución (Janker *et al.*, 2021). Ligado a los procesos de desagrarización de los espacios rurales y «descampesinización» (Hebinck, 2018), emergen los estudios que analizan la profesionalización del agricultor como consecuencia de la modernización e industrialización del sector (Burton, 2004). Como explica Sampedro (1996), la conversión de la agricultura familiar en una actividad empresarial transforma el estatus ocupacional de los miembros de la familia que trabajan en la explotación. El patrimonio familiar pasa a ser tratado como una inversión y los miembros de la familia a ser trabajadores. Esto lleva implícito la transformación de la organización del trabajo, su remuneración e identidad profesional.

No obstante, esa transformación en la figura del agricultor no es homogénea, sino que hay una distinción entre el agricultor guiado por un paradigma productivista, que trabaja siguiendo las lógicas del modelo de agricultura dominante y los nuevos perfiles asociados a un paradigma agroecológico (Milone y Ventura, 2019; Monllor, 2013; Van der Ploeg, 2010*a*). Ambos modelos productivos conviven en sistemas agrarios localizados, lo que genera a veces tensiones entre las visiones de los agricultores sobre la producción agraria, la alimentación e incluso la organización social y política del sistema agrario (Coq-Huelva *et al.*, 2017). Monllor y Fuller (2016) distinguen entre el perfil de agricultores «continuistas» y agricultores «recién llegados». Los primeros serían aquellos que trabajan con modelo de agricultura dominante ligado a un paradigma productivista, centrado en reducir costes y vender el producto a través de intermediario. Por el contrario, los recién llegados o nuevos agricultores comparten valores propios del nuevo paradigma agrosocial basado en la diversidad, los valores medioambientales, la cooperación, autonomía, el compromiso social y el trabajo a pequeña escala local. Resaltan la capacidad de las nuevas generaciones de agricultores para innovar, su creatividad y nuevas formas de colaboración como herramientas para emprender sus negocios rurales, enmarcados en el paradigma de nuevos campesinos. Suelen tener un perfil más formado, con mayor presencia de mujeres y que se nutre del aumento de la concienciación social por la alimentación y el medioambiente, impulsando así colaboraciones con los movimientos sociales (Góngora *et al.*, 2019; Monllor, 2011).

Manuel Martin (2019) en su etnografía sobre la agricultura ecológica señala la tendencia actual hacia nuevas prácticas organizativas en la agricultura en la comarca de la Conca del Barbera (Tarragona). En su estudio de caso explora la importancia que los agricultores que producen en ecológico dan a la sostenibilidad, el medio ambiente y la tradición. Entienden la producción ecológica como una cuestión de «coherencia» en el sentido de que comparten una visión común sobre la agricultura basada en la responsabilidad con el medio ambiente y la forma tradicional de ser agricultor. A través de su trabajo, Martin muestra la transformación de la profesión de agricultor, estableciendo una diferencia entre estos agricultores y los convencionales, a los que denominan «tractoristas» por estar siempre en su tractor, trabajando en su campo de cereal, en una explotación de monocultivo. Según los ecológicos, los tractoristas han perdido la esencia de ser un verdadero agricultor, un campesino, porque no están conectados con la naturaleza, solo se centran en producir más de forma convencional.

Esta diferenciación característica muestra el componente identitario de ser agricultor y cómo los elementos culturales conforman las prácticas cotidianas. Algunos agricultores ecológicos solo conciben ser agricultor si siguen cierto tipo de prácticas sostenibles que forman parte de su racionalidad y sentido común. De hecho, establecen una clara distinción entre ellos y los demás agricultores. Cabe destacar que, en su trabajo, Manuel Martin (2019) analiza el sentimiento de empoderamiento de aquellos agricultores que cambiaron a la producción en ecológico. En ese sentido, podemos considerar esa distinción como una forma de legitimización de su actividad innovadora, en los términos de Stenholm y Hytti (2014), y contrarrestar la devaluación de la imagen estereotipada que los agricultores y los espacios rurales han tenido tradicionalmente en la sociedad (Coldwell, 2007; Entrena-Durán, 1998). En esta línea, la diversificación productiva y los nuevos modelos agrícolas representarían no solo una estrategia para lograr mayor valor económico, sino también capital simbólico y una forma de posicionarse en un mejor lugar en los sistemas alimentarios.

Los estudios que analizan la concepción de la «buena agricultura» se centran en los componentes simbólicos de los paisajes agrícolas (Burton, 2004). Productores que, en términos de Bourdieu, compartirían un *habitus* al atribuir una serie de significados y valores similares sobre lo que es la agricultura (Bourdieu, 2008; Saunders, 2016). Unas predisposiciones influidas por el contexto social y cultural, que compone el ideal del «buen agricultor» y que determina la inclinación a realizar ciertas prácticas agrícolas (Saunders, 2016; Sutherland y Darnhofer, 2012). Burton (2004) subraya la importancia de los entornos simbólicos en los que el valor social de la producción se considera casi tan importante como el valor económico. Subraya la transición de un paradigma de productivismo hacia el «posproductivismo», relacionada con el cambio en la posición de los agricultores, que conlleva la revisión de sus autopercepciones, la transferencia del estatus de generación en generación y el significado del trabajo agrícola y la buena agricultura.

El concepto sobre «buena agricultura» contribuye a la comprensión del cambio de identidad ligado a la emergencia de nuevos paradigmas en torno a la actividad agraria. El trabajo agrícola se ha asociado tradicionalmente a los valores de dominio sobre la naturaleza y sacrificio y ha sido entendido como un modo de vida, aunque sea duro y suponga un desgaste físico (Coldwell, 2007). Sutherland y Darnhofer (2012) argumentan que los atributos asociados al ideal de «buena agricultura» forman parte del *habitus* de los agricultores, por lo que las transiciones hacia nuevas formas de agricultura sostenible necesitan de su reformulación. Para ello, proponen incorporar el reconocimiento del capital cultural dentro de las políticas enfocadas a las transiciones sostenibles, fomentando por ejemplo los logros medioambientales como nuevos valores culturales que incorporar en el ideal de «buen agricultor». En esta línea, Saunders (2016) recalca la existencia de múltiples nociones de buena agricultura, donde se da importancia a diferentes aspectos. Por ejemplo, para los agricultores en ecológico la eficiencia productiva es también un asunto central para sus explotaciones, sin embargo, no la entienden como optimización de los procesos productivos sino en términos de cómo ganar valor añadido y diversificar.

Más allá de la distinción entre producción ecológica o convencional, Vesala y Vesala (2010) sugieren la distinción entre los tradicionales «agricultores-productores» y los emergentes «agricultores-emprendedores». Los primeros serían aquellos agricultores que, guiados por el paradigma de la productividad, se enfocan en aumentar su capacidad de producción por hectárea y su prestigio entre los agricultores, siguiendo las normas sociales establecidas en la comunidad. El segundo grupo emerge como consecuencia de la reestructuración de los espacios rurales y agrícolas, busca la innovación a través de actitudes más arriesgadas, la pluriactividad y una visión desafiante a lo establecido (Stenholm y Hytti, 2014). En el trabajo de Vesala y Vesala (2010) que analiza la identificación de los agricultores con las categorías de productor o emprendedor, destaca que entre los primeros predomina la producción convencional, mientras que los emprendedores se caracterizarían por la diversificación de actividades y empresas de mayor tamaño. Asimismo, cabe destacar que no son identidades cerradas, sino que muchos productores también se sienten emprendedores, aunque no tengan actividades externas y viceversa. Estos dos perfiles derivarían en diferencias en la ética empresarial, entre la tradicional y la nueva basada en los objetivos de racionalidad económica (Stenholm y Hytti, 2014). El productor guía su negocio en base a las normas sociales de la comunidad, legitimando sus actos con la aceptación social y su credibilidad. En cambio, el emprendedor no considera la internacionalización como una amenaza, sino como una opción de crecimiento, lo que le sitúa en una posición de choque con los valores predominantes en la comunidad local y con otros agricultores del sector, generalmente más pequeños. Por tanto, buscará su legitimación precisamente siendo el pionero en romper esa barrera (Stenholm y Hytti, 2014).

La caracterización tipológica de Guarín *et al.* (2020) para Europa basada en encuestas a familias agrícolas distingue entre perfiles de explotación con una fuerte orientación de mercado, donde las certificaciones, contratos y un gran volumen de negocios son comunes y las explotaciones con una orientación de mercado más débil. El primer grupo está formado por explotaciones campesinas donde el agricultor tiene mayor edad, de tamaño más pequeñas, mayor dependencia de los subsidios y donde los productos se destinan principalmente a la explotación o a almacenes cercanos. También se encuentran aquí las explotaciones a tiempo parcial llevadas por jóvenes, de tamaño pequeño, sin acceso a subsidios y enfocadas mayoritariamente al autoabastecimiento. Las explotaciones con una fuerte orientación de mercado son los negocios diversificados, gestionados por personas jóvenes, cuentan con un tamaño mayor, venden a través de empresas comercializadoras o cooperativas y tienen acceso a subsidios. Las empresas especializadas son relativamente antiguas, suelen vender a cooperativas y pueden acceder a subsidios. Por último, las nuevas iniciativas llevadas a cabo por grupos de jóvenes venden el producto a compradores diversos y no suelen tener acceso a subsidios.

4.2.1. El agricultor en el Bajo Cinca y el Baix Llobregat

En el Baix Llobregat y el Bajo Cinca, predomina la agricultura profesional entre los agricultores entrevistados. Son agricultores que orientan su gestión de la explotación a los criterios de mercado, pero también influidos por unos valores sociales sobre el deber hacer y el compromiso con su explotación. Adoptan una estrategia de adaptabilidad a las exigencias del mercado como requisito para mantener su actividad. Se mueven, por tanto, en un equilibrio entre la viabilidad económica y otros valores sociales que marcan sus decisiones: «me dedico a producir alimentos y también es algo que te llena. Pero vamos... no sé. Si solo buscaras el dinero, no te dedicarías a la agricultura. Porque no es lo más rentable del mundo» (P15. Bajo Cinca).

La profesionalización de la agricultura es valorada positivamente, un objetivo para los agricultores que no entra en conflicto con las características de la agricultura familiar y la sostenibilidad. El agricultor busca innovar según sus capacidades y recursos, en base a los objetivos de su explotación. El ejemplo más ilustrativo es la elección y sustitución de las variedades plantadas, que está supeditada a las perspectivas de mercado. El reemplazo se hace de manera continua, en pequeñas y en grandes explotaciones. En el caso del Bajo Cinca, al ser explotaciones más grandes y especializadas, el cambio de variedades se hace cada menos tiempo, por su capacidad para invertir en novedades frutícolas. La concentración de la producción en la zona del valle del Cinca y el Segrià, en Lleida, ha posicionado a la zona como puntera en los avances en esta materia y facilita su trasmisión e implantación a través de una red de técnicos, centros de investigación y proveedores de suministros. La necesidad que tiene este modelo de expandirse genera unas prácticas depredadoras en el entorno, tanto de recursos naturales como sociales que hace que todos los activos necesarios para la agricultura sean acaparados para poder crecer.

Por el contrario, en el Baix Llobregat el sector agrario, al estar constituido por explotaciones más pequeñas y con menor volumen productivo, tiene una capacidad menor de adoptar innovaciones. De hecho, la fruticultura está en disminución frente al cultivo hortícola por su falta de competitividad frente a otras zonas productoras como la zona del Bajo Cinca y Segrià, lo que supone un hándicap para las explotaciones más pequeñas con menor capacidad de inversión:

Cuando quiero cosas concretas y buenas, tengo que ir a una tienda especializada. Hace seis años yo planté unos cerezos y me llamaron en el mes de diciembre, un señor, de una empresa: «Mira que tenemos unos cerezos, que son la última novedad, que vienen de la Universidad de Bolonia, que es una variedad muy buena», «Vale, sí», Es que valen 18 euros o 20 euros el cerezo, más el IVA, más los royalties. Y digo: «Vale, vale, no me interesa». ¿Un árbol 25 euros?, ¿nos hemos vuelto locos? y esto era a finales de diciembre y me llama a finales de febrero, que no los vendieron. Me los dejaba a 12 euros. A 12, más IVA, más royalties. 2 euros por cada árbol de royalties. Entonces fue cuando compré. Compré 12 de cada uno, me los traen y firmo un contrato diciendo donde está la finca y la parcela, porque están controlados por satélite, Pero esto con estos cerezos, esto hace seis o siete años. Ahora con muchas variedades de melocotones también nos lo hacen, royalties, satélites... Esto ya es ciencia ficción. (P24. Baix Llobregat).

El agricultor se identifica como empresario y autónomo, una categoría que marca la cultura del trabajo en la explotación, el sacrificio y su posición en la sociedad: «¿Qué es un agricultor? Un señor con un mono y una gorra de Ibercaja. No, no somos así. Es que somos empresarios, a pequeña escala o a más alta escala, somos empresarios. Sí, soy agricultor, pero he metido más horas haciendo números que con la gorra de Ibercaja». (P5. Bajo Cinca). En el Baix Llobregat, se reafirma la separación entre agricultura y ruralidad: «Dentro de una ciudad estoy al aire libre y en un pulmón verde, y esto, parece que no, pero te da un aspecto diferente de cuando estás dentro de la ciudad. Yo soy un agricultor de ciudad» (P22. Baix Llobregat).

Aparece la autonomía, por tanto, como una pieza clave en la identidad del agricultor. Esto se alinea con el trabajo de Stock y Forney (2014) sobre la autonomía como parte del ser agricultor (*farming self*) en el sentido de que es un valor para ellos y una herramienta para relacionarse. Identifican dos acepciones del concepto de autonomía ligadas a un estilo de vida, donde se tiene la capacidad sobre decidir cómo organizar el día y como equivalente a ser su propio jefe. Ambas se encuentran presentes en los discursos de los agricultores de los dos casos de estudio. Si bien manifiestan constantemente lo sacrificado que es el trabajo agrícola, también reconocen que les permite tener flexibilidad, de hacer lo que les gusta y lo que quieren hacer. En línea con lo identificado por Barbeta (2023), la capacidad de decisión y la de sentirse dueños aparece como un elemento favorable de la sostenibilidad social, estableciendo una clara distinción entre la concepción del trabajo agrícola como propietario, cargado de fuerte valor simbólico y el trabajo de los empleados. Precisamente es la sensación de libertad, tanto en el propio sentido físico de estar en el campo, al aire libre, como el ligado a la figura de ser empresario lo que da sentido a ser agricultor y una reivindicación que justifica las decisiones que toman: «Yo soy libre. Hago lo que me dejan hacer, pero no lo que quiero hacer, pero yo decido si hoy trabajo, si hoy no trabajo, si me voy a Casetas, si me quedo aquí. Pero tengo la obligación de que, si planto, hay que cuidarlo y si lo cuido, hay que llevarlo a vender y si [lo vendo], hay que pagar impuestos» (P25. Baix Llobregat). De hecho, la legislación que regula el uso de ciertos productos fitosanitarios para disminuir el impacto ambiental, así como los cambios en materia laboral son interpretados como un ataque a su autonomía, su profesión y una limitación a su trabajo, lo que es valorado muy negativamente y genera un gran rechazo por parte de los agricultores.

4.2.2. Diversidad en los modelos de gestión de la explotación

En las narraciones de los entrevistados se identifican los modelos de gestión de la explotación que se relacionan con diferentes preferencias, creencias y prácticas cotidianas. Limitadas por las posibilidades que ofrece el contexto, es decir, mantienen diferentes *habitus* productivos (Bourdieu, 2008; Saunders, 2016; Sutherland y Darnhofer, 2012). Como se ha explicado en el capítulo sobre la comercialización, en cada caso de estudio predomina un sistema de comercialización determinado que marca el modelo productivo, la organización del trabajo y los objetivos de la explotación.

Dentro de cada modelo de comercialización, la gestión de las explotaciones puede variar y adoptar formas más innovadoras o tradicionales (Stenholm y Hytti, 2014). Todas las explotaciones estudiadas se rigen por las lógicas empresariales de mercado, donde lo que se produce y cómo se produce está sujeto a las posibilidades de venta. Las explotaciones del Bajo Cinca presentan una organización más eficiente de su producción, seguramente como consecuencia de la forma de comercialización orientada a la exportación, donde los sellos de calidad[2] exigen el cumplimiento de una serie de requisitos altamente exigentes a los productores

---

2   Se entiende por *sellos de calidad* como aquellas certificaciones, de carácter público y privado, que aseguran el cumplimiento de unas determinadas prácticas agrícolas y garantizan ciertas características o atributos del producto (Chever *et al.,* 2022) . En el capítulo 2 se explica con más destalle.

(De Castro *et al.*, 2021*b*). Los productores entrevistados llevan un mayor control sobre el coste de producción por kilo de su producto, los kilos de producción anual y el número de horas dedicadas a las tareas productivas. También reportan un uso mayor de tecnologías como sensores, aplicaciones de riego automático y maquinaria, así como un reemplazo de variedades más rápido.

Pese a ello, se identifican diferentes actitudes que no responden tanto al tipo de comercialización como a la cultura empresarial y las decisiones organizacionales, influidas por la visión del agricultor sobre su explotación, la alimentación y la agricultura. Son aspectos sociales que se relacionan con mejoras en la gestión, la inclusión de innovaciones, no solo enfocadas a la mejora productiva, ya que la adaptabilidad al mercado es un rasgo común de todos, sino a una mejora de la eficiencia en la gestión o a nuevas concepciones sobre la alimentación. Distinguiríamos dentro de ambos casos de estudio una dialéctica entre dos modelos empresariales, el tradicional y el innovador. Es conveniente señalar que no hablamos de categorías estáticas de explotaciones, sino que precisamente es el diálogo entre las prácticas viejas y las nuevas, guiado por la búsqueda de la distinción a través de la innovación, lo que constituye el constante desarrollo de ambos sistemas agrarios donde se conciben las acciones del agricultor desde la flexibilidad y la adaptabilidad a nuevos escenarios para entender su complejidad (Darnhofer, 2022). El agricultor utiliza diferentes métodos y prácticas como forma de probar conseguir cosas nuevas. Se trata de un aprendizaje basado en la práctica mediante la interacción con los elementos del entorno (Darnhofer, 2022).

Los perfiles de agricultores en Bajo Cinca

En el caso del Bajo Cinca, encontramos dos tipos de productores según el tamaño de su explotación. El primero corresponde con el perfil 1 identificado en el punto anterior, el agricultor autónomo que trabaja para una empresa comercializadora. Son hijos de antiguos agricultores, con explotaciones medianas entre 20 y 40 ha. Tienen una valoración pesimista de la situación actual, señalando la situación de incertidumbre y riesgo que tiene el sector, que se agrava con el incremento de los precios de los suministros y el estancamiento del precio de venta:

> ¿Qué es lo que pasa? Por la parte de abajo suben los inputs de gasto: aguas, tierras, jornales [...]. y por la parte de arriba, lo que hacen los comercios grandes, Alcampo o cualquier cadena, presiona a la baja en cuanto a

precios. Si por ahí suben los gastos y ellos van presionando por arriba, es una presión a la inversa y te queda un margen muy pequeño de beneficio. Ese margen muy pequeño, con dimensiones de productores que producen 200 000 kg; es muy difícil vivir de eso (E11. Bajo Cinca).

El modelo productivo se ha basado en una externalización a terceros de las decisiones que tomaba el agricultor sobre la explotación, cediendo a las empresas proveedoras y a los técnicos las decisiones sobre los suministros y a la empresa comercializadora sobre la venta, por lo que ahora se encuentran desprovistos de herramientas para ganar autonomía en su actividad. Es lo que Van der Ploeg (2015) explica, utilizando el análisis de Bruno Benvenuti, como el entrelazamiento de las relaciones comerciales con relaciones «técnico-administrativas», creando un entramado institucional que interfiere en lo que tiene que hacer el agricultor, cómo y cuándo, constriñendo así su libertad de decisión. Se correspondería este perfil al «agricultor-productor» (Vesala y Vesala, 2010). En sus discursos se desprende una sensación de desesperanza e indignación. Ligado a ello, sienten una pérdida de estatus de la profesión de agricultor que tenían en la comarca. No hay una crítica al modelo agroindustrial y a la profesionalización de la agricultura, sino que comparten una visión corporativista sobre el sector y conservadora sobre la forma de hacer agricultura, contraria a la introducción de nuevas normativas medioambientales o laborales. Sus preocupaciones se enfocan al exceso de normativa, el incremento de control administrativo y de protección laboral del trabajador.

Por el contrario, los gerentes de las empresas comercializadoras (perfil 2 y 3 del punto anterior), que también se identifican como agricultores, hacen suyos los elementos del discurso emprendedor, adquiriendo el lenguaje del ámbito empresarial. Su negocio se gestiona bajo las lógicas de eficacia empresarial y la visión innovadora, entendida como la búsqueda constante de nuevas fórmulas que incrementen la eficiencia en la gestión de recursos naturales, económicos y humanos. De esta forma, encontramos prácticas que rompen con las formas comunes de gestión de las explotaciones y de relación entre ellas. Son estas actitudes rupturistas, como apuntaba Vesala y Vesala (2010), las formas de legitimización y diferenciación de su actividad. Suelen tener una valoración más optimista de la situación del sector, aceptando los retos como oportunidades para mejorar y la competición.

Al igual que el perfil conservador, creen que la agricultura estará dominada por grandes grupos de empresas, pero no lo valoran de forma catastrofista: «¿El futuro? Estamos en una época de cambios muy rápidos, lo mismo que te he dicho antes que había cambios de variedades. También hay cambios de cultivos. [...] ¿Qué quiere decir? Que la gente nos vamos adaptando un poco» (P6. Bajo Cinca) o P1: «Las explotaciones cada vez más grandes, hay que hacerlo y hay que seguir». La empresa P3, una de las comercializadoras más importantes de la zona, ha desplegado una serie de innovaciones que no revierten directamente en un incremento de los beneficios económicos, sino que mejoran la calidad de las relaciones con proveedores y la situación de los trabajadores. El ejemplo más significativo es la política de pago a los agricultores, quienes saben el precio que percibirán a los siete días de hacer la entrega de producto y reciben el dinero a los 30 días. En un contexto, donde lo predominante es el pago a 60 o 90 días; esto supone un gran cambio. También han implementado medidas enfocadas al confort en el puesto de trabajo como paredes inhibidoras del ruido, un control exhaustivo de la temperatura, mejora de la ergonomía mejores condiciones de trabajo como autonomía para elegir vacaciones (incluso en campaña), horarios flexibles o actividades de *team-building* para cohesionar el grupo. Cabe señalar que estas medidas están principalmente orientadas a mejorar las condiciones de los puestos intermedios de la empresa, con el objetivo de mantener estos perfiles más formados en la empresa:

> Si conseguimos una chica que ha hecho su carrera y le ofrecemos un puesto de trabajo de mierda, cuándo pueda, ¿qué va a hacer? Irse a otra parte. Si eres una pringada, ¿cuánto vas a tardar en darte cuenta? Imagínate que te pago mucho, pero es que la sociedad no va hacia ahí. Págame menos, pero dame más tiempo. [...] Eso son valores añadidos. ¿Puedo coger una semana en agosto? En el sector [de la] fruta coger una semana en agosto es una locura. ¿Qué me estás contando? Pues o lo alargas o no te vas, te coges nueve días (P3. Bajo Cinca).

La innovación o diferenciación también genera disrupciones y tensiones. Una de las explotaciones innovó fuera del sistema agroindustrial dominante (Morel *et al.,* 2020), a través de la agricultura ecológica. Se trata de un agricultor convencional en el Bajo Cinca que decidió convertirse en ecológico, tratando de implantar nuevas formas de comercializar y relacionarse con el entorno. Esto lo llevó al aislamiento y expulsión de la OPFH donde estaba: «Estaba en una OPFH en Fraga y me invitaron a salir como socio por cambiarme a ecológico» (P17. Bajo Cinca). Explica las dificultades que ha tenido para establecer nuevos canales de comercialización para vender su producto al consumidor, una misión de difícil

La estructura social de la agricultura

logro teniendo en cuenta las complicaciones burocráticas y las dificultades derivadas de la especialización productiva excesiva. Al convertir la producción que antes funcionaba en el circuito de exportación, ahora se encuentra con una gran cantidad de producto, en un periodo corto de tiempo y sin las infraestructuras necesarias para comercializarlo en ecológico por su cuenta. Por tanto, tener más producción le ha acabado perjudicando. Por ello, ha optado por vender por el mismo canal, a supermercados europeos, pero en ecológico. Pese a que es una práctica común entre agricultores ecológicos que encaja totalmente en el modelo actual de certificación ecológica, a nivel personal lo valora como una contradicción ya que choca con su concepción de la agricultura ecológica y la sostenibilidad del sistema agrario: «Así que no, se puede encontrar [su producto] en Suiza, Alemania... Es un desastre. Porque estamos haciendo agricultura regenerativa y luego estamos vendiendo el producto a miles de km, no tiene ningún sentido» (P17. Bajo Cinca).

Los perfiles de agricultores en el Baix Llobregat

En el caso del Baix Llobregat encontramos dos perfiles de agricultores. Por un lado, aquellos tradicionales, especializados en pocos productos que venden a través de Mercabarna y que suelen tener un perfil de empresa familiar o multifamiliar, antes nombrados. Resisten al cambio de modelo agrícola en la zona, donde el peso que antes tenía este tipo de canal de comercialización se ha ido perdiendo en favor de los nuevos canales de venta directa. Suelen ser explotaciones de tamaño mayor a la media de la zona y una mayor especialización productiva. Tienen una visión pesimista sobre la situación y son escépticos con las estrategias de venta de proximidad, por la incapacidad de vender todo el volumen de su producción y por el trabajo añadido que conlleva. Enfocan sus preocupaciones a un control excesivo sobre la actividad agraria, a veces relacionada con la figura del Parc Agrari y la administración, que no les permite sacar todo el potencial posible a su actividad:

Últimamente, la política del Parque Agrario, hemos pasado de una protección... te haces un Parque Agrario para evitar el «boom» inmobiliario para tener ahora un «*mobbing* ambientalista» totalmente desmesurado. Quiero decir, mientras el «boom» inmobiliario, el crecimiento venía, por un lado. Es decir, si desaparecía terreno era normalmente a un precio industrial, lo cual capitalizaba las empresas y las empresas tenían poder económico para, empresas o particulares, para recomprar, reestructurar y crecer. Mientras que en el «*mobbing* ambientalista» lo que te hace es no permitir el crecimiento de las empresas en tal de infraestructuras, calidad de producto. Es incompatible (P27. Baix Llobregat).

Asocian el futuro de sus explotaciones, de mayor tamaño, a la posibilidad de seguir profesionalizando su actividad y creciendo: «Yo pienso que tiene que ser, no digamos algo industrial... pero sí que unas extensiones más grandes... y que se pueda exportar. Porque si no... no sé... yo no le veo futuro por ahora» (P22. Baix Llobregat).

Por el contrario, encontraríamos un perfil de agricultores innovadores, con explotaciones de menor tamaño, pero enfocadas a las nuevas formas de comercialización: *mercats de pagès,* venta directa, tienda propia, etc. Este perfil está presente en los tres tipos de explotación descritos en el punto anterior. Despliegan una serie de innovaciones enfocadas principalmente a darle valor añadido al producto agrícola mediante la diferenciación. Tienen una valoración positiva de la comercialización a través de la venta directa, por lo que organizan la explotación (cultivos y tiempo) en base a ello. Además, también busca acercarse al consumidor y darse a conocer mediante estrategias como el uso de redes sociales, por ejemplo Instagram.

4.2.3. La ética del trabajo agrícola

Otro elemento interesante que se muestra en los resultados es que tanto en el Bajo Cinca como en el Baix Llobregat es la convivencia de una doble ética del trabajo agrícola. Si bien es cierto que las necesidades del trabajo agrícola no son equiparables a muchos otros trabajos, por su dependencia de las condiciones climáticas y naturales, sí que la actitud hacia estas necesidades y las formas de organizarse de los agricultores pueden variar. Por un lado, encontramos la visión de la agricultura como sacrificio personal, dureza y dedicación total que ha predominado en la mentalidad tradicional del sector (Alonso *et al.,* 1991).

De manera general, la agricultura requiere una constancia de trabajo; en el caso de la huerta, los agricultores apenas tienen días libres, mientras que en el de la fruta, la concentración productiva les permite tener vacaciones, cuando finaliza la campaña. Aunque es común no llevar control de las horas trabajadas, sí que se establecen unos horarios orientativos, sobre todo, cuando se trabaja con personal que tiene un horario estipulado. En muchos agricultores se observa una superposición de la vida profesional sobre la vida personal:

Para la intensidad de trabajo [de la jornada de los domingos], al fin y al cabo, hay que dar vueltas al agua, a ver cómo está el pantano... no lo considero trabajo ya, al final estás en el trabajo, pero no lo consideras trabajo. Yo llego el domingo, me voy a almorzar, me voy a cazar o tiro al plato, y luego pues te vas a dar una vuelta al pantano, o vas a ver qué tal está otra cosa. Siempre hay algo que hacer (P5. Bajo Cinca).

Se considera no solo un trabajo, sino también un modo de vida: «Yo cuando empecé a salir con mi pareja le dije "yo no tengo oficio, yo tengo un sistema de vida", con todo lo que comporta esto, de horarios, sacrificios ... yo vivo con el campo, para el campo» (P27. Baix Llobregat).

Por otro lado, emergen nuevos valores que conforman la ética del trabajo de los agricultores, especialmente la preocupación por la conciliación familiar y el disfrute del tiempo del ocio. La aparición de estos nuevos elementos proviene de la escisión entre la esfera privada y la esfera productiva de la explotación y la consolidación de la agricultura profesional como un empleo: «Porque no solo es trabajar, trabajar. Que no me parece mal, a mí me gusta, pero no quiero que esto se convierta en el único sentido de [mi] vida» (P3. Bajo Cinca). También influye la desvinculación ya nombrada de la pareja y la familia de la agricultura y la transformación del tipo de familias. Las necesidades de trabajo y la falta de tiempo pueden ser objeto de conflictos familiares «[El tema de vacaciones lo llevamos mal. Yo vacaciones de desconexión total prácticamente no suelo hacer, no puedo hacer. Cada día hay algo. Ya te digo, es un objetivo que tengo» (P6. Bajo Cinca). Pero también empuja a adoptar cambios hacia esa dirección. Actitudes que, como nombra Barbeta (2023) limitan el exceso de sacrificio que exige el trabajo agrícola y que genera una serie de malestares. Por ejemplo, se instaura la jornada intensiva, aunque ello suponga trabajar durante las horas de más calor en verano: «Porque ahora la gente prefiere enganchar a las seis y media y luego parar media hora para comer y a las cuatro, fiesta... que no como antes que parabas de una a cuatro y "una siesta de miedo" ... pero luego llegabas de noche» (P14. Bajo Cinca).

4.3. PROCESOS DE SALARIZACIÓN DE LA MANO DE OBRA: EL TRABAJO MIGRANTE

Una de las características principales de las explotaciones agrarias actuales es la pérdida de centralidad del trabajo familiar en favor de los trabajadores externos, tanto fijos como eventuales. El reemplazo de la mano de obra familiar por la asalariada se debe tanto a fenómenos sociales como el cambio en las trayectorias de vida de los jóvenes rurales como la intensificación de la producción y la reestructuración del modelo agrícola (Etxezarreta, 1994). Según el Censo Agrario de 2020 (INE, 2022), el 23 % de la mano de obra regular en las explotaciones es contratada, siendo superior tanto en Aragón (26 %) como en Catalunya (31 %). Las explotaciones más pequeñas, de menos de 5 ha son las que tienen mayor porcentaje de mano de obra familiar (19 % de las UTA[3] totales) y realizada por el propio titular (el 47 % de las UTA totales), frente a las explotaciones de más de 30 ha, donde el porcentaje de mano de obra familiar desciende al 9 % de las UTA totales (Instituto Nacional de Estadística, 2022). La tendencia es hacia el crecimiento de las explotaciones de mayor tamaño y dimensión económica, que son las que tienen menos peso relativo de la mano de obra familiar y más de la asalariada (Moreno, 2019).

Son diversos los estudios que han abordado el vínculo entre el actual régimen migratorio y el sistema alimentario, un elemento característico del modelo de agricultura agroindustrial global predominante (Molinero-Gerbeau, 2020; Moraes *et al.*, 2012; Peano, 2020). El uso de mano de obra de origen migrante responde a la necesidad de minimizar los costes laborales de la agricultura para producir alimentación barata, lo que se aprovecha de la condición de las personas migrantes (Molinero-Gerbeau, 2020; Peano, 2020). Un fenómeno que se asienta en un marco legislativo específico, que regula los flujos migratorios y que apuntala la reestructuración de la agricultura hacia un modelo neoliberal y corporativista (Achón, 2010; Peano, 2020). Son numerosos los estudios que exploran el vínculo entre las circulaciones migratorias y el trabajo en los enclaves de agricultura intensiva, señalando las exigencias del modelo agroindustrial y la insostenibilidad social de las condiciones de trabajo (Pedreño *et al.*, 2015), en especial, de los trabajadores temporeros (Molinero-Gerbeau *et al.*, 2021). Las regiones agroexportadoras, como los enclaves agrícolas intensivos de fruta y verdura, funcionan bajo un modelo de relaciones laborales marcado por la alta flexibilidad y el trabajo bajo demanda (Moraes *et al.*, 2012). De acuerdo con el estudio de Peano (2020), el régimen migratorio actual fomenta la segmentación territorial de la mano de obra según líneas etnorraciales. En otras palabras, relega a los trabajadores migrantes a los sectores de ma-

---

3   Unidades de Trabajo-Año (UTA). Una UTA equivale al trabajo que realiza una persona a tiempo completo en un año (INE, n. d.).

yor precariedad, como la agricultura, como el primer paso para acceder al mercado laboral de la Unión Europea. Emerge así a nivel global la figura del trabajador asalariado agrícola, como un agente característico de la globalización agroalimentaria y la producción intensiva (Moraes *et al.,* 2012).

Encontramos numerosos estudios sobre las condiciones de trabajo de las personas inmigrantes en el sector hortofrutícola, especialmente sobre su situación de precariedad derivada de la temporalidad (Mata, 2018; Molinero-Gerbeau *et al.,* 2021). Sin embargo, son menos los estudios que abordan la situación de la inmigración en la agricultura periurbana, donde el tipo de cultivo no incentiva el flujo de grandes cantidades de población ni supone un gran impacto en la comunidad de destino.

La industrialización de la agricultura afecta a los ritmos de trabajo dentro de la explotación y a la organización vital de las personas trabajadoras. Como explica Medland (2021) en su investigación etnográfica en un enclave de agricultura industrial marroquí, las exigencias de las cadenas de distribución para ofrecer al consumidor un producto fresco, se traducen largas jornadas de trabajo y horarios intermitentes para los trabajadores. Señala tres imperativos que influyen en el proceso de control del tiempo: el consumo de alimentos en otro uso horario, la meteorología y las necesidades del ciclo productivo de los cultivos y la organización del trabajo reproductivo de la esfera privada de los trabajadores, que se ve afectada por las intensas dinámicas de trabajo.

Uno de los rasgos determinantes del trabajo en la explotación frutícola es el cambio en la demanda de trabajo entre la época de recogida en verano y el resto del año. Un contraste que se agudiza conforme las explotaciones se va intensificando y especializando en cultivos concretos, rebajando la diversidad productiva. Este aspecto marcará la administración del trabajo en la explotación agraria, sobre todo en el Bajo Cinca y en aquellas del Baix Llobregat con mayores índices de especialización, mientras que el grupo que comercializa a través de canales cortos presenta una mayor diversidad de cultivos, sin picos sobresalientes de trabajo y con un reparto más igualitario de tareas durante el año. De hecho, similar a lo que señalan trabajos como el de Delgado *et al.* (2015), la intensificación de la producción aumenta la dedicación exigida por los agricultores y se traduce en formas de autoexplotación. Sin embargo, esto se observa no solo en la campaña de fruta en el Bajo Cinca en verano, sino también en los requerimientos diarios que exige el cultivo de huerta y la comercialización a través de la venta directa (p. ej., vender el producto en la tienda en menos de 24 h) en el Baix Llobregat. En ambos casos, como explica también Delgado *et al.* (2015), la estrategia para compensar la incertidumbre de los precios es la intensificación del trabajo en detrimento de las horas de ocio y descanso:

> Yo hago lo que tengo que hacer cuando toca, si tengo que trabajar por la noche, trabajo por la noche. Si trabajo en domingo, trabajo en domingo. Si hago fiesta el lunes, hago fiesta el lunes. Tenemos el ganado, que no entiende de fiesta. Pero el ganado son dos horas y también está el chico ahí. En verano el horario es muy loco porque está el tema de abonos y tal. Cada quince días toca una noche de juerga. En el campo hay que hacer el tratamiento por la noche porque cuando hace calor no se puede hacer el tratamiento y hay que hacerlo de madrugada o por la noche. El horario es muy saltarín, los que llevan los horarios son ellos [los trabajadores]. Ellos sí que llevan horario fijo. El único que no soy yo (P5. Bajo Cinca).

4.3.1. La división del trabajo dentro de la explotación

En las entrevistas se observan interesantes dinámicas en lo referente a la administración del trabajo y sus consecuencias para la estructura social del sistema agrario. En primer lugar, una jerarquización y división de las tareas dentro de la explotación que aumenta con el tamaño de la organización y la aparición de puestos intermedios. Por un lado, está la figura del agricultor, el jefe de la explotación, que se encarga de las tareas de organización como la logística y la comercialización, así como aquellas que requieren un conocimiento técnico como las labores realizadas con el tractor, la programación de riegos, los tratamientos fitosanitarios o la preparación de semillas. El crecimiento de la explotación está sujeto a la capacidad del agricultor de delegar o asumir la carga extra de trabajo que supone aumentar la producción. En el caso de las empresas agrícolas, este proceso ya se dio y se asumió la carga de trabajo con la incorporación de puestos medios responsables de tareas específicas como personal de recursos humanos, administración, control de calidad, comercialización, etc. Sin embargo, para las explotaciones agrarias de menor tamaño, la falta de un apoyo en el que delegar el trabajo produce un gran desgaste mental y limita su crecimiento.

No debe entenderse la división de trabajo como una desvinculación del agricultor del trabajo agrícola; este se mantiene ligado a las tareas agrícolas, con la gestión de las actividades productivas y el conocimiento de los ciclos naturales. La tendencia que se observa es una disminución del trabajo de campo gracias a las facilidades de los avances tecnológicos, la mecanización de muchas tareas agrícolas y la contratación de personal destinado a ello. El aumento del trabajo burocrático frente al trabajo de campo es valorado negativamente por los agricultores por la pérdida de la esencia de ser agricultor y el reparto del tiempo que no pueden dedicar al campo.

Por otro lado, en la base de la producción estarían los trabajadores contratados, algunos temporales y otros fijos, que se encargan del trabajo propiamente agrícola. Se trata de puestos de trabajo de un perfil formativo bajo, con escaso reconocimiento social y con una elevada demanda física. Asimismo, la apuesta por una estrategia de economía de escala requiere mantener los costes laborales bajos para mantener y mejorar la competitividad. De este modo, están poco remunerados, son inestables y con poca proyección de crecimiento personal, sobre todo aquellos estacionales destinados a la recolección.

En el caso del Bajo Cinca, la plantación de los primeros árboles frutales se produce en los años 1980 cuando aún predominaban las explotaciones de pequeño y mediano tamaño. Las tareas de recolección eran un momento de trabajo comunitario, en el que participa toda la familia y en el que los vecinos se apoyaban entre sí: «Antiguamente se ayudaban las familias, porque había menos producción, tú le ayudabas al primo y el primo te ayudaba a ti» (P10. Bajo Cinca). Posteriormente, con la ampliación de las explotaciones y la disminución del trabajo familiar, se empiezan a contratar a los primeros trabajadores externos. Como explica Mata (2018), durante los primeros años, la demanda de mano de obra se saldó con la contratación de trabajadores en paro de otras zonas de España y estudiantes que se desplazaban hasta la zona en busca de un trabajo temporal (Mata, 2018). A finales de los años 90 se percibe un serio problema de falta de mano de obra para las tareas más tediosas del campo como es la recogida de fruta, por su carácter estacional y sus malas condiciones, lo que hace que cada vez sean menos los trabajadores que se desplacen hasta esas áreas (Mata, 2018). Con el desarrollo económico de principios del milenio aumentó la competición por la mano de obra entre sectores, quedando la agricultura como última opción para muchos trabajadores debido a sus bajos salarios, las duras condiciones de trabajo y el poco reconocimiento social (Mata, 2018). En la primera década del nuevo siglo llegan los primeros trabajadores inmigrantes para las tareas agrícolas. No se trata solo de un aspecto del sector agrario, sino que es un rasgo definitorio del modelo económico español de los primeros años 2000 (Mata, 2018).

4.3.2. El papel de los trabajadores migrantes

Los trabajadores extranjeros cumplen hoy una función esencial para la agricultura, ocupando puestos de trabajo estratégicos (King *et al.*, 2021). En ambos casos de estudio se observa una presencia generalizada de personas extranjeras en las explotaciones agrícolas, tanto en trabajos fijos como temporales. Los agricultores entrevistados explican que más del 90 % de los trabajadores agrícolas temporales y asalariados de las explotaciones estudiadas tanto en el Bajo Cinca como en el Baix Llobregat son trabajadores migrantes. Para muchas de estas personas, no se trata de una actividad ajena, sino que proceden de entornos donde la actividad agrícola es habitual y tienen experiencia en el sector, aunque no sea en el mismo tipo de cultivo.

En este punto confluyen varias cuestiones clave que afectan a la sostenibilidad social y que se emergen del estudio de los casos del Bajo Cinca y del Baix Llobregat. La primera es la situación legal de los trabajadores (González *et al.*, 2021). El nicho laboral que representa el trabajo agrícola es visto como una estrategia migratoria y representa una puerta de entrada a Europa (Ródenas, 2019). Tal y como exponen estudios anteriores, regularizar la situación legal es determinante para obtener mejores oportunidades y condiciones de trabajo, acceder a nuevas ayudas, estabilidad y mayor protección, lo que amplía la capacidad de decisión de los trabajadores sobre sus propias vidas (González *et al.*, 2021). Muchos de los trabajadores han llegado a España de manera irregular y encuentran en la agricultura un trabajo que les permite quedarse en el país hasta poder legalizar su situación y moverse a un sector laboral más estable. Las personas inmigrantes quedan sujetas a las condiciones de la Ley de Extranjería que, en ocasiones, las relega a una posición de subordinación y dependencia de las condiciones ofrecidas en el mercado, siendo aquellas personas en situación irregular las que presentan mayor vulnerabilidad (González *et al.*, 2021; Melossi, 2021):

> Yo, el chico que tengo contratado desde el primer día que yo empecé, se me presentó por aquí y le dije «mira, si te quieres quedar». Al principio

estuvo sin contrato y luego cuando vi que sí que valía, lo fiché. Y ahora ya lleva siete años conmigo. El que es temporal sí que cambia porque tienen otras faenas, van cambiando, y van pasando por aquí y dicen «trabajo» y a veces dices: «sí, mira, vente la semana que viene o dentro de quince días» (P29. Baix Llobregat).

Encontramos en las entrevistas pocos casos de trabajo sin contrato, ya que el control de la Administración ha ido creciendo en los últimos años. Han emergido nuevas fórmulas de contratación que permiten dar flexibilidad a los agricultores, que están sujetos a las necesidades de los cultivos, y dan seguridad a los trabajadores, como la contratación conjunta entre agricultores o por parte de las cooperativas: «Pero a lo mejor en momentos puntuales... tenemos aquí en la cooperativa un servicio de... como si fuera una ETT, pero que no lo es. Un servicio de personal» (P9. Bajo Cinca).

El segundo elemento es la necesidad de mano de obra requerida por cada cultivo. En el Bajo Cinca destaca la llegada masiva de trabajadores para la campaña de recogida de la fruta, los llamados temporeros, que en muchos casos siguen una ruta circular por los distintos enclaves agrícolas de la península: Valencia, Huelva, Logroño. Según los informantes, unos 6000 trabajadores temporeros se necesitarían en la comarca en una campaña de producción estándar (E11). Mayoritariamente provienen de países subsaharianos como Mali, Senegal, o Gambia, caracterizados por un tipo de migración individual y masculina. Por el contrario, los trabajadores procedentes de Europa del Este, de Rumanía y Bulgaria principalmente, representan una migración en familia, con mayor presencia de mujeres y suelen asentarse en los municipios durante todo el año.

A muchos de ellos se les hace contratos por obra y servicio y se les paga según el número de jornadas trabajadas;[4] la tasa de repetición de estos trabajadores en la misma explotación suele ser baja. Pocas veces repite toda la misma plantilla año tras año. A veces se debe a que los trabajadores han encontrado otro puesto de trabajo y deciden cambiar, otras a que los empleadores prefieren seguir contratando de manera tem-

---

4 Las entrevistas se realizaron antes de la última reforma laboral que limita el uso de la contratación por obra y servicio, lo que hace intuir que este panorama se ha visto modificado (*BOE,* 2022).

poral y no hacer un contrato fijo. La temporalidad, la fuerte rotación y movilidad, la falta de conocimiento de las normas laborales españolas o la vulnerabilidad derivada de su estatus legal son elementos que dificultan la capacidad de los trabajadores para reivindicar mejoras de las condiciones de trabajo y aumenta su desprotección, con escaso contacto y participación en los sindicatos de trabajadores (King *et al.*, 2021). En las entrevistas con los trabajadores explican situaciones de vulneración de los derechos laborales:

Más problema porque si tú tienes un problema, vas a tu jefe y dices «voy a dejar el trabajo, me ha ocurrido esto en mi país y tengo que ir[me] urgente[mente]». Te dice: «vale, te dejamos, pero no puedes cobrar el paro», no te dan el certificado. Entonces, uno se va al país y si tarda un poco, no tiene derecho al paro ni nada. Esto pasa, mucho engaño. Sobre todo, en horas. Uno que no se apunta bien las horas y luego no les pagan 100 € o 50 € un mes (T1. Bajo Cinca).

En otras ocasiones, los trabajadores son contratados con la modalidad de fijo discontinuo que les permite una estabilidad mayor y la seguridad de que año tras año repetirán en la misma explotación.

La fruticultura es un cultivo que requiere de mucha mano de obra para su producción y su coordinación es uno de los principales problemas señalados por los agricultores, sobre todo aquellos de menor tamaño que no cuentan con una persona encargada de la gestión de los Recursos Humanos. Uno de los asuntos más problemáticos es el acceso a la vivienda, cuya provisión es responsabilidad del agricultor que debe dotar a sus trabajadores temporeros de alojamiento durante la campaña. Se trata normalmente de casas alquiladas o en propiedad que comparten varios trabajadores y se sitúan en las propias fincas. Si bien esto asegura unas condiciones adecuadas de vivienda, también influye en la esfera privada de los trabajadores. En muchos casos estos no cuentan con vehículo propio, lo que les limita la libertad de movimiento hasta el núcleo urbano, distancias que suelen hacerse a pie o, en el mejor de los casos, en bicicleta.

Los trabajadores agrícolas fijos viven en la misma localidad o se desplazan hasta ella desde municipios rurales cercanos o desde Lleida. Estas elecciones residenciales responden al perfil migratorio predominante, por lo que la convivencia entre grupos es heterogénea (Moraes *et al.*, 2012; Pedreño, 2005).

Proceso de llegada e incorporación al sector

Los trabajadores llegan a la zona a través de redes de contactos, siendo el proceso de contratación totalmente informal. No hay un contacto previo a la llegada entre agricultores y trabajadores (Ródenas, 2019). Tanto en el Bajo Cinca como en el Baix Llobregat, cuando el agricultor necesita incorporar algún trabajador se lo comunica a alguno de los trabajadores existentes, normalmente aquellos que ocupan una posición de mayor responsabilidad (capataces, trabajadores fijos, etc.) y que llevan más tiempo en la explotación (Cáritas Diocesana de Barbastro-Monzón, 2018) y estos son los encargados de reclutar a los nuevos trabajadores: «El fijo me lo busca. Él los echa, los coge, les dice...» (P12. Bajo Cinca).

El proceso de llegada a la comarca no es un proceso ordenado y pactado previo al inicio de la campaña, sino que la gran oferta de trabajo atrae a muchas personas que se desplazan hasta la comarca esperando a ser contratadas. Es un proceso del «boca a boca», ya que la zona del Bajo Cinca, junto con la comarca del Segrià, constituyen un enclave productivo consolidado en las rutas de migración circular en España.

El desplazamiento de estas personas es consecuencia del tipo de trabajo bajo demanda, rápido y flexible requerido por el modelo agroindustrial predominante. De hecho, muchas llegan a la zona sin un contrato de trabajo con la esperanza de ser contratados o trabajar durante días puntuales, entrando así en la rueda del trabajo a través de los puestos más precarios. Este grupo de personas, a la espera de encontrar donde trabajar, quedan fuera de la protección asociada a un contrato de trabajo. Se evidencia la ausencia de consenso sobre quién debería asumir la responsabilidad sobre sus condiciones de vida y las consecuencias de este desplazamiento en las comunidades de destino:

> Temporero será cuando tenga un contrato de trabajo en una explotación, hasta entonces será inmigrante de paso. Pero no me eches la culpa a mí porque no hemos contratado a ese. [...] Pero si uno viene aquí a buscar faena y no encuentra y está durmiendo en la calle, pues será problema de la sociedad, en general, porque hay gente sin techo, que hay que ayudarles o lo que haga falta, pero no del agricultor de la fruta (P1. Bajo Cinca).

Llegan, por tanto, más personas que trabajadores, se necesitan, especialmente en las campañas de mayor producción, lo que genera que exista un grupo de personas fluctuante, que espera a ser contratado o que trabajan durante jornadas puntuales cubriendo los picos de trabajo esporádico en las explotaciones, cuando las necesidades del cultivo superan la planificación. Un ejemplo de esto sería una maduración prematura ante una ola de calor. La llegada de trabajadores que supera la demanda laboral genera situaciones de vulnerabilidad, pobreza e insalubridad como presencia de infravivienda entre personas migrantes que ocupan pequeños asentamientos, pajares, casetas de campo o almacenes agrícolas a las afueras de los municipios. Como señala el informe realizado por Cáritas (Cáritas Diocesana de Barbastro-Monzón, 2018), los trabajadores que viven en estas condiciones representan un grupo minoritario en comparación al grueso de los temporeros que trabajan en las explotaciones agrícolas. Por ejemplo, en 2018 se atendieron 260 personas en esta situación. Suelen ser en su mayoría hombres, entre 20 y 45 años, aunque también hay presencia de mujeres, sin familia, que principalmente proceden de Mali, Senegal y Argelia y que pueden contar o no con permiso de trabajo y residencia (Cáritas Diocesana de Barbastro-Monzón, 2018).

Actualmente es un asunto gestionado desde una óptica asistencialista, liderado por Cáritas y sometido a la voluntad política de concejales y técnicos de los municipios implicados. En 2018 se crea la primera Mesa Institucional de Comienzo de Campaña, en la que se reúnen los servicios sociales de la comarca, el Servicio Público de Empleo de Aragón (INAEM), personal de salud municipal, sindicatos obreros, entidades sociales, fuerzas de seguridad, los alcaldes de los municipios afectados y representantes de los agricultores. A partir de entonces, se empiezan a establecer acciones para mejorar la situación, con protocolos de actuación y un seguimiento de la situación de la infravivienda. Un asunto que se incrementó con la pandemia del Covid-19 cuando se puso de relieve la importancia de las condiciones de vida de los trabajadores durante la campaña de fruta y la opinión pública se hizo eco de la situación (Carnicero, 2020).

El proceso de adaptación y aprendizaje de los trabajadores, que abarca el idioma, los choques culturales o la formación son clave no solo para el bienestar de los trabajadores, sino también para el buen desarrollo de la explotación. La rotación de trabajadores año tras año no solo genera inestabilidad para ellos, sino que también es ineficiente para el sistema productivo. Los agricultores deben volver a dedicar tiempo a la formación de los nuevos trabajadores, por lo que muchos intentan buscar trabajo durante el resto del año a sus propios trabajadores, para que permanezcan en la zona.

El impacto en la comunidad local

Al mismo tiempo, debido al rol central que tiene la agricultura frutícola en la economía del Bajo Cinca, las dinámicas del sector influyen en su estructura poblacional. Tal y como señalan otros trabajos (Pedreño y Riquelme, 2006), la situación de la población inmigrante en las zonas rurales no genera exclusión, aislamiento y *guetificación*, sino que se caracteriza por la movilidad, versatilidad y flexibilidad, donde predomina la temporalidad y la precariedad de su situación. Los espacios rurales agroexportadores son lugares de convivencia pacífica, donde no suelen darse tensiones entre vecinos, pero tampoco relaciones significativas entre grupos de diferentes orígenes (Torres, 2009). En el Bajo Cinca se observa que la relación laboral que sustenta la organización del trabajo en la explotación, agricultor/trabajadores, se traslada a la estructura social de las poblaciones, generando dinámicas de diferenciación y estratificación entre la población autóctona y los extranjeros (Pedreño, 2005; Torres, 2009). El asentamiento de inmigrantes interseccionar con otras categorías, como el género y la clase y redefine las jerarquías sociales (Moraes *et al.,* 2012; Ródenas, 2019). En los discursos predomina una valoración positiva del trabajo realizado por los inmigrantes porque se asocian con un mayor sacrificio y disciplina (King *et al.,* 2021): «También te digo que el trabajo con inmigrantes africanos, para mí, es muy gratificante, porque creo que tienen una serie de valores sociales que aquí nos los hemos perdido. El sacrificio de irte fuera de tu casa para mandar dinero a tu familia, el trato es un poco más humano... Dan valor a otras cosas que aquí no se les da» (E9. Bajo Cinca). Es decir, son valorados en el ámbito productivo y en la medida que acatan las normas sociales y su posición subalterna en la sociedad. Pero no se les reconoce como actores con agencia propia, reduciéndolos a una situación muchas veces de invisibilidad social (Melossi, 2021). En el momento en que se han producido acontecimientos que han generado tensiones, como protestas para mejorar las condiciones laborales o el aumento de las inspecciones de trabajo, han surgido fuertes críticas:

> En el año 2017 o 2018, nos estaban haciendo manifestaciones los temporeros, a través de CCOO, al final ¿a quién hay que matar aquí? Nos estaban pidiendo el salario base del convenio laboral. Aquel año salí en la televisión española, hicimos un reportaje. Yo expliqué que no pagamos el convenio, no porque nos sale de las pelotas, sino porque no lo podemos pagar sísalimos de la campaña con pérdidas (P5. Bajo Cinca).

En el caso del Baix Llobregat, la poca relevancia del sector agrario en el conjunto de la economía no genera alteraciones en la estructura social de la comarca. Los puestos de trabajo en el sector agrario compiten con las ofertas de otros sectores, por lo que muchos van desplazándose de unos puestos a otros, con mucha rotación. Muchos se encuentran también en situación de irregularidad administrativa. Las explotaciones, de menor tamaño, suelen contar con trabajadores fijos que permanecen durante todo el año y viven en pueblos o ciudades cercanas. En aquellas explotaciones más especializadas en algún tipo de producción como la alcachofa o el tomate, se contrata durante la cosecha a algún trabajador temporal que reside en la zona, pero esta circunstancia no constituye un foco de atracción para más trabajadores.

4.3.3. Las dificultades en la gestión de personal

Ante las dificultades que conlleva la gestión de la mano de obra y en un contexto de baja rentabilidad económica, muchos agricultores se plantean cambiar la orientación productiva de su explotación hacia actividades que no necesiten tanto trabajo como el cultivo de almendra o la ganadería y disminuir la dependencia de trabajo externo y evitar el desgaste mental derivado de la coordinación: «Pero labras hoy, estás tú solo trabajando, siembras… y tienes un margen. No es de fiesta, no es festivo para ti, pero no tienes gastos de jornales ni nada. Aquí lo que mata son los jornales, las inspecciones y todo este rollo» (P12. Bajo Cinca) y «Ahora que tengo la granja lo veo distinto. Ahora que la tengo, yo sola me la llevaría o puedo estar con otra persona. Pero no necesito a 14 personas. Para sacar la renta que yo saco de la granja, aquí (frutales) necesitaría 14 personas. Para qué quiero este lío. Es un lío grande. Trae dolor de cabeza» (P5. Bajo Cinca).

En el Bajo Cinca, en las explotaciones orientadas hacia el mismo cultivo, no se observan grandes diferencias en el modelo de gestión de los trabajadores según el tamaño ni el modo de comercialización. Es decir, la mejora de las condiciones de trabajo en la explotación está asociado a decisiones que toma el agricultor y no tanto a las condiciones estructurales de la explotación. Como recalcan algunos agricultores: «Más que nada porque aquí tenemos un trabajo muy directo con ellos, los ayudamos y los tratamos como personas que son. La verdad es que esto es una cosa recíproca, si nosotros damos cariño, los tratamos bien y los ayudamos, ellos nos consideran una familia y también nos ayudan a nosotros» (P10. Bajo Cinca).

En el Baix Llobregat, se identifican algunas explotaciones con menos peso del trabajo asalariado y más del familiar. Es el caso de la explotación P18, que combina viña con el cultivo de melocotón y todos los hermanos trabajan durante el periodo estival de recolección, combinándolo con sus estudios en la universidad durante el resto de los meses: «A casa nostre solament tenim un treballador extern i la resta som jo, els meus dos germans, el meu pare i els meus dos tiets. Es molt familiar»[5] (P18. Baix Llobregat). Estas explotaciones, de menor tamaño, se apoyan para los picos de actividad en otros colectivos como desempleados, jubilados o estudiantes que buscan un trabajo esporádico para completar su ocupación principal: «No, aquí en principio como es una cosa estacional, acostumbras a encontrar [trabajadores]. Sobre todo, gente joven que termina en junio y quiere trabajar unas horas. Se va encontrando» (P30. Baix Llobregat).

Otro de los temas centrales que emerge es la dificultad para encontrar personal, tanto en el campo como en los puestos intermedios como capataz o tractorista en el caso de las explotaciones agrarias y de personal para comercialización, administración o control de calidad en las empresas agrícolas. En el momento en que la agricultura se profesionaliza y su reproducción se desliga de la unidad familiar, el trabajo pasa a competir en el mercado global, junto con la oferta en otros sectores (Camarero, 2017b). Sin embargo, las malas condiciones de trabajo, su baja remuneración y valoración social sitúa al sector en una posición de desventaja, en la que el coste de oportunidad de trabajar en el campo sigue siendo elevado. En el caso del Bajo Cinca, se da una escasez de potenciales trabajadores, sobre todo en puestos con mayor formación y responsabilidad, que se relacionaría con los procesos de descapitalización que sufren muchas zonas rurales, donde los jóvenes universitarios se trasladan a ciudades cosmopolitas (González-Leonardo y López-Gay, 2021). Por el contrario, el Baix Llobregat, que presenta un tejido productivo menos intensificado y, por tanto, con explotaciones agrarias de menor tamaño y que no requieren esos puestos, lo que se observa es una competición con otros sectores por la mano de obra no cualificada. Esta situación se agrava debido a su cercanía con las oportunidades que ofrece el merca-

---

5 Traducción al castellano: «En nuestra casa solamente tenemos un trabajador externo y el resto somos yo, mis dos hermanos, mi padre y mis dos tíos. Es todo muy familiar».

do laboral urbano de Barcelona, lo que muestra la dificultad que tiene el sector agrario para ofrecer mejoras:

> Es difícil encontrar personas que sepan el trabajo, que les guste, porque claro, esto está muy mal pagado. Nosotros pagamos muy poquito, lo que dice el convenio colectivo, pero es... simplemente si entran en la brigada de limpieza de cualquier ciudad de por aquí van a cobrar, no digo el doble, pero si mucho más de lo que les estamos pagando (P25. Baix Llobregat).

Coexiste la visión de que el agricultor solo es quien tiene y trabaja una explotación, con la tendencia del sector agrícola a constituir organizaciones cada vez más grandes. Estas necesitan incorporar cargos intermedios con un conocimiento suficiente para estar al mando de una explotación, sin ser el titular de la explotación. Es decir, por un lado, se fomenta que la incorporación se haga como jefe, mientras que las dinámicas del sistema empujan a una concentración y agrupación de las explotaciones, por lo que disminuye el número de estas. Hoy en día, muchas empresas agrícolas incorporan antiguos agricultores que no han podido continuar con su explotación y han arrendado sus tierras: «Mira mi cuñado tuvo que dejar la fruta, y ahora trabaja con él. De encargado. [...] Ha puesto almendros y se ha ido al jornal» (P5. Bajo Cinca). También la figura del capataz se va formando con los años y acaba siéndolo el trabajador que tiene una trayectoria mayor en la explotación. Se trata muchas veces del único trabajador fijo, aparte del agricultor, que está en la explotación durante todo el año.

4.4. EL RELEVO GENERACIONAL DE LA EXPLOTACIÓN

El relevo generacional es actualmente uno de los principales retos de los sistemas agrarios (Burton y Fischer, 2015), estrechamente relacionado con la transformación de las estructuras culturales, sociales y económicas de los espacios rurales (Camarero *et al.*, 2009). Los bajos precios percibidos por los agricultores reducen la rentabilidad de la agricultura y no garantizan unas buenas condiciones materiales de vida, lo que, combinado con las nuevas expectativas de los jóvenes, amenazan la continuidad de las explotaciones familiares y las comunidades rurales (Davidova y Kenneth, 2014). La falta de relevo generacional se asocia a un mayor riesgo de abandono de las tierras agrícolas que conlleva impactos medioambientales negativos y la pérdida de conocimiento tradicional (Davidova y Kenneth, 2014; Góngora *et al.*, 2020). También, la presencia de agricultores jóvenes se relaciona con un mejor uso de tecnologías, la implantación de prácticas más sostenibles (Davidova y Kenneth, 2014; Pitson *et al.*, 2020). Se entiende por relevo generacional o sucesión de la agricultura el traspaso de la gestión de la explotación a una generación más joven.

La sucesión en las explotaciones es un asunto donde intervienen elementos internos al sistema agrario relativos a la estructura de la explotación, la modernización de la producción o el apoyo institucional, pero también externos relacionados con los incentivos culturales y económicos de las personas jóvenes a permanecer en zonas rurales (Comisión Europea, 2021). Lo indicado está en línea con las dos perspectivas de análisis de la literatura científica identificadas por Fischer y Burton (2014). La primera recoge los trabajos que analizan la relación entre la sucesión en la explotación y su estructura. Por ejemplo, Góngora *et al.* (2020) identifican tres vías de incorporación en las explotaciones ganaderas de Catalunya a partir del análisis de componentes principales de los datos recopilados a través de cuestionarios. El primero, la tradición familiar, aquellas explotaciones que continúan con el modelo de agricultura familiar. El segundo, el tipo agroecológico asociado a un perfil de nuevo campesinado, en línea con la tesis de Van der Ploeg (2010*a*). El tercero es a través de un modelo de integración vertical, normalmente en el sector de la ganadería de porcino intensiva, donde el agricultor tiene muy poca capacidad de decisión sobre su producción que depende de la empresa integradora, pero también gana seguridad frente a imprevistos del mercado.

La segunda perspectiva señalada por Fischer y Burton (2014) es la que adoptan las investigaciones centradas en el estudio del papel que juega el cambio de las identidades personales. Ellos encajan ambas perspectivas al plantear el relevo generacional como el resultado de la vinculación entre la construcción de la explotación y el desarrollo de del agricultor. La figura del «sucesor» se construye en base a la articulación de la identidad del agricultor con el desarrollo de la explotación y su vinculación con la explotación y la tierra. Se trata de un proceso de largo recorrido, en el que la situación actual de crisis generacional sería el resultado de la incapacidad de crear las condiciones adecuadas de socialización.

La falta de relevo generacional de las explotaciones agrarias es uno de los principales retos para la agricultura española y europea, pieza clave para la sostenibilidad de las explotaciones familiares (Davidova y Kenneth, 2014). Según los datos del último censo agrario de 2020, en España la edad media de los titulares de explotación es de 61 años para hombres y 62 para mujeres, situándose el 41 % del total por encima de los 65 años y solamente el 13 % por debajo de los 44 años (INE, 2020). En 2009, con el 35 % de mayores de 60 años y 13 % menores de 40 años (INE, 2012). Se observa un envejecimiento de los titulares de explotación en términos generales, pero también en el grueso de ellos puesto que el número de explotaciones es cada vez menor (929 694 en 2009 y 378 055 en 2022). Se tiende a un sistema con cada vez menos explotaciones, de mayor tamaño, por lo que los agricultores se concentran en los grupos de edad más elevados.

Aunque se suele hacer referencia al relevo generacional en términos generales, al observar las preocupaciones presentes en los casos de estudios analizados se entrevé una doble escala de análisis. Por un lado, el relevo generacional en el sistema agrario general que se relaciona con el abandono de tierras agrícolas, normalmente aquellas menos productivas como las de media montaña, lo que supone un peligro para la continuidad de la agricultura en la zona (Lasanta *et al.,* 2015). Por otro lado, la pérdida de las explotaciones de menor tamaño en beneficio de las más grandes (Moreno y Ortiz, 2008), no por un abandono de la actividad, sino por un reparto de su base territorial entre otras explotaciones de mayor tamaño tras una jubilación del titular sin que exista un sucesor. De hecho, Moreno y Ortiz (2008) señalan que el cese de la actividad agraria se hace de manera gradual, iniciándose en el momento en que el agricultor de mayor edad decide dejar de reinvertir en maquinaria y va cediendo el manejo de la tierra a otros, tanto arrendándola como finalmente vendiéndola. En estos casos, el sector agrario no se ve amenazado, sino que se produce una reestructuración de este hacia un modelo social formado por empresas agrícolas de mayor tamaño. Ambas vertientes responden a la doble tendencia que han experimentado los espacios agrícolas hacia el abandono productivo (modelo 1) y la intensificación de la producción (modelo 2) (Faccioni *et al.,* 2019).

4.4.1. Trayectorias de incorporación de los agricultores

Las trayectorias vitales de los agricultores nos ayudan a entender cómo han sido los diferentes procesos de incorporación a la explotación, entendiéndolo como el resultado de un diálogo entre las expectativas del negocio, ligadas a la estructura y los recursos existentes, y las preferencias personales, donde influye el contexto cultural y social de cada momento. Como la muestra de entrevistados tiene variedad de edades, los procesos de incorporación reflejan los modos de hacer de cada momento y los modelos productivos más valorados. Los resultados están en línea con el trabajo de Chiswell (2018) que muestra el cambio cultural en las explotaciones agrarias y la consolidación de modelos de incorporación que responden a las características de la modernidad reflexiva.

Las razones para continuar o no con la explotación presentes en las entrevistas son variadas. En primer lugar, de forma predominante, es la viabilidad de la explotación la que aparece como determinante para plantearse o no continuar. No se evalúa solamente en términos económicos, ya que, como muchos declaran, los ingresos pueden ser superiores a un salario en otro sector, sino también en términos de calidad de vida y tranquilidad. En segundo lugar, se desprende la importancia del ciclo de vida de la persona, si coincide la jubilación del agricultor con un momento de cambio en la vida del potecial sucesor para que se lo plantee.

Incorporación tradicional

Una primera trayectoria de incorporación observada es la que podríamos etiquetar de tradicional o clásica, correspondiente a los agricultores de mayor edad. El hijo mayor, *l'hereu*, es sobre quien recae la responsabilidad de continuar con la explotación y la casa familiar : «Aquí a Catalunya esta la figura de *l'hereu* [...], el heredero normalmente se queda con la masía y entonces, teníamos otras tierras, y se han ido repartiendo con los otros hermanos» (P31. Baix Llobregat). No aparece en los casos estudiados una obligación de seguir, sino que aparece en los discursos como una elección tomada por elsucesor. Sí que se observa un proceso de socialización en torno a la agricultura y la explotación familiar (Fischer y Burton, 2014), bien por el uso del espacio físico, ya que la explotación familiar era también un lugar de reencuentro y vida familiar, bien por un constante contacto con la actividad agrícola desde temprana edad a través de pequeñas tareas. Es el caso de P14 del Bajo Cinca, una pareja de hermanos de más de 60 años, que gestionan una explotación familiar: «Desde críos, pero críos eh, que solo valíamos para llevar el botijo. Ya veníamos por aquí y ya veías a mi padre con los trabajadores. Vas viendo, aparte fuimos "al técnico", desde críos lo hemos visto. Es una cosa que no hemos empezado mayores, desde muy críos hemos estado ya en el campo» (P14. Bajo Cinca).

A veces, la incorporación se ve forzada por momentos traumáticos que adelantan el momento de la decisión de los sucesores. Encontramos en ambos casos de estudio varias explotaciones donde el agricultor falleció o quedó incapacitado de forma repentina, lo que propició que sus hijos cogieran el mando de la explotación: «No, yo soy agricultor por accidente. Me faltó el padre a los 16 años y entonces terminé los estudios de bachillerato y me puse a trabajar. Y ya está. Pero, en principio, no tenía que ser agricultor yo ya» (P22. Baix Llobregat). En este relato se observa la prevalencia de las necesidades familiares sobre las preferencias individuales, con un fuerte sentimiento del «deber hacer» que explica la decisión de continuar con la explotación agraria ante una situación inesperada: «No, yo no tuve opción. A ver, había dos opciones, o ponerme yo al frente y continuar o vender la explotación. Entonces ya no lo valoré por eso. Ya no lo valoré» (P10. Bajo Cinca).

Incorporación reflexiva

Una segunda trayectoria la catalogo como reflexiva. Es una decisión meditada entre los progenitores y los hijos e hijas, en base a las preferencias intrínsecas de los individuos y no tanto por las expectativas depositadas por los progenitores o a las necesidades de la institución familiar (Chiswell, 2018). Es la evolución del modelo tradicional (Chiswell, 2018) que responde a los cambios en la forma de organización de la familia hacia estructuras menos autoritarias, con mayor espacio para la individualidad y los intereses particulares (Rodríguez y Menéndez, 2003). Los resultados muestran nuevos modos de relevo generacional donde dedicarse a la agricultura compite con el resto de oportunidades vitales de los jóvenes.

Del mismo modo que identifica Barbeta (2023) en su trabajo sobre el sector ganadero, la individualización en la toma de decisiones se impone como valor con más consenso y legitimidad en la cuestión de la continuida de la explotación. La formación y la elección personal de los hijos e hijas se sitúa como un ideal por encima del valor de preservar la tradición familiar agrícola y la continuidad de la explotación. Para muchos de los entrevistados, incorporarse fue la decisión que tomaron después de un proceso de reflexión con sus hermanos, para saber quién quería continuar y quién no. No aparece este momento como algo conflictivo entre ellos, sino más bien como un consenso entre quienes quieren y quienes no. En aquellos que deciden continuar aparece la cuestión de la vocación, incluyendo también su acepción instrumental (Barbeta, 2023): se quiere ser agricultor y también se ve la explotación como un proyecto laboral. Con el traspaso, la explotación puede variar, reorientandose hacia un nuevo modelo de negocio, creciendo en tamaño e intensificando, diversificando hacia otras actividades (ganadería, nuevos cultivos, etc.). Sin embargo, se mantiene el valor identitario del concepto de «familiar» como algo que legitima su actividad y su posición social en el sector y la comunidad. La nueva generación que ha decidido continuar se apropia del relato sobre la trayectoria agrícola familiar.

En los discursos de los agricultores que son padres o madres están presentes los nuevos valores familiares basados en el diálogo, así como el prestigio social que tiene la universidad y los trabajos en otros sectores: «yo quiero lo mejor para mis hijos y esto no es lo mejor para mis hijos, yo quiero que estudien, que tengan una carrera» (P31. Baix Llobregat). La continuación de la explotación por la siguiente generación no aparece como una de las principales preocupaciones. Puede haber un sentimiento de pena, lástima o duelo, pero hay aceptación y respeto a lo que elijan los hijos e hijas: «Jo penso que ells han de poder escollir i jo el que vull és que ells disfruten de la vida i si això passa per estar aquí, pues genial i si passa per estar a l'altra part del món, que ho trien».[6]

También las malas expectativas del sector influyen negativamente en la opinión sobre si quieren que continúen: las condiciones del trabajo agrícola, donde resaltan la falta de días libres, la inseguridad económica de la explotación y la carga mental que conlleva la gestión:

> Tal como está ahora la cosa, yo preferiría que no se dedicara a esto. No le veo futuro, es que no se lo veo… veo que no. No porque no tuviera trabajo, porque trabajo tendría mucho, lo que pasa que no le veo […] Pienso que lo que estamos sufriendo nosotros, de estar todo el día pendiente. Pues que si el tiempo, el precio, saber si vas a tener beneficios o no vas a tener beneficios, y pienso: «lo que estamos pasando nosotros de estar todo el día pendiente, ¿para ti...?» «No, da igual. Déjalo. Dedícate a otra cosa, vete a otro sitio, que sepas lo que vas a cobrar, lo que puedes gastar y ya está.». Porque es facilidad, básicamente (P13. Bajo Cinca).

Tanto en este caso como en el anterior, la incorporación de un hijo o hija supone una ampliación de la explotación e, incluso, el cambio de per-

---

6 Traducción al castellano: «Yo pienso que ellos han de poder escoger y yo lo que quiero es que ellos disfruten de la vida y si eso pasa por estar aquí, pues genial y si pasa por estar en la otra parte del mundo, que lo escojan».

sonalidad jurídica al aumentar el volumen de producción, pasando a formar una empresa familiar o multifamiliar (Moreno y Lobley, 2014). Como se ha señalado antes, mantener el patrimonio unido fue una estrategia que ayudó a las pequeñas explotaciones familiares a crecer e intensificarse para que los hijos pudieran continuar. Para el grupo de agricultores en torno a los 50 o 60 años, su incorporación significó la consolidación del modelo de agricultura profesional y de modernización. Una ampliación de negocio que no solo tuvo lugar en el momento del traspaso, sino también antes de que se produjera, como es el caso de P12 cuyo padre construyó una granja de terneros y adquirió más tierras de cultivo cuando supo que su hijo iba a continuar con la actividad: «Mi padre ha ido comprando y alquilando porque me quedé yo. Yo me incorporé hace cinco años con esto de jóvenes agricultores, puse tierras y dos granjas más» (P12. Bajo Cinca). Continúan con el modelo de explotación de la generación anterior, aunque suelen incorporar cambios para adaptarse a las nuevas exigencias del mercado actual y asegurar su viabilidad: cambiar de clientes, disminuir o aumentar el cultivo, etc.

Incorporación sin tradición familiar

En tercer lugar encontramos a las personas sin tradición familiar agrícola, que se incoporan al sector por su compromiso con la alimentación sostenible. Son jóvenes, con estudios que provienen de otros sectores, pero deciden dedicarse a ello. Es el caso de P23, quien participaba de una cooperativa de consumo en Barcelona y decidió dar el paso a la parte productiva, al ver que se necesitaba mayor oferta de alimentos. En su caso, lo hizo unido a otro agricultor que, al ser él de familia agrícola, contaba con las tierras para poder empezar la actividad. Este caso estaría en línea de los perfiles innovadores y emergentes de las nuevas incorporaciones (Milone y Ventura, 2019; Monllor y Fuller, 2016) y se centrarían principalmente en cultivos de huerta, por su mayor flexibilidad para adaptarse a la incertidumbre así como su menor inversión inicial frente a la fruticultura.

Ligados a este perfil y, aunque no son puramente externos al sector, está el grupo de agricultores que han saltado una generación, es decir, sus padres no se dedicaban a ello de manera profesional pero sí sus abuelos. A veces, estos se encuentran con la reticencia de los padres, por el sacrificio que el trabajo agrícola supone: «Principalmente mi madre, que era la que venía de familia…Bueno que mi abuelo es su padre y lo ha visto siempre en casa, que sabe que no es fácil y que muchas veces no es nada gratificante. Cuando se lo dije, se llevó una decepción en el sentido de "hostia, hay mejores trabajos que no esto». (P29. Baix Llobregat).

4.4.2. La agricultura como refugio

Otro de los elementos significativos observados es lo que Hilmi y Burbi (2016) llaman el recurso de la agricultura como refugio en tiempos de crisis. Como explican los autores, a raíz de la crisis financiera de 2008, muchas personas vieron en la agricultura un sector estable, al que volver y refugiarse de la crisis económica. Una especie de vuelta a las raices, de lo urbano a lo rural. Este fenómeno se dio en regiones como Aragón, Murcia o La Rioja donde el empleo agrario alcanzó tasas de evolución positivas (Arnalte *et al.,* 2013).

En los casos del Baix Llobregat y del Bajo Cinca este fenómeno no se ha producido de forma significativa. Sin embargo, cuando analizamos las biografías de los agricultores sí que se observan casos en los que la incorporación al sector tiene como detonante la pérdida de empleo o las bajas expectativas laborales en otros sectores. Por ejemplo, P21 que se dedicaba al negocio de la publicidad y explica cómo se decanta por la agricultura cuando, a raíz de la crisis financiera del 2008, se queda en paro y las expectativas laborales son escasas. En su caso, sus abuelos se dedicaban a la agricultura en la zona de Valencia, por lo que el sector no le es ajeno y decide comenzar una explotación en la zona del Baix Llobregat junto con una tienda donde vender el producto directamente al consumidor y en ecológico. P31 también se incorpora cuando la empresa donde trabajaba iba a cerrar, momento que coincide temporalmente con la jubilación de su padre, por lo que decide dar el paso y tomar el relevo de la explotación:

> Yo estuve los veranos trabajando con él para sacarme un dinero, pero yo no quería para nada dedicarme a la agricultura. Estudié, hice mi bachillerato, hice comercio y *marketing* y empecé a trabajar. Me cogieron en Barcelona y estuve en tres o cuatro empresas diferentes, fui madre y en la última empresa iba a cerrar [...] . Entonces me hicieron una entrevista en la competencia, y era como «ostras, yo no quiero venderme al demonio» y mi padre me dijo: «me tengo que jubilar» [...] y yo pensé «ostras, el proyecto que hemos construido durante toda la vida... yo tendré unas tierras que estarán a mi nombre y serán de mi propiedad, pero las otras las vamos a tener que perder. Total, que lo hablé con mi pareja y me dijo "para delante". Y aquí estoy» (P30. Baix Llobregat).

4.5. LAS MUJERES EN LA EXPLOTACIÓN FAMILIAR

La presencia de las mujeres en los sistemas agroalimentarios es un asunto clave para su sostenibilidad. Como explican López y Ruiz (2021), el género ha incidido históricamente en la explotación agraria en tres aspectos: 1) el organigrama jerárquico de la familia, donde el poder en las decisiones estaba en manos de los varones; 2) en el reparto de las tareas, que subordinaba y clasificaba las posiciones que se ocupaban, y 3) en la disposición de una mano de obra femenina barata y flexible, a veces incluso gratuita, que se entendía como «ayuda familiar». Señalan que los procesos de modernización de la agricultura en los años 60 y la reestructuración del trabajo agrícola y los espacios rurales no supusieron un cambio en las condiciones de las mujeres en el campo. En las transformaciones derivadas del modelo agroindustrial, hacia el trabajo flexible, bajo demanda y barato, el orden sexual tradicional que asociaba a la mujer al trabajo doméstico se ha plasmado en una cultura laboral del sistema agrario que perpetúa en muchos casos esta visión (Chavoya, 2001). De hecho, como apunta Sampedro (1996) cuando la explotación agraria adquiere la condición de empresa, uno de los miembros de la familia asume el papel del «titular de explotación». Lo hace generalmente el hombre de la familia, quien queda a cargo del patrimonio familiar, ahora entendido como medio de producción. El resto de los miembros adquieren la categoría de ayuda familiar, por lo que la mujer pierde así el estatus legal y económico de agricultora. Hasta 2011 no se aprueba la Ley de Titularidad Compartida de las explotaciones agrícolas, la cual permite la gestión compartida de la explotación por ambos miembros de la pareja. Sin embargo, pese a que esta fue una reivindicación histórica de organizaciones de agricultoras, pocas explotaciones han accedido a esta modalidad por diversas razones: requiere la aprobación del marido, implica un coste económico al tener que pagar la Seguridad Social de dos titulares y hay una falta de oficinas agrarias con formación para asistir a mujeres en el trámite (Fernández-Giménez *et al.*, 2021).

Con la modernización de la agricultura y la paulatina desvinculación de la esfera privada de la productiva en la explotación familia, los trabajos de reproducción son relegados a la esfera privada, asociándose a una cuestión femenina y doméstica (Sampedro, 1996). Esto afectó a las mujeres en tanto que su estatus social y profesional pasó a percibirse como una consecuencia de su condición familiar, como esposa o hija de y no de su papel o cualificación laboral (Sampedro, 1996). Partiendo de esta situación, se entiende que la desagrarización de los espacios rurales supuso para las mujeres una mejora de su condición profesional, al permitirles acceder a otros sectores no agrarios como autónomas o asalariadas, profesionalizándose y dejando la categoría «ayuda familiar». Puestos con mayor grado de estabilidad y de reconocimiento legal que los ofrecidos por el sector agrario en la explotación familiar (Sampedro, 1996).

La teoría de los sistemas agroalimentarios feministas analiza la identidad ocupacional de las mujeres agriculturas, las barreras sociales y culturales y las innovaciones que llevan a cabo para una agricultura sostenible (Fernández-Giménez *et al.,* 2021). Propone seis razones para explicar el aumento de la participación de la mujer en la agricultura: i) el impulso de la igualdad de género en la explotación; ii) la afirmación de su identidad como agricultoras; iii) el acceso a recursos para llevar a cabo la actividad (trabajo, tierra y capital); iv) la creación de nuevos sistemas alimentarios; v) la participación activa en organizaciones e instituciones agrícolas, y vi) la creación de redes con otras mujeres agricultoras (Fernández-Giménez *et al.,* 2021).

Como han señalado investigaciones anteriores, con el paso de la explotación familiar a la explotación profesional, los hijos de los agricultores se preparan para heredar la explotación y a las hijas se las dota de estudios como estrategia de ascenso social. Esto dificulta la propia reproducción de las explotaciones familiares al dejar sin esposas a los titulares de las explotaciones, ahora empresas profesionales y modernizadas, pero cada vez más devaluadas en el mercado matrimonial (Camarero *et al.,* 2009). De hecho, Bourdieu (2004) en su obra *El Baile de los solteros* ya identifica el matrimonio como uno de los mecanismos esenciales para la reproducción de la vida rural y cómo los cambios en este aspecto motivaban la soltería entre los agricultores, lo que afectaba al mantenimiento de las explotaciones.

Las mujeres ocupan espacios en todos los lugares de la cadena agroalimentaria, así que sus perfiles son diversos y están atravesados por sus trayectorias vitales. A nivel estadístico, representan una minoría en la parte de la producción agraria. En España, ellas son titulares de la explotación en el 29 % de los casos, en el Bajo Cinca son el 19 % y en el Baix Llobregat el 15 % (INE, 2022). En 2009, el último en que se poseen datos de mano de obra desagregados a nivel comarcal, las mujeres representaban en el Bajo Cinca el 20 % del total de trabajadores fijos asalariados y el 53 % de los trabajadores familiares. En el Baix Llobregat, eran el 7 % y el 56 %, respectivamente (INE, 2012). En este sentido, el Diagnóstico de la Igualdad de Género en el Medio Rural de 2021 llamaba la atención sobre la estructura demográfica crítica que atraviesa muchos municipios, que pone en peligro su sostenibilidad social. Esta situación se agrava con la masculinización, la baja natalidad y el envejecimiento. Las mujeres rurales presentan mayores niveles de formación (Secretaría General del Medio Rural, 2011), un elemento que se ha relacionado con una estrategia de inserción laboral que fuerza la emigración hacia las áreas urbanas (Sampedro, 1991; Wiest, 2016). Sin embargo, como apunta Díaz-Méndez (2010), en los últimos años se ha identificado un cambio hacia una mirada positiva de inserción laboral sin abandonar el medio rural, que no contrapone trabajo y territorio y donde se puede encontrar el éxito personal. Se muestra un crecimiento de la tasa de empleo de las mujeres del 49 % al 51,6 % desde el primer Diagnóstico de la Igualdad de Género en el Medio Rural, realizado en 2011. Aunque se dedican principalmente al sector servicios, la presencia en el sector agrario también aumenta, pasando del 7,8 % en 2011 al 18,8 % de mujeres empleadas en el sector (Secretaría General del Medio Rural, 2011; Dirección General de Desarrollo Rural, Innovación y Formación Agroalimentaria, 2021).Frente a la imagen tradicional del medio rural como un espacio de atraso y aislamiento, se da paso a una reafirmación de la ruralidad como espacios donde las relaciones humanas y con la naturaleza son diferentes (Díaz-Méndez, 2010).

En el Bajo Cinca y en el Baix Llobregat, las mujeres se relacionan con el sector agrario desde diferentes posiciones, algunas formalmente como titulares de explotación o trabajadoras y otras desde un plano informal.

Externas a la explotación agraria

En la mayoría de los casos, la pareja (mujer) del agricultor no llega a vincularse a las tareas de la explotación agraria. En el momento de formación de la pareja, la mujer continúa con su actividad laboral, normalmente en otro sector y el hombre es quien se dedica a la agricultura, que es su profesión. De nuevo, esto es indicativo de los procesos de individualización actuales. Evidencian los cambios hacia modelos de pareja más igualitarios que reflejan los avances sociales hechos para que las mujeres accediesen a la educación superior y al mercado laboral en igualdad de condiciones. Es el caso de la agricultora titular de explotación, su pareja tampoco se vincula a la explotación, sino que continúa con su profesión.

La explotación familiar, por tanto, entendida desde la óptica de pequeña explotación donde la unidad familiar trabaja conjuntamente es anecdótica. Como he explicado con anterioridad, lo que predomina en las pequeñas explotaciones es la figura del agricultor individual que trabaja en solitario, donde la mujer ya no está involucrada en tareas agrícolas, sino que realiza su trayectoria laboral al margen de la explotación. Tal y como apuntaba ya Sampedro (1996), esto puede deberse a las ventajas en términos de autonomía e independencia que las mujeres rurales ganan al emplearse fuera de la explotación tradicional familiar. También, evidencia que, ante la caída de la rentabilidad de las explotaciones, son las mujeres las que abandonan la actividad, quedando el hombre a cargo de la explotación y del único salario generado en ella. En el momento en que la explotación crece y el volumen de negocio permite vivir más de un miembro de eso, como ocurre en las empresas familiares, las mujeres se reincorporan. Lo hacen, como explico en los siguientes apartados, a través de un rol formal asignado.

Como ayuda familiar

En algunos casos, si bien la pareja trabaja fuera de la explotación, asume ciertas tareas para dar apoyo al trabajo del agricultor. De la misma manera que pasa con el trabajo que realizan otros familiares, como el padre jubilado o la madre o las horas de trabajo del propio agricultor, este trabajo no remunerado se utiliza como estrategia de supervivencia para la explotación. Esto sucede en explotaciones de menor tamaño, tanto en el Bajo Cinca como en el Baix Llobregat. Las mujeres (pareja, hermana, madre, etc.) también forman parte de esta fórmula y lo que las diferencia de otros miembros masculinos de la familia es el tipo de trabajo. Mientras ellos dan apoyo en tareas agrícolas propiamente, ellas lo hacen en tareas administrativas o en la comercialización. Esta dualidad en las tareas es, en muchos casos, un reflejo de la división tradicional del reparto de tareas en la agricultura y refuerza el estereotipo de la agricultura donde la centralidad la tienen los hombres (Sampedro, 1996; Saugeres, 2002). Este perfil, al situarse en un plano informal, no queda reflejado en las estadísticas. Su contribución es difícil de medir cuantitativamente porque su trabajo no está relacionado directamente con la producción, ni tiene un reconocimiento de trabajo como tal, sino que es tratado como una ayuda. Son tareas de reproducción, esenciales para el mantenimiento de la explotación (Sampedro, 1996).

Como trabajadoras formales

Por el contrario, están las mujeres que formalmente trabajan en la agricultura, bien como titulares de la explotación o como trabajadoras.

En el caso de las titulares, algunas codirigen con su marido o su hermano, con quien han formado una empresa agrícola. En estos casos, también se da una división de tareas, las mujeres suelen ocupar los puestos de administración y gestión de la comercialización, mientras que los hombres se dedican a la producción y las tareas agrícolas: «Cuando montamos la empresa, vino ella a trabajar conmigo; ella estaba trabajando de administrativa en otro sitio y necesitábamos administrativas y trabajamos entre los dos. Llevamos la empresa entre los dos». (P8. Bajo Cinca). Tienen un perfil cualificado, muchas de ellas han estado trabajando en otros sectores y se han formado en la universidad. Al mismo tiempo, para algunas explotaciones, la incorporación de la pareja (mujer) en el negocio ha permitido ampliar el negocio y supone una estrategia de desarrollo. En el caso del Baix Llobregat, lo hacen en la comercialización, en el Bajo Cinca en la ganadería. En el primero, porque comercializar necesita, sobre todo, dedicación de tiempo, por lo que la mujer se encarga de ello, por ejemplo, va al *mercat de pagès* o está en la tienda. En el segundo, porque la ganadería necesita de una fuerte inversión, que se obtiene de la subvención que recibe la mujer por su inscripción como joven agricultora. Aunque, a veces, no llegue a significar una incorporación real al sector: «Mi mujer es joven agricultora también, tiene también una mercería, pero la granja es de mi mujer. Ella solicitó la subvención de joven agricultora y era un punto viable para hacer la inversión» (P5. Bajo Cinca).

En el caso de las trabajadoras, su condición de mujer se entrelaza con su condición de persona migrante. Existe muy poca presencia femenina en las labores de campo, en la mayoría de las explotaciones son todo hombres, a excepción de alguna trabajadora. En las entrevistas no hablan de preferencia por contratar a los hombres frente a las mujeres, sino que lo relacionan con los patrones de inmigración existentes. En el caso de las personas provenientes del este de Europa, que migran en familia, suelen trabajar tanto los hombres como las mujeres en las explotaciones. En cambio, las personas provenientes de los países africanos suelen ser hombres, que migran solos, por lo que acaban siendo mayoría.

Como jefas de explotación

De los entrevistados, solamente una de ellas era una agricultora titular en solitario. P31 decidió coger la explotación de su padre cuando este se jubiló, pero adoptando una nueva estrategia comercial bajo el paradigma agrosocial (Fernández-Giménez *et al.*, 2021; Góngora *et al.*, 2019; Monllor y Fuller, 2016). Tiene una explotación pequeña, de 5 ha. Su padre vendía la fruta, cerezas y melocotón, en Mercabarna, así que ella decidió empezar a venderlas directamente a través de mercados *de pagès*, la venta directa en la explotación y la venta a otras fruterías cercanas. Tiene una visión crítica y concienciada sobre la situación de la mujer en el medio rural y participa activamente de organizaciones donde se reúnen agricultoras para compartir puntos de vista y reivindicar su presencia. Reconoce que ha sentido que tenía que demostrar su valía, por la existencia aun de ciertos estereotipos. Es un perfil que rompe con la asociación tradicional de agricultor al hombre.

4.6. A MODO DE SÍNTESIS: UN TEJIDO SOCIAL DIVERSO Y PLURAL

Las transformaciones experimentadas en el sistema agroalimentario en el último siglo conllevaron profundos cambios para los espacios rurales y la estructura de las explotaciones agrarias. La inserción de la agricultura en las cadenas de valor globales, junto con su modernización e industrialización, ocasionaron una profunda reestructuración de la organización del sistema agroalimentario, cambiando la composición social de las explotaciones agrarias tradicionales. La agricultura deja de estar dominada por explotaciones familiares, que son sustituidas por explotaciones que adoptan un modelo empresarial, algunas de carácter corporativo, y que se gestionan bajo esa lógica. No obstante, esta dicotomía no es mutuamente excluyente ni se trata de categorías estáticas. No todas las explotaciones familiares crecen o siguen las mismas estrategias de desarrollo, por lo que no se pueden considerar como una entidad homogénea (Martínez Álvarez, 2018; Narotzky, 2016). La agricultura es un sector dinámico, en constante adaptación y cambio, que genera un entramado de explotaciones con perfiles heterogéneos, que conviven, cooperan y evolucionan de diferente manera (Cattaneo *et al.*, 2022), lo que hace que sea difícil definir exhaustivamente conceptos generalizados como «agricultura familiar».

Se observa una fuerte identificación con la categoría de explotación familiar por parte de agricultores al cargo de explotaciones con características muy diferentes entre sí. De la investigación se desprende una definición de agricultura familiar como un atributo de la explotación resultado de su historia y su relación con el territorio, no como una característica intrínseca a un tipo de explotación o resultado de la superposición entre la esfera productiva y la doméstica. Por tanto, agricultura familiar es un elemento identitario que incorporan los agricultores e interpretan de manera diferente según el tipo de trayectoria vital que hayan establecido.

En base a esta aproximación, identifico varios perfiles de explotaciones en ambos casos de estudio. Por un lado, se encuentran las explotaciones que encajan con las definiciones oficiales de agricultura familiar, al estar gestionadas por una persona física y donde el trabajo familiar, principalmente del titular, es el mayoritario. Son explotaciones de pequeño tamaño dentro de su contexto, gestionadas por un agricultor autónomo que contrata a trabajadores asalariados para tareas puntuales y que no cuenta apenas con mano de obra familiar. Tienen un modelo de negocio convencional, en línea con el predominante en cada zona, y comercializan estableciendo acuerdos con cooperativas y centros de distribución. Asimismo, para hacer frente a la volatilidad del mercado, se han identificado diferentes estrategias de adaptación, algunos optan por diversificación hacia la ganadería y otros cultivos extensivos en el Bajo Cinca, y hacia la diversificación de productos y nuevos canales de venta en el Baix Llobregat.

En segundo lugar, la empresa familiar, de tamaño mayor que las anteriores, donde la pareja del titular trabaja también en la explotación y cuenta con trabajadores contratados de manera regular. Se adoptan fórmulas de gestión individualizadoras donde cada miembro es responsable independiente de ciertas tareas dentro de la explotación (Contzen y Forney, 2017). Su origen data de explotaciones familiares que, al crecer en volumen, se constituyeron como empresas y empezaron a comercializar su propio producto. Su volumen no les permite trabajar con la gran distribución o exportar, por lo que se enfocan a los circuitos de venta nacionales: venta a mercados centrales, como Mercabarna y a otros intermediarios.

En tercer lugar, se encuentran las empresas de base multifamiliar, gestionadas normalmente por hermanos herederos de antiguos agricultores que mantuvieron la explotación a través de su modernización e intensificación (Moreno y Lobley, 2014). Son explotaciones con mayor volumen de negocio, que también comercializan y que cuentan con una amplia plantilla de trabajadores asalariados fijos. En el caso del Bajo Cinca, estas explotaciones trabajan con la gran distribución e intermediarios europeos, ya que su capacidad les permite llegar a esos mercados. En el Baix Llobregat, ese fenómeno no se da, al ser de menor tamaño, pero muestran mayor capacidad productiva.

Por último, las explotaciones conformadas por socios sin vínculo familiar. Son explotaciones con un modelo de negocio innovador o divergente en comparación al modelo dominante en cada zona (Morel *et al.*, 2020), tales como producción en ecológico o comercialización orientada a canales cortos. Todo ello se asocia a un paradigma de desarrollo agrosocial (Milone y Ventura, 2019; Monllor, 2011; Van der Ploeg, 2010*a*).

Todos estos perfiles analizados se engloban dentro de la agricultura profesional, siendo agricultores a tiempo completo y con una gestión orientada al mercado. No obstante, presentan diferentes niveles de adopción de las innovaciones productivas y se diferencian en la gestión de explotación y de los procesos agrícolas. Las explotaciones más grandes tienen mayor capacidad de invertir en tecnología e innovaciones, también en términos de sostenibilidad ambiental, lo que las sitúa en una mejor posición competitiva dentro del sistema. Las explotaciones del Bajo Cinca tienen un mayor control sobre la productividad de su explotación, frente a las explotaciones del Baix Llobregat que mantienen rasgos de explotación campesina, en términos de Van der Ploeg (2015).

En ambas zonas de estudio, se identifican perfiles más innovadores y otros más tradicionales (Morel *et al.*, 2020; Stenholm y Hytti, 2014; Vesala y Vesala, 2010) y estos no están relacionados con una forma jurídica o tamaño de la explotación, sino con los perfiles de los actores que están liderando estas transformaciones, así como con las oportunidades que brinda el contexto. En el caso del Bajo Cinca, la tendencia ha ido a la concentración de producción a través de fórmulas de integración vertical, siendo las empresas comercializadoras las que se han expandido hacia la parte de producción y quienes se sitúan en una posición más ventajosa competitivamente en el modelo agroindustrial predominante. En el Baix Llobregat, las empresas tradicionales no han podido competir con el producto que llega de otras zonas con mejoras condiciones productivas lo que generó un declive de la actividad agrícola en la zona. En este contexto, las explotaciones que deciden optar por modelos de distribución alternativos logran posicionarse mejor en el mercado. Surgen iniciativas agrícolas de menor escala, enfocadas a mercados de cercanía y con estrategias de desarrollo basadas en la diversificación, que no buscan competir con las grandes empresas, sino establecer sus propios canales alternativos de venta.

Emergen en los discursos otros elementos sociales y culturales, de carácter no económico, que explican también las acciones que toman los agricultores sobre su explotación. Por un lado, aparece la importancia de la autonomía y la sensación de libertad que aporta el trabajo agrícola sobre otros tipos de trabajo. Por otro, destaca la importancia de la conciliación familiar y la esfera personal en la gestión del trabajo. El agricultor acepta que la agricultura es un trabajo sacrificado, pero ya no lo valora positivamente, como era propio de la mentalidad tradicional (Alonso *et al.,* 1991), sino que va a buscar un equilibrio en de cara a la conciliación con otras esferas de su vida. Se evidencia así la profesionalización de la agricultura como una opción laboral, no de vida.

Junto con la desfamiliarización de la agricultura, el trabajo agrario pasa a depender de trabajadores asalariados y no de los miembros de la familia, una tendencia que se observa clara en ambos casos de estudio, sobre todo en el Bajo Cinca con el modelo agroindustrial. En ambos modelos, los trabajadores migrantes cubren los puestos más precarios, con una amplia movilidad que afecta al funcionamiento de la explotación, especialmente de las explotaciones pequeñas pero basadas en economías de escala. Se evidencia en la investigación la tendencia a un aumento cada vez mayor del peso de estos colectivos en la agricultura, también reflejo de los cambios en la estructura socioeconómica y laboral de la sociedad española actual. Queda por ver cómo se integrarán a largo plazo en la estructura productiva estos nuevos trabajadores y si el peso que ahora tienen como trabajadores se traslada al ámbito de la gestión. Sería interesante analizar en el futuro si el relevo en el trabajo agrícola también posibilita la sucesión de explotaciones y, por tanto, favorece la continuidad y estudiar los mecanismos que pueden fomentarlo.

El aumento de la complejidad en las formas de comercialización y la rapidez de las transacciones se traslada a la esfera productiva en forma de flexibilidad, lo que implica un aumento de la inseguridad para los trabajadores (p. ej., contratos cortos para cubrir picos de producción o desplazamiento entre enclaves productivos para asegurar la oferta de mano de obra.). Además, como muchos de estos trabajadores desarrollan su vida entre su país de origen y el Bajo Cinca, habitando ambos espacios, se favorece la creación redes de conocimiento e intercambio entre lugares (Ródenas, 2016). En el Baix Llobregat, las personas migrantes alternan la agricultura con diferentes empleos poco cualificados del área metropolitana de Barcelona. Se observan de manera minoritaria otras fórmulas para responder a los picos de actividad en explotaciones de poco tamaño como fórmulas de ayuda mutua (trabajo de vecinos, familia, etc.) o de colectivos como jubilados y estudiantes, sobre todo en aquellas de pequeño tamaño con volúmenes bajos de producción. El trabajo asalariado que predomina en ambos casos es poco remunerado, implica duras condiciones de trabajo físicas y poco crecimiento personal pero no dista de las condiciones que tiene el propio agricultor, sobre todo en las explotaciones de menor tamaño.

El relevo generacional es señalado como una de las principales preocupaciones en ambos casos de estudio. La continuidad de la explotación se asocia a su viabilidad y a la capacidad de poder satisfacer las expectativas vitales del sucesor, ofreciendo unas condiciones de trabajo que puedan competir con las ofertas en otros sectores y sea coherente con sus valores. La vía de incorporación clásica, que corresponde a aquellos agricultores de mayor edad y que asumieron la continuidad de la explotación por imperativo familiar, pierde importancia en un contexto marcado por relaciones familiares basadas en el diálogo. Se muestra una mayor valoración de las libertades personales dentro de la familia, con una socialización centrada en el apoyo y la comunicación, así como la consolidación de los procesos de individualización (Barbeta, 2023; Chiswell, 2018; Rodríguez y Menéndez, 2003). Se impone la vía reflexiva por la que los agricultores, hijos e hijas de familias agrícolas, deciden continuar la explotación tras un periodo de reflexión sobre qué opción les es más conveniente a nivel personal. En un contexto donde las trayectorias vitales actuales ya no son lineales, sino que están marcadas por la incertidumbre (Du Bois-Reymond y López, 2004), aparece la importancia del ciclo de vida de los sucesores como un elemento más para tener en cuenta en el proceso de relevo de las explotaciones. De hecho, como señala Monllor (2011) en su tesis doctoral, las nuevas incorporaciones al sector no son solo jóvenes, sino que aumenta el perfil de adulto que suele empezar en la agricultura bajo el paradigma agrosocial.

Por último, en cuanto a la presencia de las mujeres, aunque sigue siendo minoritaria, destaca la diversidad de posiciones que ocupa en ambos sistemas agrarios. La mujer aparece dando apoyo al trabajo en la explotación, encargándose de tareas administrativas o de comercialización. También formalmente al frente de las explotaciones, compartiendo la titularidad en las empresas familiares o multifamiliares, o como trabajadoras. Se asume un reparto individualizado de las tareas y un reconocimiento formal de ellas, con una remuneración asignada. Destaca en estos casos que no desempeñan su labor en la parte productiva, sino en la administrativa o de comercialización. Hay poca presencia de trabajadoras asalariadas temporales, ya que como explica Ródenas (2019), la temporalidad no favorece la presencia de mujeres en el sector agrario. Las mujeres trabajadoras se encuentran principalmente en las empresas de comercialización, un trabajo altamente feminizado (Moraes *et al.*, 2012; Ródenas, 2019) y en los puntos de venta propios. En aquellas empresas o explotaciones multifamiliares cuya gestión está compartida por dos hermanos (hombre y mujer), de carácter intensivo, la parte agraria la lidera el hombre y la administración la mujer. En este sentido, el crecimiento de las explotaciones familiares hacia empresas agrícolas ha creado nichos de trabajo que favorecen la inserción de un perfil de mujer, joven y formada. Esto puede encajar con las demandas del cambio en las expectativas laborales señalado por Díaz-Méndez (2010), pasando de la emigración hacia zonas urbanas a la inserción laboral en el medio rural.

Capítulo 5
Entendiendo la sostenibilidad social

La complejidad de los fenómenos sociales, así como su naturaleza subjetiva y relacional, suponen un reto para la sostenibilidad social del sistema agroalimentario. Este libro contribuye a definir y operativizar el concepto de *sostenibilidad social* a través del análisis comparativo de dos sistemas agrarios. Para ello, se han identificado los mecanismos, organizaciones, relaciones y procesos sociales que posibilitan el funcionamiento de la agricultura y que contribuyen de un modo u otro a su sostenibilidad social.

Los factores sociales aparecen como elementos decisivos para entender la evolución del sector agroalimentario. A la vez, el contexto social y las decisiones de los agricultores no solo se ven influidos por el cambio tecnológico y económico, sino que son desencadenantes de nuevas prácticas que explican la agricultura en las zonas de estudio. La sostenibilidad social, por tanto, se interpreta desde una perspectiva sociológica en tanto que solo tiene sentido cuando atendemos a las relaciones entre individuos y organizaciones que la conforman y los procesos sociales que las explican.

La comercialización del producto y la estructura social de la explotación se han identificado como las dos dimensiones sociales clave que determinan la sostenibilidad social en ambos casos de estudio. La forma que adoptan dentro del sistema agrario será decisiva para su consecución. Por un lado, la estructura de la cadena de valor se revela como elemento diferenciador de las explotaciones donde se identifican tres tipos de cadenas de valor que generan diferentes relaciones entre los miembros del sistema: 1) la comercialización a través de la gran distribución y el comercio exterior); 2) la venta a mercados centrales que venden a tiendas minoristas, y 3) la distribución por canal de proximidad o venta directa al consumidor. Por otro lado, la estructura social de la explotación emerge como el segundo elemento central que influye en la sostenibilidad social de los sistemas agrarios. El grado de profesionalización del titular, la composición de agricultura familiar, el aumento de los trabajadores asalariados y el rol de las mujeres son elementos determinantes que explican el mantenimiento de las explotaciones. Cada uno de estos escenarios conlleva el establecimiento de relaciones sociales de diferente tipo (p. ej., familiares, comerciales) que garantizan la sostenibilidad del sistema, ya que explican el desarrollo de aspectos clave para el bienestar de los agricultores, las personas trabajadoras y de la comunidad local como son las condiciones laborales, la participación o la equidad.

En la comercialización, el precio o la calidad del producto son el resultado del tipo de relación que se establece entre compradores y vendedores en las cadenas de valor. El precio percibido por los agricultores es resultado de las negociaciones que se dan de manera individualizada entre agricultores y compradores (central frutícola, asentadores de mercados, etc.). Se trata de un proceso opaco, donde intervienen las expectativas de venta, el tipo de producto y el poder de negociación de las partes, que es limitado en el caso de los pequeños agricultores. La calidad emerge como un valor presente en explotaciones muy diferentes pero que es definida de manera diferente según el modelo productivo y su cadena de valor asociada: como un atributo medible y mercantilizado (canal 1), como una cualidad que da valor (canal 2) o como una característica de la explotación de proximidad y enraizada en el territorio (canal 3).

Asimismo, en la transacción comercial aparecen elementos informales que están presentes en todo tipo de explotaciones, independientemente de su tamaño u orientación. Son de carácter no económico, como la confianza, el compromiso y la lealtad que se establece entre el comprador y el vendedor. Cuando alguno de esos elementos sociales constitutivos de las relaciones comerciales se modifica, el modelo se ve afectado y es más proclive al cambio. Las relaciones interpersonales se revelan decisivas para el funcionamiento del sistema, por lo que reforzar la cooperación y los vínculos igualitarios contribuirá al buen desarrollo de las explotaciones y el sistema, aumentado así su sostenibilidad social.

El tipo de trabajo familiar, el volumen de producción y la estrategia de comercialización son las variables que contribuyen a caracterizar los cuatro perfiles de explotación familiar identificados: el agricultor individual/ autónomo, la empresa familiar, la empresa multifamiliar y la empresa de socios sin tradición agraria según el tipo de trabajo familiar (titular, pareja, parentesco extenso). Los lazos familiares se muestran como un vínculo determinante no solo en las explotaciones pequeñas, como comúnmente se señala en estudios sobre nuevas explotaciones campesinas (Van der Ploeg, 2015) sino también, en línea con Moreno y Lobley (2014), en las explotaciones de mayor tamaño donde son determinantes para posibilitar la estrategia de modernización e intensificación.

El concepto de *agricultura familiar* se vislumbra como una categoría analítica amplia, que hace referencia al origen de la explotación pero que incluye divergencias y rupturas con el modelo de explotación agraria tradicional. Aparece como argumento identitario por parte de los agricultores de todo tipo de explotaciones agrarias para legitimar su posición en la sociedad y su actividad en el territorio. La agricultura familiar es profesional y, contraria a la visión de la agricultura como sacrificio (Alonso *et al.*, 1991; Barbeta, 2023), tendiendo a pensarse el trabajo agrícola en los mismos términos que otros trabajos. En este sentido, la esfera familiar y la productiva se desvinculan y aparecen nuevos elementos culturales que marcan la gestión de la explotación: la conciliación familiar, la calidad de vida, la autonomía y la sensación de libertad. Por lo que la agricultura se vuelve una ocupación viable de futuro cuando puede competir con el resto de las oportunidades vitales que tienen las personas. No solo en términos económicos, sino en su capacidad de ofrecer un modo de vida que cumpla con las necesidades personales en lo que compete a la capacidad de desarrollar un proyecto de vida acorde con las preferencias individuales, el tipo relaciones sociales, estatus profesional o la posibilidad de conciliación familiar.

El trabajo muestra una concepción de la agricultura familiar abierta, individualizadora y reflexiva, donde queda patente la voluntad de los miembros de escribir sus propias biografías, lo que choca con una concepción de la agricultura familiar asociada a valores concretos, como la estructura tradicional de la familia formada por el hombre y la mujer junto a los descendientes. Esto evidencia la existencia de categorías identitarias que son compartidas por explotaciones con características muy diversas, por lo que es necesario considerar la heterogeneidad existente en la agricultura en la elaboración de políticas de apoyo al sector, que tengan en cuenta la diversidad de objetivos y trayectorias vitales existentes.

La consolidación de la profesionalización de la figura del agricultor adquiere diferentes significados y grados de profundidad dependiendo del tipo de explotación en la que trabaja y el sistema agrario en que desarrolle su actividad. La profesionalización se entiende en términos de orientación al mercado, control de los procesos de producción e introducción de innovaciones (productivas y de gestión humana). Las innovaciones que aportan los perfiles de agricultores denominados disruptivos (Morel *et al.*, 2020) generan tensiones con las formas de hacer existentes, pudiendo desencadenar rechazo y aislamiento de esos agentes. Este aspecto es particularmente importante a la hora de construir sistemas agroalimentarios sostenibles ya que puede ser una barrera en la adopción y expansión de nuevas prácticas en sistemas agrarios muy homogéneos. Por ende, resulta de vital importancia facilitar redes de colaboración y apoyo entre agricultores que busquen abrir espacios de posibilidad para el cambio a modelos productivos más ecológicamente sostenibles.

De hecho, la investigación muestra la disyuntiva entre las estrategias individuales de venta en explotaciones de pequeño tamaño y las estrategias de venta colectivas que agrupan la producción para llegar a mercados más alejados. En las primeras el agricultor gestiona su producto a cambio de depender de un mercado de proximidad que acarrea mayor carga de trabajo, mientras que las segundas permiten a los agricultores tener superficies de cultivo más grandes y mayor producción, a cambio de perder la capacidad de decisión sobre su propio producto y supeditar su margen de acción a las decisiones de otros actores.

Por último, la incertidumbre emerge como un elemento central en la gestión de la explotación y el desarrollo de los sistemas agrarios, evidenciando que la sostenibilidad social no solo depende de las decisiones internas del sector, sino que se ve afectada por el contexto social, económico y político. El sector agrario opera bajo unas condiciones de estabilidad (p. ej., acuerdos comerciales, precios de las materias primas, logística, etc.) que al modificarse condicionan su funcionamiento. La amenaza de los eventos externos no son solo las consecuencias económicas inmediatas, sino el incremento del riesgo y la sensación de incertidumbre en la actividad agraria. Ante ello, las explotaciones desarrollan diferentes estrategias para mantener su actividad (p. ej., cambio de cultivos, nuevos canales de distribución, diversificar hacia la ganadería o implantar nuevas prácticas de manejo de cultivos) que, al implicar cambios en la estructura productiva, producen unos efectos sociales no contabilizados. Sin embargo, estos impactos también son detonantes para el cambio de prácticas y abren una ventana de oportunidad para la adopción de prácticas sostenibles.

De esta manear, las políticas públicas para promover la sostenibilidad social no deberían enfocarse en un único modelo productivo o tipo de explotación específica, sino considerar la diversidad de perfiles y respaldar distintas estrategias de desarrollo según las preferencias de los agricultores. Su adopción y aceptación por parte de los agricultores exige una comprensión profunda de las prácticas agrícolas diarias y de los elementos (sociales, económicos, culturales) que consideran importante. De lo contrario, las medidas de impulso de la sostenibilidad podrían percibirse como una imposición, generando rechazo y aprensión. Asimismo, contrario a la visión que presenta la agricultura como un conjunto de modelos antagónicos, este trabajo revela una rica diversidad de matices intermedios. A través de prácticas híbridas y objetivos compartidos, se identifican valores comunes entre agricultores que, a primera vista, parecían muy distintos. Estos puntos en común constituyen un terreno fértil para impulsar una transición agroecológica en el sector.

5.1. BAIX LLOBREGAT Y BAJO CINCA: DOS CARAS DE UNA MISMA MONEDA

El Baix Llobregat y el Bajo Cinca representan dos sistemas agrarios contrastados con características propias y diferentes estrategias de desarrollo, pero con peculiaridades propias derivadas del sistema agroalimentario global. A grandes rasgos, muestran la tendencia a una polarización del sistema agroalimentario entre explotaciones grandes, corporativas, regidas por el modelo agroindustrial y explotaciones pequeñas, diversificadas, enfocadas al mercado de proximidad o nacional. Sin embargo, en la investigación queda patente la heterogeneidad en la composición de esos sistemas agrarios y, a la vez, sus interrelaciones. Diferentes tipos de explotaciones coexisten en la misma área y se benefician unas de otras, creando sistemas híbridos en términos de comercialización que aumentan su complejidad (Cattaneo *et al.*, 2022; Lamine, 2015). La presencia de distintos canales responde a los intereses, personalidad y habilidades de los agricultores. Tanto las oportunidades como las amenazas a las que se enfrentan para la transición sostenible son diferentes en ambos casos, evidenciando la importancia de la contextualización de las medidas para responder a los retos particulares de cada lugar.

En el Bajo Cinca, su apertura al mercado exterior, a través de formas de la comercialización vertical con la central frutícola, permite el arraigo del sistema agroindustrial haciendo a las explotaciones mucho más vulnerables ante eventos externos y los riesgos del mercado. Además, este modelo genera unas demandas de trabajo barato y flexible poco compatibles con sistemas agrarios sostenibles socialmente y basados en un uso intensivo de recursos naturales para garantizar la productividad. Los agricultores operan en un contexto diseñado para reproducir el sistema sociotécnico dominante basado en la agricultura intensiva de regadío (Morel *et al.*, 2020) y donde, pese a los signos de desgaste que muestra el sistema (aumento de incertidumbres y amenazas, bajada de precios, riesgos del mercado, etc.), no hay un cuestionamiento del modelo, porque la intensificación es vista como la única vía para continuar con la explotación. Como apuntan Plumecocq *et al.* (2018), el modelo agroindustrial mantiene la legitimidad entre los agricultores, a través de la idea de progreso y la eficiencia productiva, lo que unido a la falta de referentes sobre alternativas viables dificulta la transición sostenible. La atadura que genera la deuda contraída por la inversión en nuevas tecnologías de producción y la ampliación de infraestructuras a la que se ven abocados los agricultores para mantenerse en el sistema garantiza la reproducción del modelo. Las centrales frutícolas se consolidan como agentes clave de este sistema, al controlar la producción, participar de la negociación con los siguientes actores de la cadena (intermediarios, gran distribución, asentadores de mercados, etc.). Son más propensas a adoptar las nuevas innovaciones tecnológicas (semillas, maquinaria), de comercialización (controles de calidad, nuevos mercados) y de gestión humana que les permite ganar competitividad.

En el Baix Llobregat, la limitación de la estrategia de crecimiento (p. ej., la competencia con otros usos del suelo o la adopción de innovaciones tecnológicas), sobre todo en el caso de las explotaciones frutícolas, el apoyo institucional a la creación de mercados de venta directa y las nuevas demandas sociales en materia de alimentación por parte de la sociedad urbana han potenciado la reorientación hacia los mercados de proximidad (Jarosz, 2008). Se trata de un sistema agrario mucho más heterogéneo y diverso que el del Bajo Cinca, donde coexisten explotaciones grandes orientadas a Mercabarna, con explotaciones de pequeño tamaño, hortícolas, enfocadas a la venta directa como primera opción y con una estructura más cercana a la agricultura familiar y no tanto corporativa. Se observa una tendencia a la reestructuración de las explotaciones hacia la diversificación de cultivos y la orientación al cultivo hortícola. Se encuentran dos perfiles de agricultores, los de carácter más profesional y aquellos que se enmarcan en el nuevo paradigma de desarrollo rural basado en los principios agrosociales (Monllor, 2013; Van der Ploeg, 2010a). La elección de estos canales también está condicionada por la capacidad de diversificar producción, estar presente en los mercados y abastecer la demanda de un sector de la población con un poder adquisitivo mayor. Sin embargo, todas las explotaciones combinan canales de venta y eso les permite una mejor gestión del producto y la venta de parte de su producción a un precio más elevado, mejorando así su viabilidad económica.

Las explotaciones del Baix Llobregat se ven afectadas por la gran presión demográfica de las poblaciones del Área Metropolitana de Barcelona enfrentándose problemáticas específicas como son la gestión de la fauna silvestre, la coexistencia con la agricultura de ocio o la especulación urbanística.

5.2. EN DEFENSA DE LA SOSTENIBILIDAD SOCIAL: UNA DIMENSIÓN EN SÍ MISMA

El concepto de *sostenibilidad social* que se desprende de esta investigación se entiende como la capacidad de los sistemas agrícolas para garantizar las condiciones de vida y de futuro tanto de las personas agricultoras al frente de las explotaciones como de los distintos actores que se ven directa o indirectamente afectados por ellas: personas trabajadoras, comunidades rurales locales y la sociedad en general, en su doble condición de consumidores finales y de copropietarios de los recursos naturales comunes.

No se trata de un concepto estático, sino que se compone de múltiples dimensiones interrelacionadas: las preferencias personales, el valor de la autonomía, los elementos identitarios y culturales, la carga de trabajo y su gestión, así como las relaciones comunitarias y comerciales. Todos estos factores interactúan entre sí y configuran las trayectorias de desarrollo que adoptan los distintos modelos agrícolas.

Desde una perspectiva sociológica, emerge como un concepto dinámico que se reconfigura constantemente como resultado de la agencia de los actores del sistema y las relaciones que establece con su entorno, reforzando la idea de sostenibilidad social como un concepto multinivel y relacional (Janker *et al.*, 2019). Asimismo, es un concepto medible cuando se delimita a una entidad concreta y se establecen las condiciones específicas. Sin embargo, los sistemas agrarios son entidades heterogéneas compuestas por actores con diversos valores, intereses y capacidad de acción. Por ello, la medición de la sostenibilidad social pone de manifiesto las tensiones y contradicciones internas de los sistemas agroalimentarios y que es determinante para entender su trayectoria. El libro señala la necesidad de construir métricas que consideren las interacciones entre los diferentes aspectos sociales que configuran la estructura social y del tipo de comercialización de la agricultura para entender cuáles son los procesos que contribuyen positivamente a la sostenibilidad y al bienestar social.

La sostenibilidad social resulta del diálogo entre el mantenimiento de aquellos elementos de los sistemas agrarios que son positivos para los diferentes agentes sociales, en tanto que generan bienestar, calidad de vida y aseguran una mejor gestión de los recursos, y la creación de nuevas formas organizativas que corrijan aspectos negativos que suponen fuentes de malestar o conflicto. Conlleva mantener las formas colaborativas entre agricultores, la producción a pequeña escala utilizando prácticas agrarias con menor impacto en el medio ambiente (Guth *et al.*, 2022) y las cosmovisiones sobre la relación entre naturaleza y la alimentación, así como la fuerte vinculación con el lugar que contribuye a la cohesión y al reconocimiento social de la labor agraria en la comunidad local a la vez que dinamiza el territorio.

Se pone de manifiesto la importancia de la innovación social para incrementar el bienestar y, con ello, la sostenibilidad social del sistema agroalimentario. Esta innovación desde la dimensión social implica combatir situaciones como la precarización y vulnerabilidad de los trabajadores temporeros (Molinero-Gerbeau y Muñoz Rico, 2022), la disminución de la viabilidad de la agricultura familiar de pequeña escala, la falta de relevo generacional (Davidova y Kenneth, 2014), carga mental y estrés (Hammersley *et al.*, 2023) y la escasa participación de la mujer (Ball, 2020). Todo ello son consecuencias negativas de la implantación del modelo de agricultura industrial durante la segunda mitad del siglo XX que, si bien fue potenciado por políticas públicas concretas, también es el fruto de la agencia de los agricultores que optaron por esta estrategia para sobrevivir y mantenerse en la actividad. Esto conduce al segundo nivel de actuación que tiene que ver con corregir los aspectos sociales de la agricultura tradicional que no aseguran una calidad de vida suficiente frente a otras opciones laborales y de vida. Se trata especialmente de la carga de trabajo físico y el sacrificio de la agricultura, la necesidad de una dedicación elevada que impide el disfrute del tiempo libre (ocio y conciliación familiar), la movilidad social de los hijos e hijas de agricultores, la red de relaciones del agricultor en la comunidad local o la falta de reconocimiento del trabajo de la mujer. Ante ello, se propone la puesta en marcha de alternativas como la organización de la explotación que no se base en la institución de la familia para una mejor coordinación y reparto de trabajo, la asociación y cooperación entre agricultores, la formalización de los puestos y las tareas dentro de la explotación o la adaptación de horarios para la conciliación. Se deben entender estas necesidades de bienestar como objetivos prioritarios para la prosperidad de la explotación y las zonas rurales, de la misma forma que se asume que para la sostenibilidad ambiental y económica hay que incorporar nuevas tecnologías e innovaciones para mejorar la gestión eficiente de los recursos. Esto contribuirá a pensar la sostenibilidad social como una esfera en sí misma sobre la que se puede actuar y no como un efecto secundario de los cambios en el ámbito productivo.

A diferencia de la literatura previa donde la autonomía es entendida como la dependencia de las explotaciones familiares del mercado (Narotzky, 2016; Van der Ploeg, 2010*b*), en este trabajo emerge como una categoría asociada a la identidad del agricultor y no a la explotación. Describe el sentimiento de poder tomar decisiones sobre su propio trabajo de acuerdo con sus convicciones y valores como dueño de su propio negocio. Bajo este prisma, las limitaciones de ciertas prácticas y los controles impuestos para lograr la sostenibilidad son interpretados por algunos agricultores como imposiciones y amenazas, máxime cuando implican una pérdida de productividad y obligan a modificar la forma en la que son agricultores, pasando a ser comercializadores y alejándose del trabajo del campo. Este trabajo evidencia una distancia significativa entre el discurso teórico de la sostenibilidad (ambiental y social) enfocado a la transición agroecológica y cómo es percibido por los agricultores, sobre todo, por parte de aquellos que producen en el modelo agroindustrial dominante. Por ello, las medidas para el cambio de modelo deben enfocarse en atender a esos riesgos percibidos, partiendo de las necesidades existentes del sector y contando con sus preferencias para poder construir colectivamente un sistema agrario sostenible.

En ese sentido, hay que tener en cuenta que la sostenibilidad de las explotaciones se asienta en el balance entre los aspectos económicos y sociales. Las medidas para potenciar la sostenibilidad social deben orientarse hacia asegurar medios de vida estables y decentes en la agricultura. Esto implica reducir la dependencia del precio de mercado para garantizar la viabilidad de las explotaciones y orientar la producción agraria a la provisión de alimentos sostenibles y nutritivos (Horton *et al.*, 2017). Si bien la venta directa contribuye a ello, el acortamiento de la distancia entre el consumidor y el productor no debe ser un fin en sí mismo o la única solución a ello ya que plantea otras vicisitudes para los agricultores en relación con su trabajo. Tener la opción de hacer venta directa puede ser una alternativa para las explotaciones para mantenerse sin necesidad de crecer y así asegurar la viabilidad de quienes no pueden hacerlo, pero no puede ser la única medida que se plantee a explotaciones de tamaño medio para hacer una transición sostenible. Muchas no van a poder o querer decrecer en superficie, por lo que hay que pensar en cómo se puede transitar hacia sistemas agrarios sostenibles en sistemas compuestos por explotaciones con niveles de producción superiores a la demanda de los circuitos locales.

La sostenibilidad económica se muestra necesaria pero no suficiente para la sostenibilidad social. Del mismo modo que la dimensión económica y la ambiental puede estar en conflicto (Horton *et al.*, 2017; Janker *et al.*, 2019), ya que el aumento de la productividad requiere de mayor uso de recursos naturales (Infante-Amate *et al.*, 2014), la dimensión económica puede no generar un impacto positivo en la social, sobre todo cuando se considera la eficiencia productiva. La incorporación de innovaciones tecnológicas propias de las tendencias a la digitalización y la agricultura inteligente (Agricultura 4.0, Smart Farming) incrementan la productividad y la sostenibilidad en la explotación (Bock *et al.*, 2020; Smart AKIS, 2016), pero su adopción implica una fuerte inversión que no siempre es posible por parte de las pequeñas y medianas explotaciones. Esta barrera las sitúa en una posición de desventaja y puede contribuir, a medio y largo plazo, al abandono de la actividad agraria por parte de los agricultores. Aparece aquí la cuestión del carácter privado y lucrativo de estas innovaciones (p. ej., *royalties* de las últimas variedades de semillas de frutas) que suponen una barrera para las pequeñas explotaciones e incrementan la competitividad de las grandes. El acceso a estos paquetes tecnológicos de carácter privado acrecienta la concentración de poder del sistema agroindustrial y supone una fuente de desigualdad, afectando a la soberanía alimentaria y a la diversidad de cultivos (Ajates, 2022). También tiene consecuencias a nivel comunitario, ya que un sistema agroindustrial altamente eficiente como en el Bajo Cinca que genera grandes beneficios en términos totales, pero no garantiza el relevo generacional o unos puestos de trabajo decentes, difícilmente va a ejercer un papel de dinamizador del territorio (Monllor, 2011).

Por el contrario, los sistemas agrícolas en ecológico suponen una dedicación de tiempo mayor, que puede favorecer la incorporación de personas al sector y el asentamiento en el medio rural (Oteros-Rozas *et al.*, 2023). La producción en ecológico requiere la transformación de la gestión basada en combustibles fósiles a una gestión intensiva en conocimientos que necesita de perfiles con una cualificación alta en competencias ecológicas (Morales *et al.*, 2019; Oteros-Rozas *et al.*, 2023). Sin embargo, estos sobrecostes pueden suponer un hándicap para el cambio de modelo.

En último lugar, la sostenibilidad social de la agricultura se construye de forma relacional con el resto de los fenómenos sociales actuales. El sistema agrario evoluciona atravesado por las dinámicas sociales, políticas y económicas propias de cada momento histórico: su estructura laboral, los cambios demográficos, los valores culturales en torno a las trayectorias vitales, la familia o el trabajo. Por ello, su sostenibilidad solo va a ser posible si se tienen en cuenta esos cambios sociales y se apoya la mejora de aspectos cruciales para la vida de los agricultores y trabajadores del sistema agrario como son sus condiciones de trabajo y de vida en el medio rural.

5.3. EL CAMINO POR SEGUIR

El trabajo muestra la heterogeneidad en la composición de los sistemas agrarios y contribuye a avanzar en el estudio de su sostenibilidad social. En este libro se ha puesto de manifiesto la importancia de estudiar la agencia de los agricultores para entender las transformaciones del sistema agrario. El sistema agroindustrial ha sido ampliamente estudiado por sus buenos resultados en términos económicos y por sus impactos ecológicos, mientras que la dimensión social ha quedado tradicionalmente relegada. Debido a los impactos ambientales, los agricultores que trabajan bajo el modelo convencional dominante son percibidos negativamente por la sociedad, recibiendo su trabajo escaso reconocimiento y excluyéndolos como agentes válidos para las transiciones sostenibles. En este sentido, se muestra la importancia de incluir los puntos de vista de los actores para identificar las potencialidades y las limitaciones de cada sistema agrario. Queda patente la diversidad de estrategias de desarrollo, según los valores, preferencias y posibilidades de cada agricultor, donde el contexto social limita o potencia el cambio hacia un modelo u otro. Con relación a ello, se necesita seguir avanzando en el conocimiento de los flujos monetarios que genera el modelo agroindustrial y la asignación desigual de beneficios. El modelo crece a través de la inversión en tecnología e infraestructuras que beneficia a un entramado de actores que no está presente en el territorio (sector financiero, industria agroalimentaria, etc.), a costa del endeudamiento del agricultor y de los impactos ambientales que repercuten a toda la sociedad. Estos intereses latentes pueden suponer barreras para la implantación de medidas que promuevan otros modelos agroalimentarios sostenibles.

Por ello, se hace necesaria la creación de mecanismos institucionales que doten de seguridad y viabilidad a los agricultores para el cambio hacia prácticas más sostenibles medioambientalmente. Aquí se abre todo un campo por explorar de políticas alimentarias de carácter social enfocadas no solo a corregir las malas praxis en la comercialización de productos agroalimentarios (p. ej., *BOE*, 2021), sino también a mejorar la vida de los agricultores a la vez que se construye un sistema agrario en armonía con los límites biofísicos. En este sentido, están emergiendo ideas interesantes a explorar en el futuro para su aplicación práctica. Por ejemplo, el proyecto de la Seguridad Social de la Alimentación que surge desde los movimientos sociales franceses para dotar a la ciudadanía con una cantidad mensual de dinero para la adquisición de alimentos que se hayan fijado colectivamente en base a ciertos criterios (proximidad, agroecología, etc.) (Chiron y Dopazo, 2021). También se comienzan a plantear como la Renta Básica Agraria para garantizar ingresos mínimos a los pequeños y medianos agricultores y potenciar así el cambio de modelo (Argüelles, 2020). Desde una posición más economicista encontramos medidas como el pago por servicios ecosistémicos a aquellos agricultores que aplican prácticas beneficiosas con el medio ambiente (Tacconi, 2011). Desde diferentes perspectivas estas iniciativas van en la línea de pensar la alimentación y el medio ambiente como un bien común que debe gestionarse colectivamente.

Agradecimientos

Este libro deriva de mi tesis doctoral realizada en el departamento de Sociología de la Universitat de Barcelona y que recibió el apoyo de Ministerio de Ciencia, Innovación y Universidades mediante una Ayuda a la Formación de Profesorado Universitario (FPU19/01976).

Quiero agradecer a todas las personas que han participado en esta investigación, en especial a los agricultores del Bajo Cinca y del Baix Llobregat. Gracias por vuestra predisposición a colaborar, a compartir vuestro tiempo y experiencias y por enseñarme la realidad cotidiana de la agricultura.

Bibliografía

Achón, O. (2010). *Contratación en origen e institución total. Estudio sobre el sistema de alojamiento de trabajadores agrícolas extranjeros en el Segriá (Lleida)*. [Tesis doctoral, Universitat de Barcelona].

Adolph, B., y Grieg-Gran, M. (2013). Agriculture and food systems for a sustainable future: an integrated approach. *Briefing. International Institute for Environment and Development (IIED)*.

Agencias (25 de marzo de 2021). La UPC y Valenveras ponen en marcha el primer Cannabis hub de Europa. *La Vanguardia*. <https://www.lavanguardia.com/vida/20210325/6607634/upc-valenveras-ponen-marcha-primer-cannabis-hub-europa.html>.

Agroinformación (2020). *El veto ruso se prolonga otro año y pasa de ser una sanción a ser una medida proteccionista que costará al sector 142 millones anuales*. <https://agroinformacion.com/el-veto-ruso-se-prolonga-otro-ano-y-pasa-de-ser-una-sancion-a-ser-una-medida-proteccionista-que-costara-al-sector-espanol-142-millones-anuales/>.

Ajates, R. (2020). An integrated conceptual framework for the study of agricultural cooperatives: from repolitisation to cooperative sustainability. *Journal of Rural Studies, 78* (September 2017), 467-479. <https://doi.org/10.1016/j.jrurstud.2020.06.019>.

Ajates, R. (2022). From land enclosures to lab enclosures: digital sequence information, cultivated biodiversity and the movement for open-source seed systems. *Journal of Peasant Studies*. <https://doi.org/10.1080/03066150.2022.2121648>.

Ajuntament de Barcelona (n. d.). *Ubicacions i horaris dels Mercats de pagès a la ciutat*. Recuperado el día 22 de octubre de 2022 <https://ajuntament.barcelona.cat/lafabricadelsol/ca/noticia/ubicacions-i-horaris-dels-mercats-de-pages-a-la-ciutat_1051780>.

Allen, P. (2008). Mining for justice in the food system: Perceptions, practices, and possibilities. *Agriculture and Human Values, 25*(2), 157-161. <https://doi.org/10.1007/s10460-008-9120-6>.

Alonso, L. E, Arribas, J. M., y Ortí, A. (1991). Evolución y perspectivas de la agricultura familiar: de «propietarios muy pobres» a agricultores empresarios. *Política y Sociedad, 8*, 35-69. <http://dialnet.unirioja.es/servlet/articulo?codigo=154331 yorden=1yinfo=link>.

Altieri, M. A. (1999). *Agroecologia: Bases científicas para una agricultura sustentable*. Nordan-Comunidad.

Álvarez, P. y Montoriol, J. (3 de octubre de 2022). El sector agrario español y su dependencia de los mercados de materias primas agrícolas internacionales. *CaixaBank Research*. <https://www.caixabankresearch.com/es/analisis-sectorial/agroalimentario/sector-agrario-espanol-y-su-dependencia-mercados-materias-primas?212>.

Álvarez-Coque, J. M. G. (2022). La agricultura familiar es clave para una alianza transformadora. En *Agricultura y Ganadería familiar en España. Anuario 2022*, 54-58.

Argüelles, L. (17 de junio 2020). ¿Y si aprovechamos para discutir sobre la renta básica agraria? *El Diario*. <https://www.eldiario.es/ultima-llamada/aprovechamos-discutir-renta-basica-agraria_132_6021695.html>.

Arnalte, E., Ortiz, D., y Moreno, O. (2008). Cambio estructural en la agricultura española. Un nuevo modelo de ajuste en el inicio del siglo XXI. *Papeles de Economía Española, 117*, 59-73.

Arnalte, E., Moreno, O, y Ortiz, D. (2013). La dimensión del proceso de ajuste estructural en la agricultura española. En *La sostenibilidad de la agricultura española* (Issue February, 117-154).

Ayuntamiento de Fraga (n. d.). *Mercofraga: Qué es Mercofraga*. <http://www.fraga.org/fraga-tematico/agricultura/mercofraga/que-es-mercofraga>.

Ball, J. A. (2020). Women farmers in developed countries: a literature review. *Agriculture and Human Values, 37*(1), 147-160. <https://doi.org/10.1007/S10460-019-09978-3/METRICS>.

Barbeta, M. (2023). El campo semántico del relevo generacional en el sector ganadero de leche: obstáculos y facilitadores. *RECERCA. Revista de Pensament i Anàlisi*. <https://doi.org/10.6035/recerca.6336>.

Barceló, L. V. (1987). La modernización de la agricultura española y el bienestar social. *ICE, 652*.

Barnaud, C., y Couix, N. (2020). The multifunctionality of mountain farming: Social constructions and local negotiations behind an apparent consensus. *Journal of Rural Studies, 73* (octubre 2019), 34-45. <https://doi.org/10.1016/j.jrurstud.2019.11.012>.

Blackstone, N, T., Norris, C, B., Robbins, T, Jackson, B, y Decker Sparks, J. L. (2021). Risk of forced labour embedded in the US fruit and vegetable supply. *Nature Food, 2*(9), 692-699. <https://doi.org/10.1038/s43016-021-00339-0>.

Bock, A-K, Krzysztofowicz, M, Rudkin, J., Winthagen, V., y European Commission. Joint Research Centre (2020). *Farmers of the future: Vol. EUR 30464 EN* (Joint Research Centre, Ed.). Publications Office of the European Union. <https://doi.org/10.2760/680650>.

Boda, C. S. (2021). Values, science, and competing paradigms in sustainability research: furthering the conversation. *Sustainability Science, 16*(6), 2157-2161. <https://doi.org/10.1007/s11625-021-01025-7>.

Boogaard, B. K., Oosting, S. J., Bock, B.B., y Wiskerke, H. S. C. (2011). The sociocultural sustainability of livestock farming: An inquiry into social perceptions of dairy farming. *Animal, 5*(9), 1458-1466. <https://doi.org/10.1017/S1751731111000371>.

Bosch, A., Carrasco, C., y Grau, E. (2005). Verde que te quiero violeta. Encuentros y desencuentros entre feminismo y ecologismo. *La Historia Cuenta*, 321-346. <http://www.mundubat.org/archivos/201303/verde-que-te-quiero-violeta_anna-bosch-et-al.pdf>.

Boström, M. (2012). A missing pillar? Challenges in theorizing and practicing social sustainability: Introduction to the special issue. *Sustainability: Science, Practice, and Policy*, *8*(1), 3-14. <https://doi.org/10.1080/15487733.2012.11908080>.

Bourdieu, P. (2004). *El baile de los solteros*. Editorial Anagrama.

Bourdieu, P. (2008). [1980]. *El sentido práctico*. Siglo XXI de España Editores.

Bronson, K., Knezevic, I., y Clement, C. (2019). The Canadian family farm, in literature and in practice. *Journal of Rural Studies*, *66*(2018), 104-111. <https://doi.org/10.1016/j.jrurstud.2019.01.003>.

Bryant, L. (1999). The detraditionalization of occupational identities in farming in South Australia. *Sociologia Ruralis*, *39*(2), 236-261. <https://doi.org/10.1111/1467-9523.00104>.

Bünger, A., y Schiller, D. (2022). Identification and characterization of potential change agents among agri-food producers: regime, niche and hybrid actors. *Sustainability Science*. <https://doi.org/10.1007/s11625-022-01184-1>.

Burton, R. J. F. (2004). Seeing through the «good farmers» eyes: Towards developing an understanding of the social symbolic value of «productivist» behaviour. *Sociologia Ruralis*, *44*(2), 195-215. <https://doi.org/10.1111/j.1467-9523.2004.00270.x>.

Burton, R. J. F., y Fischer, H. (2015). The succession crisis in European agriculture. *Sociologia Ruralis*, *55*(2), 155-166. <https://doi.org/10.1111/soru.12080>.

Callau, S., Montasell, J., y Roca, A. (2022). *Alimentem Barcelona. Guia pràctica per impulsar estratègies alimentàries locals*. <https://www.diba.cat/documents/553295/379248258/Guia+Alimentem+Barcelona.pdf/3286afd5-4d48-fead-2346-246285a21307?t=1668080316164>.

Camarero, L. (2017a). Territorios encadenados, tránsitos migratorios y ruralidades adaptativas. *Mundo Agrario*, *18*(37), 044. <https://doi.org/10.24215/15155994e044>.

Camarero, L. (2017b). Trabajadores del campo y familias de la tierra. Instantáneas de la desagrarización. *Ager*, *2017*(23), 163-195. <https://doi.org/10.4422/ager.2017.01>.

Camarero, L., Cruz, F., González, M., del Pino, J. A., Oliva, J., y Sampedro, R. (2009). *La población rural de España. De los desequilibrios a la sostenibilidad social* (Fundación La Caixa, Colección).

Camarero, L., y Oliva, J. (2019). Thinking in rural gap: mobility and social inequalities. *Palgrave Communications*, *5*(1), 1-7. <https://doi.org/10.1057/s41599-019-0306-x>.

Campbell, B. M., Beare, D. J., Bennett, E. M., Hall-Spencer, J. M., Ingram, J. S. I., Jaramillo, F., Ortiz, R., Ramankutty, N, Sayer, J. A., y Shindell, D. (2017). Agriculture production as a major driver of the Earth system exceeding planetary boundaries. *Ecology and Society*, *22*(4), 8. <https://doi.org/10.5751/ES-09595-220408>.

Cáritas Diocesana de Barbastro-Monzón (2018). *Atención a temporeros en infravivienda en comarcas del Cinca Medio y Bajo/Baix Cinca*. <https://www.caritasbarbastromonzon.es/wp-content/uploads/2018/05/Memoria-temporeros-2017.pdf>.

Carnicero, L. (20 de junio de 2020). Sanidad clausura una empresa de fruta en Zaidín por un brote de Covid-19. *El Periódico de Aragón*. <https://www.elperiodicodearagon.com/aragon/2020/06/20/sanidad-clausura-empresa-fruta-zaidin-46524390.html>.

Caron, P., Ferrero y de Loma-Osorio, G., Nabarro, D., Hainzelin, E., Guillou, M., Andersen, I., Arnold, T., Astralaga, M., Beukeboom, M., Bickersteth, S., Bwalya, M., Caballero, P., Campbell, B, M., Divine, N., Fan, S., Frick, M., Friis, A., Gallagher, M., Halkin, J P., ... y Verburg, G. (2018). Food systems for sustainable development: proposals for a profound four-part transformation. *Agronomy for Sustainable Development, 38*(4). <https://doi.org/10.1007/s13593-018-0519-1>.

Carpintero, O., y Naredo, J. M. (2006). Sobre la evolución de los balances energéticos de la agricultura española, 1950-2000. *Historia Agraria, 40*, 531-554.

Carrasco, C. (2009). Mujeres, sostenibilidad y deuda social. *Revista de Educación*, 169-191.

Cattaneo, C. A., y Bocchicchio, A. M. (2019). Dinámica sociorganizacional: En el sistema agroalimentario. *Revista Mexicana de Sociologia, 81*(4), 7-35. <https://doi.org/10.22201/iis.01882503p.2019.1.57825>.

Cattaneo, C. A., Bocchicchio, A. M., y Candelino, E. (2022). Heterogeneización agroalimentaria y sustentabilidad: complejidades manifiestas para una interpretación en clave organizacional. *Revista Internacional de Organizaciones, 28*, 63-83.

Cazcarro, I., Duarte, R., Sánchez, J., y Sarasa, C. (2020). Water and production reallocation in the Spanish agri-food system. *Economic Systems Research, 32*(2), 278-299. <https://doi.org/10.1080/09535314.2019.1693982>.

Chambers, R, y Gordon R. C. (1991). *Sustainable rural livelihoods: practical concepts for the 21st century* (IDS Discussion Paper). Institute of Development Studies.

Chavoya, M. L. (2001). Organización del trabajo y culturas académicas. *Revista Mexicana de Investigación Educativa, 06*(11), 79-93.

Chayanov, A. V. (1974). [1925]. *La organización de la unidad económica campesina*. Ediciones Nueva Visión.

Cheshire, L., y Woods, M. (2013). Globally engaged farmers as transnational actors: Navigating the landscape of agri-food globalization. *Geoforum, 44*, 232-242. <https://doi.org/10.1016/j.geoforum.2012.09.003>.

Chever, T., Gonçalvez, A. y Lepeule, C. - AND International (2022). *Research for AGRI Committee – Farm certification schemes for sustainable agriculture, state of play and overview in the EU and in key global producing countries, concepts and methods*. <https://www.europarl.europa.eu/thinktank/en/document/IPOL_STU(2022)699633>.

Chiron, S. y Dopazo, P. (2021). El proyecto de Seguridad Social de la Alimentación en Francia. *Revista Soberanía Alimentaria, Biodiversidad y Culturas, 40*. <https://www.soberaniaalimentaria.info/numeros-publicados/76-numero-40/859-el-futuro-de-la-alimentacion-es-la-democracia>.

Chiswell, H. M. (2018). From Generation to Generation: Changing Dimensions of Intergenerational Farm Transfer. *Sociologia Ruralis, 58*(1), 104-125. <https://doi.org/10.1111/soru.12138>.

Clar, E., Martín-Retortillo, M., y Pinilla, V. (2015). *Agricultura y desarrollo económico en España 1870-2000.* Sociedad Española de Historia Agraria - Documento de Trabajo <https://repositori.uji.es/xmlui/bitstream/handle/10234/131149/DT-SEHA_1503.pdf?sequence=1yisAllowed=y>.

Clar, E., Martín-Retortillo, M., y Pinilla, V. (2018). The Spanish path of agrarian change, 1950-2005: From authoritarian to export-oriented productivism. *Journal of Agrarian Change, 18*(2), 324-347. <https://doi.org/10.1111/joac.12220>.

Clar, E., y Pinilla, V. (2009). *Del atraso a la modernización: la evolución de la producción agraria en Aragón, 1936-1986* (52; 09). Fundación Economía Aragonesa FUNDEAR. Documento de trabajo 52/2009. <https://www.aragon.es/documents/20127/674325/Documento_trabajo_52.pdf/cbc9b675-151e-a98b-6563-af54e029921c >.

Colantonio, A. (2009). Social sustainability: a review and critique of traditional versus emerging themes and assessment methods. *Sue-Mot Conference 2009: Second International Conference on Whole Life Urban Sustainability and Its Assessment*, 865-885. <http://eprints.lse.ac.uk/35867/>.

Coldwell, I (2007). New farming masculinities: «More than just shit-kickers», were «switched-on» farmers wanting to «balance lifestyle, sustainability and coin.» *Journal of Sociology, 43*(1), 87-103. <https://doi.org/10.1177/144078330 7073936>.

Collantes, F. (2007). La desagrarización de la sociedad rural española, 1950-1991. *Historia Agraria, 42*(Agosto), 251-276.

Comisión Europea (n. d.). *La política agrícola común en pocas palabras. La PAC en pocas palabras.* Recuperado el 29 de abril de 2023, desde <https://agriculture.ec.europa.eu/common-agricultural-policy/cap-overview/cap-glance_es#documentos>.

Comisión Europea (2017). *Reglamento delegado (UE) 2017/891 de la comisión de 13 de marzo 2017 por el que se completa a el Reglamento (UE) n.º 1308/2013 del Parlamento Europeo y del Consejo en lo que respecta a los sectores de las frutas y hortalizas y de las frutas y hortalizas.*

Comisión Europea (2021). *Commission Staff working document. Executive summary of the evaluation of the impact of the CAP on generational renewal, local development and jobs in rural areas.* <https://op.europa.eu/es/publication-detail/-/publication/c4974441-9877-11eb-b85c-01aa75ed71a1/language-en>.

Comité Económico y Social Europeo (2005). *Dictamen sobre la agricultura periurbana (2005/C 74/12).* Recuperado de <https://eur-lex.europa.eu/legal-content/ES/TXT/HTML/?uri=CELEX:52005AE0740>.

Consell Comarcal del Baix Llobregat (n. d.). *Mercat de Pagès.* Recuperado el 7 de septiembre de 2024, de <https://www.elbaixllobregat.cat/parctorreblanca/mercatdepages>.

Consorci de Turisme del Baix Llobregat (n. d.). *Mercats de Pagès.* Recuperado el 7 de septiembre de 2024, de <https://www.turismebaixllobregat.com/ca/mercats-pages>.

Contzen, S., y Forney, J. (2017). Family farming and gendered division of labour on the move: a typology of farming-family configurations. *Agriculture and Human Values, 34*(1), 27-40. <https://doi.org/10.1007/s10460-016-9687-2>.

Coq-Huelva, D., Sanz-Cañada, J., y Sánchez-Escobar, F. (2017). Values, conventions, innovation and sociopolitical struggles in a local food system: Conflict between organic and conventional farmers in Sierra de Segura. *Journal of Rural Studies, 55*, 112-121. <https://doi.org/10.1016/j.jrurstud.2017.08.002>.

Darnhofer, I. (2020). Farming from a Process-Relational Perspective: Making Openings for Change Visible. *Sociologia Ruralis, 60*(2), 505-528. <https://doi.org/10.1111/soru.12294>.

Darnhofer, I. (2022). Researching the Management of Family Farms: Promote Planning or Bolster Bricolage? En M. Larcher y E. Schmid (Eds.), *Alpine Landgesellschaften zwischen Urbanisierung und Globalisierung*, 229-242. Springer Fachmedien. <https://doi.org/10.1007/978-3-658-36562-2>.

Darnhofer, I., Gibbon, D., y Dedieu, B. (2012). Farming Systems Research: an approach to inquiry. En Darnhofer I, D. Gibbon y B. Dedieu (Eds.), *Farming Systems Research into the 21st Century: The New Dynamic*, 1-490). Springer. <https://doi.org/10.1007/978-94-007-4503-2>.

Davidova, S., y Kenneth, T. (2014). *Family Farming in Europe: Challenges and prospects*. European Parliament. <https://www.europarl.europa.eu/RegData/etudes/note/join/2014/529047/IPOL-AGRI_NT(2014)529047_EN.pdf>.

Davidson, M. (2009). Social sustainability: A potential for politics? *Local Environment, 14*(7), 607-619. <https://doi.org/10.1080/13549830903089291>.

De Castro, C., Gadea, E., y Reigada, A. (2021a). La construcción social de la calidad. El caso del sector agroalimentario. *Revista Española de Estudios Agrosociales y Pesqueros, 30*(1), 19. <https://doi.org/10.22325/fes/res>.

De Castro, C., Gadea, E., y Sánchez, M. Á. (2021b). Estandarizadores. La nueva burocracia privada que controla la calidad y la seguridad alimentaria en las cadenas globales agrícolas. *Revista Española de Sociología, 30*(1). <https://doi.org/10.22325/FES/RES.2021.16>.

De Fine Licht, K., y Folland, A. (2019). Defining «social sustainability»: Towards a sustainable solution to the conceptual confusion. *Etikk i Praksis, 13*(2), 21-39. <https://doi.org/10.5324/eip.v13i2.2913>.

De Molina, M. G., Soto, D., Infante-Amate, J., Aguilera, E., Vila, J., y Guzmán, G. I. (2017). Decoupling food from land: The evolution of Spanish agriculture from 1960 to 2010. *Sustainability, 9*(12), 1-18. <https://doi.org/10.3390/su9122348>.

De Molina, M. G., Soto, D., Guzmán, G., Infante-Amate, J., Aguilera, E., Vila, J., y García, R. (2008). *The Social Metabolism of Spanish Agriculture 1900-2008. The Mediterranean way towards industrialization* (M. Agnoletti, Ed.; Environment). Springer Open. <https://doi.org/https://doi.org/10.1007/978-3-030-20900-1>.

De Roest, K., Ferrari, P., y Knickel, K. (2018). Specialisation and economies of scale or diversification and economies of scope? Assessing different agricultural development pathways. *Journal of Rural Studies, 59*, 222-231. <https://doi.org/10.1016/j.jrurstud.2017.04.013>.

Delgado, M., Reigada, A., Soler, M., y Pérez, D. (2015). Medio rural y globalización. Plataformas agroexportadoras de frutas y hortalizas: los campos de Almería. *Papeles de Relaciones Ecosociales y Cambio Global*, *131*, 35-48.

Departament d'Acció. Climàtica, Alimentació i Agenda Rural (n. d.). *Què son les ADV?* <https://agricultura.gencat.cat/ca/ambits/agricultura/dar_sanitat_vegetal_nou/dar_adv/dar_adv_que_son/>.

Dirección General de Desarrollo Rural, Innovación y Formación Agroalimentaria (2021). *Diagnóstico de la Igualdad de Género en el Medio Rural 2021*. Ministerio de Agricultura, Pesca y Alimentación. <https://www.juntadeandalucia.es/export/drupaljda/diagnostico_igualdad_genero_medio_rural.pdf>.

Díaz-Méndez, C. (2010). ¿Hay un lugar para las mujeres jóvenes en el medio rural? Sus estrategias de inserción social y laboral en el medio rural español. *Revista Estudios Agrarios*, 47-70.

Dinis, I. (2020). The concept of Family Farming in the Portuguese Political Discourse. *Social Science*, 61-87. <https://doi.org/10.4324/9780203094693-9>.

Dixon, J. A., y Fallon, L. A. (1989). The concept of sustainability: Origins, extensions, and usefulness for policy. *Society and Natural Resources*, *2*(1), 73-84. <https://doi.org/10.1080/08941928909380675>.

Doernberg, A., Zasada, I., Bruszewska, K., Skoczowski, B., y Piorr, A. (2016). Potentials and limitations of regional organic food supply: A qualitative analysis of two food chain types in the Berlin Metropolitan Region.pdf. *Sustainability*, *8*, 1125. <https://doi.org/doi:10.3390/su8111125>.

Domene, E., y Saurí, D. (2007). Urbanization and class-produced natures: Vegetable gardens in the Barcelona Metropolitan Region. *Geoforum*, *38*(2), 287-298. <https://doi.org/10.1016/j.geoforum.2006.03.004>.

Du Bois-Reymond, M., y López Blasco, A. (2004). Transiciones tipo yo-yo y trayectorias fallidas: hacia las políticas integradas de transición para los jóvenes europeos. *Estudios de Juventud*, 65.

Duvernoy, I., Zambon, I., Sateriano, A., y Salvati, L. (2018). Pictures from the other side of the fringe: Urban growth and peri-urban agriculture in a post-industrial city (Toulouse, France). *Journal of Rural Studies*, *57*(November 2017), 25-35. <https://doi.org/10.1016/j.jrurstud.2017.10.007>.

Eizenberg, E., y Jabareen, Y. (2017). Social sustainability: A new conceptual framework. *Sustainability*, *9*(1). <https://doi.org/10.3390/su9010068>.

Entrena-Durán, F. (1998). Cambios en la construcción social de lo rural. *Papers*, *56*, 281-286.

Ericksen, P. J. (2008a). Conceptualizing food systems for global environmental change research. *Global Environmental Change*, *18*(1), 234-245. <https://doi.org/10.1016/j.gloenvcha.2007.09.002>.

Ericksen, P. J. (2008b). What is the vulnerability of a food system to global environmental change? *Ecology and Society*, *13*(2). <https://doi.org/10.5751/ES-02475-130214>.

Espigoladors (n. d.). *Luchamos por el aprovechamiento alimentario*. <https://espigoladors.cat/nosotros/>.

Etxezarreta, M. (1994). Trabajo y agricultura: los cambios del sistema de trabajo en una agricultura en transformación. *Agricultura y Sociedad*, *72*, 121-166.

Etxezarreta, M. (2006). *La agricultura española en la era de la globalización*. Ministerio de Agricultura, Pesca y Alimentación.

EUROSTAT (2022a). *Agriculture statistics - family farming in the EU.* <https://ec.europa.eu/eurostat/statistics-explained/index.php?title=Agriculture_statistics_-_family_farming_in_the_EU#Structural_profile_of_farms_-_analysis_of_EU_Member_States>.

EUROSTAT (2022b). *Farms and farmland in the European Union - statistics.* <https://ec.europa.eu/eurostat/statistics-explained/index.php?title=Farms_and_farmland_in_the_European_Union_-_statistics#The_evolution_of_farms_and_farmland_between_2005_and_2020>.

Evenson, R. E., y Gollin, D. (2003). Assessing the Impact of the Green Revolution, 1960 to 2000. *Science, 300.* <http://apps.fao.org/page/collections?subsetagriculture>.

Faccioni, G., Sturaro, E., Ramanzin, M., y Bernués, A. (2019). Socio-economic valuation of abandonment and intensification of Alpine agroecosystems and associated ecosystem services. *Land Use Policy, 81*(January 2018), 453-462. <https://doi.org/10.1016/j.landusepol.2018.10.044>.

FAO. Organización de las Naciones Unidas para la Alimentación y la Agricultura (1996). *Enseñanzas de la revolución verde: hacia una nueva revolución verde.* Documentos Técnicos de Referencia. Cumbre Mundial sobre la Alimentación. Roma.

Fernández-Giménez, M. E., Oteros-Rozas, E., y Ravera, F. (2021). Spanish women pastoralists pathways into livestock management: Motivations, challenges and learning. *Journal of Rural Studies, 87,* 1–11. <https://doi.org/10.1016/J.JRURSTUD.2021.08.019>.

Fischer, H., y Burton, R. J. F. (2014). Understanding Farm Succession as Socially Constructed Endogenous Cycles. *Sociologia Ruralis, 54*(4), 417-438. <https://doi.org/10.1111/soru.12055>.

Fleury, P., Lev, L., Brives, H., Chazoule, C., y Désolé, M. (2016). Developing mid-tier supply chains (France) and values-based food supply chains (USA): A comparison of motivations, achievements, barriers and limitations. *Agriculture (Switzerland), 6*(3), 1-13. <https://doi.org/10.3390/agriculture6030036>.

Friedmann, H. (2016). Commentary: Food regime analysis and agrarian questions: widening the conversation. *Journal of Peasant Studies, 43*(3), 671-692. <https://doi.org/10.1080/03066150.2016.1146254>.

Fuller, A. M., Xu, S., Sutherland, L. A., y Escher, F. (2021). Land to the tiller: The sustainability of family farms. *Sustainability (Switzerland), 13*(20). <https://doi.org/10.3390/su132011452>.

Fundació Banc dels Aliments (n. d.). *Programa de frutas y hortalizas de retirada de mercado (SERMA).* <https://www.bancdelsaliments.org/es/programas/programa-de-frutas-y-hortalizas-de-retirada-de-mercado-serma/_programa:8/>.

Gaitán-Cremaschi, D., Klerkx, L., Duncan, J., Trienekens, J. H., Huenchuleo, C., Dogliotti, S., Contesse, M. E., y Rossing, W. A. H. (2019). Characterizing diversity of food systems in view of sustainability transitions. A review. *Agronomy for Sustainable Development, 39*(1). <https://doi.org/10.1007/s13593-018-0550-2>.

García-Martín, M., Torralba, M., Quintas-Soriano, C., Kahl, J., y Plieninger, T. (2021). Linking food systems and landscape sustainability in the Mediterranean region. *Landscape Ecology*, *36*(8), 2259-2275. <https://doi.org/10.1007/s10980-020-01168-5>.

Gobierno de Aragón (n. d. a). *Agrupaciones de tratamientos integrados en agricultura (ATRIAs)*. <https://www.aragon.es/-/agrupaciones-tratamientos-integrados-agricultura-atrias>.

Gonçalves, J., Gomes, M. C., Ezequiel, S., Moreira, F., y Loupa-Ramos, I. (2017). Differentiating peri-urban areas: A transdisciplinary approach towards a typology. *Land Use Policy*, *63*, 331-341. <https://doi.org/10.1016/j.landusepol.2017.01.041>.

Góngora, R. D., Milán, M., y López-i-Gelats, F. (2020). Strategies and drivers determining the incorporation of young farmers into the livestock sector. *Journal of Rural Studies*, *78*(July 2019), 131-148. <https://doi.org/10.1016/j.jrurstud.2020.06.028>.

Góngora, R., Milán, M. J., y López-i-Gelats, F. (2019). Pathways of incorporation of young farmers into livestock farming. *Land Use Policy*, *85*(November 2018), 183-194. <https://doi.org/10.1016/j.landusepol.2019.03.052>.

González De Molina, M., y Caporal, F. R. (2013). Agroecología y política. ¿Cómo conseguir la sustentabilidad? Sobre la necesidad de una agroecología política. *Agroecología*, *8*, 35-43. <http://www.fao.org/es/esa/es/pubs_sofa.htm>.

González, J. A., Garreta, J., y Llevot, N. (2021). Trabajadores temporeros inmigrantes en el campo de Lleida (España): perfiles y situaciones sociolaborales. *AGER: Revista de Estudios sobre Despoblación y Desarrollo Rural (Journal of Depopulation and Rural Development Studies)*, *30*, 7-42. <https://doi.org/10.4422/ager.2021.02>.

González-Leonardo, M., y López-Gay, A. (2021). Del éxodo rural al éxodo interurbano de titulados universitarios: la segunda oleada de despoblación. *AGER: Revista de Estudios sobre Despoblación y Desarrollo Rural (Journal of Depopulation and Rural Development Studies)*, *30*, 7-42. <https://doi.org/10.4422/ager.2021.01>.

Guarín, A., Rivera, M., Pinto-Correia, T., Guiomar, N., Šūmane, S., y Moreno-Pérez, O. M. (2020). A new typology of small farms in Europe. *Global Food Security*, *26*. <https://doi.org/10.1016/J.GFS.2020.100389>.

Guth, M., Stępień, S., Smędzik-Ambroży, K., y Matuszczak, A. (2022). Is small beautiful? Techinical efficiency and environmental sustainability of small-scale family farms under the conditions of agricultural policy support. *Journal of Rural Studies*, *89*, 235-247. <https://doi.org/10.1016/j.jrurstud.2021.11.026>.

Hammersley, C., Meredith, D., Richardson, N., Carroll, P., y McNamara, J. (2023). Mental health, societal expectations and changes to the governance of farming: Reshaping what it means to be a 'man' and 'good farmer' in rural Ireland. *Sociologia Ruralis*, *63*(S1), 57-81. <https://doi.org/10.1111/soru.12411>.

Hebinck, P. (2018). De-/re-agrarianisation: Global perspectives. *Journal of Rural Studies*, *61*(Mayo), 227-235. <https://doi.org/10.1016/j.jrurstud.2018.04.010>.

Henke, R., Benos, T., De Filippis, F., Giua, M., Pierangeli, F., y Pupo D'Andrea, M. R. (2017). The New Common Agricultural Policy: How do Member States Respond to Flexibility? *Journal of Common Market Studies*, *56*(2), 403-419. <https://doi.org/10.1111/jcms.12607>.

Hennon, C. B., y Hildenbrand, B. (2005). Modernising to Remain Traditional: Farm Families Maintaining a valued lifestyle. *Journal of Comparative Family Studies, 36*(3), 505-520.

Hilmi, A., y Burbi, S. (2016). Peasant farming, a refuge in times of crises. *Development (Basingstoke), 59*(3-4), 229-236. <https://doi.org/10.1057/s41301-017-0109-6>.

Hironaka, A. (2014). The Origins of the Global Environmental Regime. En *Greening the globe: World society and environmental change*, pp. 24-47. Cambridge University Press.

HLPE. High Level Panel of Experts on Food Security and Nutrition (2013). *Investing in smallholder agriculture for food security. A report by the High Level Panel of Experts on Food Security and Nutrition of the Committee on World Food Security.* Recuperado de <https://www.fao.org/family-farming/detail/en/c/273868/>.

Hoang, N. T., Taherzadeh, O., Ohashi, H., Yonekura, Y., Nishijima, S., Yamabe, M., Matsui, T., Matsuda, H., Moran, D., y Kanemoto, K. (2023). Mapping potential conflicts between global agriculture and terrestrial conservation. *Proceedings of the National Academy of Sciences of the United States of America, 120*(23). <https://doi.org/10.1073/pnas.2208376120>.

Hobson, K., y Lynch, N. (2018). Ecological modernization, techno-politics and social life cycle assessment: a view from human geography. *International Journal of Life Cycle Assessment, 23*(3), 456-463. <https://doi.org/10.1007/s11367-015-1005-5>.

Horton, P., Banwart, S. A., Brockington, D., Brown, G. W., Bruce, R., Cameron, D., Holdsworth, M., Lenny Koh, S. C., Ton, J., y Jackson, P. (2017). An agenda for integrated system-wide interdisciplinary agri-food research. *Food Security, 9*(2), 195-210. <https://doi.org/10.1007/s12571-017-0648-4>.

Hu, R., y Gill, N. (2020). The family farming culture of dairy farmers: A case-study of the Illawarra Region, New South Wales. *Sociologia Ruralis, 61*(2), 398-421. <https://doi.org/10.1111/soru.12329>.

Hubert, C. (2018). Capital/Labour separation in French agriculture: The end of family farming? *Land Use Policy, 77*(June), 553-558. <https://doi.org/10.1016/j.landusepol.2018.05.062>.

Hueso, J. J., y Cuevas, J. (2014). *La fruticultura del siglo XXI* (Serie Agri). Cajamar Caja Rural.

Institut d'Estadística de Catalunya (IDESCAT) (2011). *Població ocupada. Per branques d'activitat. Comarques, àmbits i províncies.* <https://www.idescat.cat/indicadors/?id=aecyn=15290ylang=es>.

Infante-Amate, J., Aguilera, E., y González De Molina, M. (2014). *La gran transformación del sector agroalimentario español. Un análisis desde la perspectiva energética (1960-2010). DT-SEHA 14-13.* Documentos de Trabajo de la Sociedad Española de Historia Agraria.

Instituto Aragonés de Estadística (IAEST) (2014). *Anuario Estadístico Agrario de Aragón.* <https://www.aragon.es/-/anuario-estadistico-agrario>.

Instituto Aragonés de Estadística (IAEST) (2020). *Ficha de Datos Territoriales. Comarca Bajo Cinca.*

Instituto Nacional de Estadística (INE) (2002). *Censo Agrario. 1999.*

Instituto Nacional de Estadística (INE) (2012). *Censo agrario 2009.* <https://www.ine.es/dyngs/INEbase/es/operacion.htm?c=Estadistica_Cycid=125473617 6851ymenu=ultiDatosyidp=1254735727106>.

Instituto Nacional de Estadística (INE) (2022). *Censo Agrario 2020.* <https://www.ine.es/dyngs/INEbase/es/operacion.htm?c=Estadistica_Cycid=1254736176851y-menu=resultadosyidp=1254735727106#!tabs-1254736195761>.

Instituto Nacional de Estadística (INE) (2023). *Ocupados por sexo y rama de actividad. Valores absolutos y porcentajes respecto del total de cada sexo.* <https://www.ine.es/jaxiT3/Tabla.htm?t=4128yL=0>.

IPCC - Intergovernmental Panel on Climate Change (2022). *Climate Change 2022. Impacts, Adaptation and Vulnerability. Summary for Policymakers.*

Janker, J., y Mann, S. (2018). Understanding the social dimension of sustainability in agriculture: a critical review of sustainability assessment tools. *Environment, Development and Sustainability, 0123456789.* <https://doi.org/10.1007/s10668-018-0282-0>.

Janker, J., Mann, S., y Rist, S. (2018). What is sustainable agriculture? Critical analysis of the international political discourse. *Sustainability (Switzerland), 10*(12). <https://doi.org/10.3390/su10124707>.

Janker, J., Mann, S., y Rist, S. (2019). Social sustainability in agriculture – A system-based framework. *Journal of Rural Studies, 65*(June 2018), 32-42. <https://doi.org/10.1016/j.jrurstud.2018.12.010>.

Janker, J., Vesala, H. T., y Vesala, K. M. (2021). Exploring the link between farmers entrepreneurial identities and work wellbeing. *Journal of Rural Studies, 83* (March 2020), 117-126. <https://doi.org/10.1016/j.jrurstud.2021.02.014>.

Jarosz, L. (2008). The city in the country: Growing alternative food networks in Metropolitan areas. *Journal of Rural Studies, 24,* 231-244. <https://doi.org/10.1016/j.jrurstud.2007.10.002>.

Kalantaryan, S., Scipioni, M., Natale, F., y Alessandrini, A. (2021). Immigration and integration in rural areas and the agricultural sector: An EU perspective. *Journal of Rural Studies, 88*(Abril), 462-472. <https://doi.org/10.1016/j.jrurstud.2021.04.017>.

King, R., Lulle, A., y Melossi, E. (2021). New perspectives on the agriculture–migration nexus. *Journal of Rural Studies, 85*(Mayo), 52-58. <https://doi.org/10.1016/j.jrurstud.2021.05.004>.

Köbrich, C., Rehman, T., y Khan, M. (2003). Typification of farming systems for constructing representative farm models: two illustrations of the application of multi-variate analyses in Chile and Pakistan. *Agricultural Systems, 76,* 141-157.

Koopmans, M. E., Rogge, E., Mettepenningen, E., Knickel, K., y Šūmane, S. (2018). The role of multi-actor governance in aligning farm modernization and sustainable rural development. *Journal of Rural Studies, 59,* 252-262. <https://doi.org/10.1016/j.jrurstud.2017.03.012>.

Kugelberg, S., Bartolini, F., Kanter, D., Milford, AB., Pira, K., Sanz-Cobena, A., y Leip, A. (2021). Implications of a food system approach for policy-agenda setting design. *Global Food Security, 28,* 100451. <https://doi.org/10.1016/j.gfs.2020.100451>.

Lambin, E. F., y Meyfroidt, P. (2011). Global land use change, economic globaliza-tion, and the looming land scarcity. *Proceedings of the National Academy of Sciences of the United States of America, 108*(9), 3465-3472. <https://doi.org/10.1073/pnas.1100480108>.

Lamine, C. (2015). Sustainability and resilience in agrifood systems: Reconnecting agriculture, food and the environment. *Sociologia Ruralis, 55*(1), 41-61. <https://doi.org/10.1111/soru.12061>.

Langreo, A. (2012). La estrategia de la Gran Distribución y su incidencia en la cadena de producción. *Cuadernos de Estudios Agroalimentarios, Noviembre*, 29-46.

Langreo, A., Moyano, E., Ruiz-maya, L., y Pedraza, J. A. (2017). Innovaciones jurí-dicas y de gestión en las explotaciones agrarias Una aproximación al mode-lo de «agricultura de empresa». *Fundación de Estudios Rurales ANUARIO 2017*, 138-154.

Lasanta, T. (2009). Cambios de función en los regadíos de la cuenca del Ebro: Un análisis del papel de los regadíos a lo largo del tiempo. *Boletín de la A.G.E. 50*, 81-110. <https://bage.age-geografia.es/ojs/index.php/bage/article/view/1112/1035>.

Lasanta, T., Nadal-Romero, E., y Arnáez, J. (2015). Managing abandoned farmland to control the impact of re-vegetation on the environment. The state of the art in Europe. *Environmental Science and Policy, 52*, 99-109. <https://doi.org/10.1016/j.envsci.2015.05.012>.

Lehmann, C., Delbard, O., y Lange, S. (2022). Green growth, a-growth or degrow-th? Investigating the attitudes of environmental protection specialists at the German Environment Agency. *Journal of Cleaner Production, 336*. <https://doi.org/10.1016/j.jclepro.2021.130306>.

Lemkow, L., y Espluga, J. (2017). *Sociología ambiental. Pensamiento socioambien-tal y ecología social del riesgo*. Icaria Editorial.

Ley 16/2021, de 14 de diciembre, por la que se modifica la Ley 12/2013, de 2 de agosto, de medidas para mejorar el funcionamiento de la cadena alimentaria, Pub. L. N.º 299, *Boletín Oficial del Estado* (2021).

Littig, B., y Grießler, E. (2005). Social sustainability: A catchword between political pragmatism and social theory. *International Journal of Sustainable Develop-ment, 8*(1-2), 65-79. <https://doi.org/10.1504/ijsd.2005.007375>.

López, M. I. (1996). Los efectos de la autarquía en la agricultura murciana. *Revista de Historia Agraria, 3*, 591-618.

López, T. M. O., y Ruiz, G. R. (2021). Las campesinas de Franco. El trabajo agrario femenino en la crisis de la agricultura tradicional. *Historia Social, 99*, 99-118.

Madry, W., Mena, Y., Roszkowska-Madra, B., Gozdowski, D., Hryniewski, R., y Castel, J. M. (2013). An overview of farming system typology methodologies and its use in the study of pasture-based farming system: A review. *Spanish Journal of Agricultural Research, 11*(2), 316-326. <https://doi.org/10.5424/sjar/2013112-3295>.

Manuel Martin, J. (2019). *Més enllà de l'agricultura ecològica*. Cossetania.

Marco, I., Padró, R., y Tello, E. (2020). Dialogues on nature, class and gender: Re-visiting socio-ecological reproduction in past organic advanced agriculture (Sentmenat, Catalonia, 1850). *Ecological Economics, 169*(106395). <https://doi.org/10.1016/j.ecolecon.2019.106395>.

Martin, L. (2015). Incorporating values into sustainability decision-making. *Journal of Cleaner Production*, *105*, 146-156. <https://doi.org/10.1016/j.jclepro.2015.04.014>.

Martín-Retortillo, M., Serrano, A., y Cazcarro, I. (2020). Double concentration explaining the outstanding increase in Spanish crop production. *Spanish Journal of Agricultural Research*, *18*(3), 1-12. <https://doi.org/10.5424/sjar/2020183-15760>.

Martínez, E., y Rebollo, A. (2008). El sistema de comercialización en origen de las frutas y hortalizas en fresco. *Distribución y Consumo*, *98*, 8-24. <http://www.mercasa.es/files/multimedios/1288217950_1288180038_DYC_2008_98_8_24.pdf>.

Martínez Álvarez, B. (2018). *Tensiones entre los distintos aspectos de la sostenibilidad económica, social y medioambiental: el caso de las explotaciones agropecuarias gallegas* [Tesis doctoral, Universitat de Barcelona].

Martínez-Valderrama, J., Guirado, E., y Maestre, F. T. (2020). Discarded food and resource depletion. *Nature Food*, *1*(11), 660-662. <https://doi.org/10.1038/s43016-020-00186-5>.

Mata, A. (2018). Glocalización y sus consecuencias: Apuntes sobre los temporeros en la fruticultura leridana. *Barataria. Revista Castellano-Manchega de Ciencias Sociales*, *24*, 209-224. <https://doi.org/10.20932/barataria.v0i24.412>.

Maudos, J., y Salamanca, J. (2020). *Observatorio sobre el sector agroalimentario español en el contexto europeo. Informe 2019*. Cajamar. Caja Rural.

Mcgreevy, S. R., Rupprecht, C. D. D., Niles, D., Wiek, A., Carolan, M., Kallis, G., Kantamaturapoj, K., y Mangnus, A. (2022). Sustainable agrifood systems for a post-growth world. *Nature Sustainability*. <https://doi.org/10.1038/s41893-022-00933-5>.

McMichael, P. (2009). A food regime genealogy. *The Journal of Peasant Studies*, *36*(1), 139-169. <https://doi.org/10.1080/03066150902820354>.

Medland, L. (2021). 'There is no time': Agri-food internal migrant workers in Morocco's tomato industry. *Journal of Rural Studies*, *88*, 482-490. <https://doi.org/10.1016/j.jrurstud.2021.04.015>.

Melossi, E. (2021). 'Ghetto tomatoes' and 'taxi drivers': The exploitation and control of Sub-Saharan African migrant tomato pickers in Puglia, Southern Italy. *Journal of Rural Studies*, *88*(Abril), 491-499. <https://doi.org/10.1016/j.jrurstud.2021.04.009>.

Mensah, J. (2019). Sustainable development: Meaning, history, principles, pillars, and implications for human action: Literature review. *Cogent Social Sciences*, *5*(1). <https://doi.org/10.1080/23311886.2019.1653531>.

Mercabarna (n. d.). *Un poco de historia*. <https://www.mercabarna.es/presentacio/historia-es/>.

Mercadé, L., y Teixidó, J. (2019). *Resultats. Esquema de la cadena de valor del prèssec i la nectarina a Catalunya*. Centro de Investigación en Economía y Desarrollo Agroalimentario (CREDA-UPC-IRTA).

Milford, A. B., Lien, G., y Reed, M. (2021). Different sales channels for different farmers: Local and mainstream marketing of organic fruits and vegetables in Norway. *Journal of Rural Studies*, *88*(Agosto), 279-288. <https://doi.org/10.1016/j.jrurstud.2021.08.018>.

Milone, P., y Ventura, F. (2019). New generation farmers: Rediscovering the peasantry. *Journal of Rural Studies*, *65*, 43-2. <https://doi.org/10.1016/j.jrurstud. 2018.12.009>.

Ministerio de Agricultura, Alimentación y Medio Ambiente (2014). *Ecosystems and biodiversity for human wellbeing.*

Ministerio de Agricultura, Alimentación y Medio Ambiente (2015). *Evaluación del efecto del veto ruso en las exportaciones de carnes, frutas y hortalizas.*

Ministerio de Agricultura, Pesca y Alimentación (n. d.). *Historia de la PAC.* Política Agrícola Común (PAC). <https://www.mapa.gob.es/es/pac/historia-pac/default.aspx>.

Ministerio de Agricultura, Pesca y Alimentación (2021a). *El Plan Estratégico de la Política Agrícola Común en España (2023-2027).* <https://www.mapa.gob.es/es/pac/pac-2023-2027/>.

Ministerio de Agricultura, Pesca y Alimentación (2021b). Estudio del funcionamiento de las organizaciones de productores de frutas y hortalizas. En *INESPRO: Ingeniería estudios y proyectos europeos.* <https://www.nl.gob.mx/publicaciones/boletin-climatico-para-el-sector-agropecuario>.

Molinero-Gerbeau, Y. (2020). La creciente dependencia de mano de obra migrante para tareas agrícolas en el centro global. Una perspectiva comparada; The growing dependence on migrant labor for agricultural tasks in the global core. A comparative perspective. *Estudios Geográficos*, *81*(288), 31. <https://doi.org/10.3989/estgeogr.202046.026>.

Molinero-Gerbeau, Y., López-Sala, A., y Şerban, M. (2021). On the Social Sustainability of Industrial Agriculture Dependent on Migrant Workers. Romanian Workers in Spain's Seasonal Agriculture. *Sustainability*, *13*(1062), 1-17. <https://doi.org/10.3390/su13031062>.

Molinero-Gerbeau, Y., y Muñoz Rico, A. (2022). *Alimentos industriales, trabajo precario. La explotación laboral de las personas migrantes en la industria agroalimentaria en España.*

Monllor, N. (2011). *Explorant la jove pagesia: camins, pràctiques i actituds en el marc d'un nou paradigma agrosocial. Estudi comparatiu entre el sud-oest de la província d'Ontario i les comarques gironines.* [Tesis doctoral, . Universitat de Girona].

Monllor, N. (2013). La nova pagesia: vers un nou model agrosocial. *Quaderns Agraris*, *35*(Diciembre), 7-24. <https://doi.org/10.2436/20.1503.01.25>.

Monllor, N., y Fuller, A. M. (2016). Newcomers to farming: towards a new rurality in Europe. *Documents d'Anàlisi Geogràfica*, *62*(3), 531-551. <https://doi.org/10.5565/rev/dag.376>.

Moore, J. W. (2015). *El capitalismo en la trama de la vida: Ecología y acumulación de capital.* Traficantes de sueños.

Moraes, N., Gadea, E., Pedreño, A., y De Castro, C. (2012). Enclaves globales agrícolas y migraciones de trabajo: convergencias globales y regulaciones transnacionales. *Política y Sociedad*, *49*(1), 13-34. <https://doi.org/10.5209/rev_poso.2012.v49.n1.36517>.

Moragues-Faus, A. (2014). How is agriculture reproduced? Unfolding farmers' interdependencies in small-scale Mediterranean olive oil production. *Journal of Rural Studies*, *34*, 139-151. <https://doi.org/10.1016/j.jrurstud.2014.01.009>.

Moragues-Faus, A., y Marsden, T. (2017). The political ecology of food: Carving 'spaces of possibility' in a new research agenda. *Journal of Rural Studies, 55*, 275-288. <https://doi.org/10.1016/j.jrurstud.2017.08.016>.

Moragues-Faus, A., Marsden, T., Adlerová, B., y Hausmanová, T. (2020). Building Diverse, Distributive, and Territorialized Agrifood Economies to Deliver Sustainability and Food Security. *Economic Geography, 96*(3), 219-243. <https://doi.org/10.1080/00130095.2020.1749047>.

Morales, H., Ingram, J., Boucher, D. H., Carlisle, L., Montenegro de Wit, M., DeLonge, M. S., Iles, A., Calo, A., Getz, C., Ory, J., Munden-Dixon, K., Galt, R., Melone, B., Knox, R., y Press, D. (2019). *Transitioning to Sustainable Agriculture Requires Growing and Sustaining an Ecologically Skilled Workforce, 3*. <https://doi.org/10.3389/fsufs.2019.00096>.

Morel, K., Revoyron, E., Cristobal, M. S., y Baret, P. V. (2020). Innovating within or outside dominant food systems? Different challenges for contrasting crop diversification strategies in Europe. *PLoS ONE, 15*(3), 1-24. <https://doi.org/10.1371/journal.pone.0229910>.

Moreno, O. (2019). Los patrones de transformación de la agricultura familiar en España: el caso de las explotaciones vitívinicolas. En M. J. Sánchez Gómez, F. Torres, I. Serra y E. Gadea (Eds.), *Reestructuración vitivinícola, mercados de trabajo y trabajadores inmigrantes*, 65-87. Universidad Nacional Autónoma de México y El Colegio de la Frontera Norte.

Moreno, O., y Lobley, M. (2014). The Morphology of Multiple Household Family Farms. *Sociologia Ruralis, 55*(2). <https://doi.org/10.1111/soru.12062>.

Moreno, O., y Ortiz, D. (2008). Understanding structural adjustment in Spanish arable crop farms: policies, technology and multifunctionality. *Spanish Journal of Agricultural Research, 6*(2), 153-165.

Moyano, E. (2014). Agricultura familiar algunas reflexiones para un debate necesario. *Economía Agraria y Recursos Naturales, 14*(1), 133-140. <https://doi.org/10.7201/earn.2014.01.07>.

MUFPP Secretariat (n. d.). *Milan Urban Food Policy Pact*. Recuperado el 7 de septiembre de 2024, de <https://www.milanurbanfoodpolicypact.org/the-milan-pact/#>.

Muirhead, B., y Almås, R. (2012). The evolution of western agricultural policy since 1945. *Research in Rural Sociology and Development, 18*, 23-49. <https://doi.org/10.1108/S1057-1922(2012)0000018004>.

Naciones Unidas (n. d. a). *De Estocolmo a Kyoto: Breve historia del cambio climático | Naciones Unidas*. Recuperado el 7 de septiembre de 2024, desde <https://www.un.org/es/chronicle/article/de-estocolmo-kyotobreve-historia-del-cambio-climatico>.

Naciones Unidas (n. d. b). *Objetivos de Desarrollo Sostenible*. Recuperado el 7 de setiembre de 2024, de <https://www.un.org/sustainabledevelopment/es/>.

Naredo, J. M. (2004). *La evolución de la agricultura en España (1940-2000)*. Editorial Universidad de Granada. Granada.

Narotzky, S. (2016). Where Have All the Peasants Gone? *Annual Review of Anthropology, 45*, 19-20.

Nufri (n. d.). *Always focus on Excellence*. <https://www.nufri.com/es>.

O'Farrell, P. J., y Anderson, P. M. L. (2010). Sustainable multifunctional landscapes: A review to implementation. *Current Opinion in Environmental Sustainability*, 2(1-2), 59-65. <https://doi.org/10.1016/j.cosust.2010.02.005>.

Ofstehage, A. (2018). Farming out of place: Transnational family farmers, flexible farming, and the rupture of rural life in Bahia, Brazil. *American Ethnologist*, 45(3), 317-329. <https://doi.org/10.1111/amet.12667>.

Oteros-Rozas, E., Gutiérrez Girón, A., Monasterio Martín, C., Hernández Arroyo, M., Amo de Paz, G., Iniesta Arandia, I., Álvarez Vispo, I., Albarracín Sánchez, D., González Reyes, L., Fdez Casadevante, J. L., García Llorente, M., Hevia Martín, V., y Quintas Soriano, C. (2023). *Biodiversidad, economía y empleo en España*.

Parc Agrari del Baix Llobregat (n. d. *a*). *El Consorci: Presentació*. Recuperado el día 7 de septiembre de 2024, de <https://parcagrari.cat/ca/el-consorci>.

Parc Agrari del Baix Llobregat (n. d. *b*). *Geografía física*. Recuperado el día 7 de septiembre de 2024, de <https://parcs.diba.cat/es/web/baixllobregat/geografia-fisica>.

Parc Agrari del Baix Llobregat (n. d. *c*). *Guia de Agrobotigues. Producte Fresc*.

Peano, I. (2020). Ethno-racialisation at the intersection of food and migration regimes: Reading processes of farm-labour substitution against the grain of migration policies in Italy (1980-present). *Social Change Review*, 18, 78-104. <https://doi.org/10.2478/scr-2020-0006>.

Pedreño, A. (2005). Sociedades etnofragmentadas. En *La condición inmigrante. Exploraciones e investigaciones desde la Región de Murcia*. Ediciones de la Universidad de Murcia.

Pedreño, A., De Castro, C., Gadea, E., y Moraes, N. (2015). Sostenibilidad, resiliencia y agencia en enclaves de agricultura intensiva. *AGER: Revista de Estudios sobre Despoblación y Desarrollo Rural (Journal of Depopulation and Rural Development Studies)*, 18, 139-160. <https://doi.org/10.4422/ager.2015.02>.

Pedreño, A., y Melgarejo, A. J. R. (2021). Sobre el «espíritu» de la calidad y la nueva racionalización de la producción de frutas y uvas en la Región de Murcia. *Revista Española de Sociología*, 30(1), 1-19. <https://doi.org/10.22325/FES/RES.2021.18>.

Pedreño, A., y Riquelme, P. (2006). La condición inmigrante de los nuevos trabajadores rurales. *Revista Española de Estudios Agrosociales y Pesqueros*, 211, 189-238.

Pérez-Orozco, A. (2010). Crisis multidimensional y sostenibilidad de la vida. *Investigaciones Feministas*, 1, 29-53. <https://doi.org/http://dx.doi.org/10.5209/rev_INFE.2011.v2.38603>.

Petersen, B., y Snapp, S. (2015). What is sustainable intensification? Views from experts. *Land use policy*, 46, 1-10. <https://doi.org/10.1016/j.landusepol.2015.02.002>.

Pinilla, M. I., y Sáez, L. A. (2008). Rural Depopulation and the Migration Turnaround In Mediterranean Western Europe. *Journal of Rural and Community Developmen*, 3(Enero 2014), 1-22.

Pirro, C., y Anguelovski, I. (2017). Farming the urban fringes of Barcelona: Competing visions of nature and the contestation of a partial sustainability fix. *Geoforum*, 82(March), 53-65. <https://doi.org/10.1016/j.geoforum.2017.03.023>.

Pitson, C., Bijttebier, J., Appel, F., y Balmann, A. (2020). How Much Farm Succession is Needed to Ensure Resilience of Farming Systems? *EuroChoices, 19*(2), 37-44. <https://doi.org/10.1111/1746-692X.12283>.

Plumecocq, G., Debril, T., Duru, M., Magrini, M. B., Sarthou, J. P., y Therond, O. (2018). The plurality of values in sustainable agriculture models: Diverse lock-in and coevolution patterns. *Ecology and Society, 23*(1). <https://doi.org/10.5751/ES-09881-230121>.

Pölling, B., Mergenthaler, M., y Lorleberg, W. (2016). Professional urban agriculture and its characteristic business models in Metropolis Ruhr, Germany. *Land Use Policy, 58*, 366-379. <https://doi.org/10.1016/j.landusepol.2016.05.036>.

Préssec d'Ordal (n. d.). *Préssec d'Ordal*. <https://www.pressecdordal.cat/>.

Puértolas, P. (24 de marzo 2021). Las heladas causan estragos en la fruta del Bajo Cinca: «No había visto nada igual en 30 años» *Heraldo de Aragón*. <https://www.heraldo.es/noticias/aragon/huesca/2021/03/24/las-heladas-causan-estragos-en-la-fruta-del-bajo-cinca-no-habia-visto-nada-igual-en-30-anos>1480005.html#:~:text=De%20sus%2050%20hect%C3%A1reas%20de,econ%C3%B3micas%20van%20a%20ser%20enormes>.

Ram, M., y Holliday, R. (1993). Relative Merits: Family culture and kinship in Small Firms. *Sociology, 27*(4), 629-648.

Real Decreto 1049/2022, de 27 de diciembre, por el que se establecen las normas para la aplicación de la condicionalidad reforzada y de la condicionalidad social que deben cumplir las personas beneficiarias de las ayudas en el marco de la Política Agrícola Común que reciban pagos directos, determinados pagos anuales de desarrollo rural y del Programa de Opciones Específicas por la Lejanía y la Insularidad (POSEI). Pub. L. N.º 312, *Boletín Oficial del Estado,* 29 de diciembre de 2022. <https://www.boe.es/boe/dias/2022/12/29/pdfs/BOE-A-2022-23049.pdf>.

Real Decreto 533/2017, de 26 de mayo, por el que se regulan los fondos y programas operativos de las organizaciones de productores del sector de frutas y hortalizas., Pub. L. N.º 129, *Boletín Oficial del Estado,* 31 de mayo de 2017 <https://www.boe.es/boe/dias/2017/05/31/pdfs/BOE-A-2017-6016.pdf >.

Real Decreto 613/2001, de 8 de junio, para la mejora y modernización de las estructuras de producción de las explotaciones agrarias., Pub. L. N.º 138, *Boletín Oficial del Estado* (2001). <https://www.boe.es/boe/dias/2001/06/09/pdfs/A20405-20418.pdf >.

Real Decreto-ley 32/2021, de 28 de diciembre, de medidas urgentes para la reforma laboral, la garantía de la estabilidad en el empleo y la transformación del mercado de trabajo., Pub. L. N.º 313, *Boletín Oficial del Estado,* 30 de diciembre de 2021. <https://www.boe.es/boe/dias/2021/12/30/pdfs/BOE-A-2021-21788.pdf>.

Recanati, F., Maughan, C., Pedrotti, M., Dembska, K., y Antonelli, M. (2019). Assessing the role of CAP for more sustainable and healthier food systems in Europe: A literature review. *Science of the Total Environment, 653*, 908-919. <https://doi.org/10.1016/j.scitotenv.2018.10.377>.

Redclift, M. (2005). Sustainable development (1987-2005): An oxymoron comes of age. *Sustainable Development, 13*(4), 212-227. <https://doi.org/10.1002/sd. 281>.

Redclift, M. (2007). Sustainable Development: Needs, Values, Rights. *Environmental Values, 2*(1), 3-20. <https://doi.org/10.3197/096327193776679981>.

Reigada, A., Delgado, M., Neira, D. P., y Montiel, M. S. (2017). La sostenibilidad social de la agricultura intensiva almeriense: Una mirada desde la organización social del trabajo. *AGER: Revista de Estudios Sobre Despoblación y Desarrollo Rural (Journal of Depopulation and Rural Development Studies), 2017*(23), 197-222. <https://doi.org/10.4422/ager.2017.07>.

Renwick, A., Jansson, T., Verburg, P. H., Revoredo-Giha, C., Britz, W., Gocht, A., y McCracken, D. (2013). Policy reform and agricultural land abandonment in the EU. *Land Use Policy, 30*(1), 446-457. <https://doi.org/10.1016/j.landusepol.2012.04.005>.

Requena i Mora, M., Benitto, L. E. A., y Victoriano, J. M. R. (2018). Peasantry is neither created nor destroyed, it can only be transformed. agrarian discourses in the delta de l'Ebre and the albufera de València. *Política y Sociedad, 55*(1), 161-188. <https://doi.org/10.5209/POSO.55757>.

Ríos-Núñez, S. M., y Coq-Huelva, D. (2014). The Transformation of the Spanish Livestock System in the Second and Third Food Regimes. *Journal of Agrarian Change, 15*(4), 519-540. <https://doi.org/10.1111/joac.12088>.

Riva i Romeva, C. (2003). Transformació del Baix Llobregat (notes per a dues reflexions). *Materials Del Baix Llobregat, 9*, 103-106. <www.idescat.es/>.

Rivera-Ferre, M. (2012). Framing of agri-food research affects the analysis of food security: the critical role of the social sciences. *International Journal of Sociology of Agriculture and Food, 19*(2), 162-175.

Ródenas, B. (2016). Migraciones y desarrollo rural: asentamientos subsaharianos en Binéfar. *Anales de la Fundación Joaquín Costa, 0*(29), 81-104.

Ródenas, B. (2019). «Como pajaritos...» Fruticultura, migración y género en los enclaves rurales del Río Cinca. *Temas de Antropología Aragonesa, 25*, 25-42.

Rodríguez, I., y Menéndez, S. (2003). El reto de las nuevas realidades familiares. *Portularia. Revista de Trabajo Social, 3*, 9-32. <http://www.uhu.es/publicaciones/revistas/portularia/bajar.php?act=dlyfile=NzI5LnBkZg==ydir=admin/store>.

Rosset, P. M., y Altieri, M. A. (1997). Agroecology versus input substitution: A fundamental contradiction of sustainable agriculture. *Society and Natural Resources, 10*(3), 283-295. <https://doi.org/10.1080/08941929709381027>.

Rossi, A., Bui, S., y Marsden, T. (2019). Redefining power relations in agrifood systems. *Journal of Rural Studies, 68*(Abril 2018), 147-158. <https://doi.org/10.1016/j.jrurstud.2019.01.002>.

Sacchi, G., Cei, L., Stefani, G., Lombardi, G. V., Rocchi, B., Belletti, G., Padel, S., Sellars, A., Gagliardi, E., Nocella, G., Cardey, S., Mikkola, M., Ala-Karvia, U., Macken-Walsh, À., McIntyre, B., Hyland, J., Henchion, M., Bocci, R., Bussi, B., ... Vasvari, G. (2018). A multi-actor literature review on alternative and sustainable food systems for the promotion of cereal biodiversity. *Agriculture, 8*(11). <https://doi.org/10.3390/agriculture8110173>.

Sampedro, M. R. (1991). El mercado de trabajo en el medio rural: una aproximación a través del género. *Política y Sociedad, 8*, 25-33.

Sampedro, R. (1996). *Género y ruralidad. Las mujeres ante el reto de la desagrarización.* (Instituto de la Mujer, Ed.), Ministerio de Trabajo e inmigración.

Sánchez, J. (2009). Redes Alimentarias Alternativas: Concepto, tipología y adecuación. *Boletín de la A.G.E.*, *49*, 185-208.

Sánchez, R., y Sanz Díaz, M. T. (2015). The Spanish Stabilization Plan of 1959: Juan Sardá Dexeus and the social market economy. *Investigaciones de Historia Económica*, *11*(1), 10-19. <https://doi.org/10.1016/j.ihe.2013.11.014>.

Santos-Martín, F., Martín-López, B., García-Llorente, M., Aguado, M., Benayas, J., *et al.* (2013). Unraveling the Relationships between Ecosystems and Human Wellbeing in Spain. *PLoS ONE*, *8*(9): e73249. <doi:10.1371/journal.pone.0073249>.

Sanz-Sánchez, M.-J., y Galán, E. (2021). *Impactos y riesgos derivados del cambio climático en España*. <https://www.researchgate.net/publication/349664162>.

Saugeres, L. (2002). The cultural representation of the farming landscape: Masculinity, power and nature. *Journal of Rural Studies*, *18*(4), 373-384. <https://doi.org/10.1016/S0743-0167(02)00010-4>.

Saunders, F. P. (2016). Complex Shades of Green: Gradually Changing Notions of the 'Good Farmer' in a Swedish Context. *Sociologia Ruralis*, *56*(3), 391-407. <https://doi.org/10.1111/soru.12115>.

Secretaría General del Medio Rural (2011). *Diagnóstico de la Igualdad de Género en el Medio Rural 2011*. Ministerio de Medio Ambiente y Medio Rural y Marino <https://www.juntadeandalucia.es/export/drupaljda/diagnostico_igualdad_genero_medio_rural.pdf>.

Sempere, J. (2005). *La pagesia, gestora o subordinada en el periurbà: semblances i diferències entre la regió metropolitana de Barcelona i l'àrea urbana de Toulouse (1950-2000)*. Universitat Autònoma de Barcelona.

Sen, A. (2000). *Desarrollo y libertad*. Planeta.

Serrano, J. A. S. (2012). La política agrícola común de la Unión Europea y la Soberanía Alimentaria de América Latina: Una interrelación dialéctica. *Scripta Nova. Revista Electrónica de Geografía y Ciencias Sociales*, *XVI*(451), 1-22. <http://web.ub.edu/geocrit/sn/sn-415.htm>.

Sevilla Guzmán, E., y López Calvo, A. (1994). Agroecología y campesinado: reflexiones teóricas sobre las ciencias agrarias ante la crisis ecológica. En *Actas de las Jornadas de Historia Agraria*, 69-92. <https://dialnet.unirioja.es/servlet/articulo?codigo=2242620>. Prensas de la Universidad de Zaragoza.

Shahzad, M. A., y Fischer, C. (2022). The decline of part-time farming in Europe: an empirical analysis of trends and determinants based on Eurostat panel data. *Applied Economics*, *54*(42), 4812-4824. <https://doi.org/10.1080/00036846.2022.2036687>.

Silva, E., Lundgren, J., Tittonell, P., y Ni, A. T. (2022). Regenerative agriculture—agroecology without politics? *Frontiers in Sustainable Food System*, 01-19. <https://regenorganic.org>.

Silvestre, J., y Clar, E. (2008). Impactos demográficos. En V. Pinilla (Ed.), *Gestión y usos del agua en la cuenca del Ebro en el siglo XX*. Prensas de la Universidad de Zaragoza. <https://www.researchgate.net/publication/315449591>.

Slätmo, E., Fischer, K., y Röös, E. (2017). The Framing of Sustainability in Sustainability Assessment Frameworks for Agriculture. *Sociologia Ruralis*, *57*(3), 378-395. <https://doi.org/10.1111/soru.12156>.

Smart AKIS (2016). *¿Qué es Smart Farming?* Smart Farming Thematic Network. <https://www.smart-akis.com/index.php/es/red/que-es-smart-farming/>.

Solà, M., y Solà, J. (2015). *Estudi sobre el canal de distribució alimentaria regentat per estrangers a Barcelona i Àrea Metropolitana Mercabarna.*

Stenholm, P., y Hytti, U. (2014). In search of legitimacy under institutional pressures: A case study of producer and entrepreneur farmer identities. *Journal of Rural Studies, 35,* 133-142. <https://doi.org/10.1016/j.jrurstud.2014.05.001>.

Stephens, E. C., Jones, A. D., y Parsons, D. (2018). Agricultural systems research and global food security in the 21st century: An overview and roadmap for future opportunities. *Agricultural Systems, 163,* 1-6. <https://doi.org/10.1016/j.agsy.2017.01.011>.

Stevenson, G. W., Clancy, K., King, R., Lev, L., Ostrom, M., y Smith, S. (2011). Midscale Food Value Chains: An Introduction. *Journal of Agriculture, Food Systems, and Community Development, 1*(4), 27-34. <https://doi.org/10.5304/jafscd.2011.014.007>.

Stock, P. v., y Forney, J. (2014). Farmer autonomy and the farming self. *Journal of Rural Studies, 36,* 160-171. <https://doi.org/10.1016/j.jrurstud.2014.07.004>.

Sutherland, L.-A., y Darnhofer, I. (2012). Of organic farmers and "good farmers": Changing habitus in rural England. *Journal of Rural Studies, 28,* 232-240. <https://doi.org/10.1016/j.jrurstud.2012.03.003>.

Tacconi, L. (2011). *Redefining payments for environmental services.* <https://doi.org/10.1016/j.ecolecon.2011.09.028>.

Tellería, J., y García-Arias, J. (2022). The fantasmatic narrative of 'sustainable development'. A political analysis of the 2030 Global Development Agenda. *Environment and Planning C: Politics and Space, 40*(1), 241-259. <https://doi.org/10.1177/23996544211018214>.

Thompson, P. B. (2007). Agricultural sustainability: What it is and what it is not. *International Journal of Agricultural Sustainability, 5*(1), 5-16. <https://doi.org/10.1080/14735903.2007.9684809>.

Toader, M., y Roman, G. V. (2015). Family Farming – Examples for Rural Communities Development. *Agriculture and Agricultural Science Procedia, 6,* 89-94. <https://doi.org/10.1016/j.aaspro.2015.08.043>.

Torres, F. (2009). La inserción residencial de los inmigrantes en la costa mediterránea española. 1998-2007. Co-presencia residencial, segregación y contexto local. *AREAS. Revista de Ciencias Sociales, 28,* 73-87. <http://revistas.um.es/areas/article/view/118751/112041>.

Tribó, G. (1989). *Evolució de l'estructura agraria del Baix Llobregat (1860-1931).* [Tesis doctoral, Universitat de Barcelona].

Truninger, M. (2008). The organic food market in Portugal: Contested meanings, competing conventions. *International Journal of Agricultural Resources, Governance and Ecology, 7*(1-2), 110-125. <https://doi.org/10.1504/ijarge.2008.016983>.

UPA. Unión de Pequeños Agricultores y Ganaderos (n. d.). *Agricultura familiar.* Recuperado el 7 de septiembre de 2024, de <https://www.upa.es/upa/que-es-upa/agricultura-familiar/>.

Valgañón, S. H. (2023, Abril 19). El campo aragonés clama por la falta de agua: «Es el tercer año seguido que vivimos con sequía.» *El Periódico de Aragón.* <https://www.elperiodicodearagon.com/aragon/2023/04/19/campo-aragones-clama-falta-agua-86184283.html>.

Vallance, S., Perkins, H. C., y Dixon, J. E. (2011). What is social sustainability? A clarification of concepts. *Geoforum*, *42*(3), 342-348. <https://doi.org/10.1016/j.geoforum.2011.01.002>.

Van der Ploeg, J. (2010a). *Nuevos campesinos: campesinos e imperios alimentarios.* Icaria Editorial.

Van der Ploeg, J. (2010b). The food crisis, industrialized farming and the imperial regime. *Journal of Agrarian Change*, *10*(1), 98-106. <https://doi.org/10.1111/j.1471-0366.2009.00251.x>.

Van der Ploeg, J., Barjolle, D., Bruil, J., Brunori, G., Maria Costa Madureira, L., Dessein, J., Drąg, Z., Fink-Kessler, A., Gasselin, P., Gonzalez de Molina, M., Gorlach, K., Jürgens, K., Kinsella, J., Kirwan, J., Knickel, K., Lucas, V., Marsden, T., Maye, D., Migliorini, P., ... Wezel, A. (2019). *The economic potential of agroecology: Empirical evidence from Europe.* <https://doi.org/10.1016/j.jrurstud.2019.09.003>.

Van der Ploeg, J. (2015). *El campesinado y el arte de la agricultura: un manifiesto chayanoviano.* Icaria Editorial.

Vesala, H. T., y Vesala, K. M. (2010). Entrepreneurs and producers: Identities of Finnish farmers in 2001 and 2006. *Journal of Rural Studies*, *26*(1), 21-30. <https://doi.org/10.1016/j.jrurstud.2009.06.001>.

Vetter, T., Larsen, M. N., y Bruun, T. B. (2019). Supermarket-led development and the neglect of traditional food value chains: Reflections on Indonesia's agrifood system transformation. *Sustainability (Switzerland)*, *11*(2). <https://doi.org/10.3390/su11020498>.

Vidal, B., Reinoso, D., y Díaz, R. (2018). *Diagnosi de les pèrdues i malbaratament alimentari a la producció primària, l'agroindústria i la distribució a l'engròs de préssecs i nectarines.*

Von Münchhausen, S., Häring, A., Kvam, G.-T., y Knickel, K. (2017). It's Not Always about Growth! Development Dynamics and Management in Food Businesses and Chains. *International Journal of Sociology of Agriculture and Food*, *24*(1), 37-55.

WCED (World Commission on Environment and Development) (1987). Our Common Future. En *United Nations Commission* (Vol. 4, Issue 1). <https://doi.org/10.1080/07488008808408783>

Weidner, T., Yang, A., y Hamm, M. W. (2019). Consolidating the current knowledge on urban agriculture in productive urban food systems: Learnings, gaps and outlook. *Journal of Cleaner Production*, *209*, 1637-1655. <https://doi.org/10.1016/j.jclepro.2018.11.004>.

Weis, T. (2007). *The Global Food Economy: The battle for the future of farming.* Zed Books. <http://library1.nida.ac.th/termpaper6/sd/2554/19755.pdf>.

Wiest, K. (2016). Migration and everyday discourses: Peripheralisation in rural Saxony-Anhalt from a gender perspective. *Journal of Rural Studies*, *43*, 280-290. <https://doi.org/10.1016/j.jrurstud.2015.03.003>.

Woods, M. (2014). Family farming in the global countryside. *Anthropological Notebooks*, *20*(3), 31-48.

Anexos

**TABLA A1.   IDENTIFICACIÓN DEL INFORMANTE EN LA CATEGORÍA,
CASOS DE ESTUDIO, PERFIL Y DESCRIPCIÓN DETALLADA**

ID	Caso	Perfil	Descripción
E1	BLL	Educación agraria	Investigador en una fundación sin ánimo de lucro destinada a la preservación, mejora y promoción de las variedades tradicionales catalanas y productos autóctonos. La sede se encuentra en la comarca del Baix Llobregat, por lo que cuenta con una experiencia amplia trabajando con agricultores de la zona.
E2	BLL	Sindicato agrario	Trabajadora en la sede de la comarca del sindicato agrario Unió de Pagesos que es la principal organización de agricultores en Catalunya. Tiene contacto habitual con los agricultores que son socios y gestiona las demandas entre el sector y la Administración pública, por lo que es conocedora de las problemáticas del sector en la zona.
E3	BLL	Técnico agrario	Técnico agrario que trabaja para la Associació de Defensa Vegetal (ADV) del Baix Llobregat y experto en las explotaciones frutícolas. Tiene contacto con los agricultores de la zona diariamente y conoce las dinámicas del sector.
E4	BLL	Administración pública	Gerente del Consorci del Parc Agrari del Baix Llobregat, por lo que tiene conocimiento de la normativa, función y objetivos del Parc Agrari.
E5	BLL	Técnico agrario	Técnica agraria que trabaja para la Associació de Defensa Vegetal (ADV) del Baix Llobregat. Experta en cultivos intensivos. Tiene contacto con los agricultores de la zona diariamente y conoce las dinámicas del sector.
E6	BLL	Administración pública	Técnico para la dinamización agroecológica en la Administración Pública en uno de los municipios del Baix Llobregat. En la práctica, se encarga de potenciar y dinamizar todo el sector agrario local.
E7	BC	Sindicato agrario	Representante de la provincia de Huesca de la Asociación Agraria de Jóvenes Agricultores, que es la mayor organización de profesionales de la agricultura de España.

ID	Caso	Perfil	Descripción
E8	BC	Administración pública	Cargo electo en un municipio de la comarca del Bajo Cinca que responde a las peticiones del sector agrario local y es encargado de cuestiones como la gestión de la vivienda de los trabajadores temporeros. Por ello, tiene conocimiento amplio sobre la evolución del sector en la zona.
E9	BC	Sindicato agrario	Representante de la provincia de Huesca para el sector frutícola de la Unión de Agricultores y Ganaderos de Aragón (UAGA-COAG), sindicato agrario.
E10	BLL	Educación agraria	Entrevista conjunta a tres profesores del módulo de Formación Profesional de Agraria en el Baix Llobregat. Desarrollan su actividad dentro del Parc Agrari, en colaboración con el Consorci y con agricultores de la zona, por lo que tienen conocimiento del funcionamiento y las demandas del sector, especialmente de la cuestión sobre la incorporación de los jóvenes.
E11	BC	Comercialización	Director del mercado local mayorista en origen en el Bajo Cinca, Mercofraga. Además, tiene su propia explotación agraria. Conoce de primera mano la evolución del sector en la comarca y la función del mercado.
E12	BC	Administración pública	Técnica de políticas migratorias en una comarca vecina al Bajo Cinca, con la misma estructura de trabajo en agricultura. Es experta en el papel de los trabajadores migrantes en la fruticultura. Encargada de llevar a cabo proyectos para la mejora de las condiciones de trabajo y habitabilidad de los trabajadores del sector.
E13	BC	Comercialización	Gerente de una cooperativa de un municipio en el Bajo Cinca y encargado de la parte administrativa de la comercialización. Por ello, conoce la estructura de la cadena de valor mayoritaria de la fruta en la comarca y tiene contacto directo con los agricultores.
E14	BC	Administración pública	Trabajador en organización caritativa en la provincia de Huesca. Es el encargado de llevar a cabo un proyecto con financiación pública para la mejora de la situación de la infravivienda en el Bajo Cinca. Una problemática estrechamente ligada al funcionamiento del sector frutícola.
E15	BLL	Comercialización	Entrevista conjunta a tres trabajadores de una cooperativa en el Baix Llobregat encargada de la distribución de productos ecológicos.

TABLA A2. IDENTIFICADOR DEL INFORMANTE, CASO DE ESTUDIO (BC = BAJO CINCA, BLL = BAIX LLOBREGAT), GRUPO DE EDAD (EN AÑOS), GÉNERO (H = HOMBRE, M = MUJER) Y DESCRIPCIÓN DEL PERFIL DE EXPLOTACIÓN.

ID	Caso	Edad	Género	Descripción
P1	BC	> 60	H	Propietario de empresa comercializadora con producción propia que gestiona junto a su hermano. Más de 300 ha de fruta de hueso. Vende su producto principalmente a Europa.
P2	BLL	De 40 a 50	H	Productor que vende su producto principalmente en su propia tienda, el resto a través de Mercabarna. 3,5 ha de cultivos hortícolas.
P3	BC	De 40 a 50	H	Propietario de empresa comercializadora con producción propia. Más de 200 ha de fruta de hueso. Vende su producto principalmente en el mercado europeo.
P4	BC	< 40	H	Agricultor que vende su producto enteramente a través de una empresa comercializadora. Trabaja con P3. 30 ha de frutales de hueso. Tiene, además, 450 ha de cereal de secano, 11 de regadío y 27 de almendra. Joven agricultor.
P5	BC	< 40	H	Agricultor que vende su producto enteramente a través de una empresa comercializadora. 28 ha de frutales y 12 ha de cereal. Tiene también una granja de terneros. Joven agricultor.
P6	BC	De 40 a 50	H y M	Entrevista conjunta a los dos hermanos propietarios de empresa comercializadora con producción propia. Tienen más de 200 ha de fruta de hueso, 60 de cereal de regadío, 20 ha de olivos y 30 ha de almendros.
P7	BC	De 40 a 50	H	Agricultor que vende su producto enteramente a través de una empresa comercializadora. Trabaja con P8. Tiene 30 ha de fruta de hueso. Joven agricultor.
P8	BC	> 60	H	Empresa comercializadora con producción propia. Tiene 100 ha de fruta de hueso y vende su producto principalmente en el mercado nacional.
P9	BC	> 60	H	Agricultor que vende su producto enteramente a través de una cooperativa de la que es socio y presidente. 40 ha de fruta de hueso. Cercano a la jubilación.
P10	BC	< 40	H	Empresa comercializadora con producción propia. Tiene 68 ha de fruta de hueso y vende su producto principalmente en el mercado nacional.

ID	Caso	Edad	Género	Descripción
P11	BC	< 40	M	Copropietaria de explotación agraria que vende su producción a través de empresa comercializadora. 65 ha de fruta de hueso. Ella trabaja a media jornada en una oficina y su hermano es el jefe de explotación. Su marido también cuenta con una explotación.
P12	BC	< 40	H	Agricultor que vende su producto enteramente a través de empresa comercializadora. 20 ha de fruta de hueso. Joven agricultor. Tiene una granja de terneros.
P13	BC	< 40	M	Copropietaria de explotación agraria que vende su producción a través de empresa comercializadora. 40 ha de fruta de hueso y 150 ha de cereal de secano. Ella trabaja a media jornada en una oficina y su hermano es el jefe de explotación. Tienen también una granja de porcino de engorde.
P14	BC	De 50 a 60	H	Entrevista a los dos hermanos agricultores que gestionan conjuntamente la explotación de 14 ha de fruta de hueso. Venden su producto a través de la empresa comercializadora. Trabajan con P3. También tienen granja de porcino de engorde.
P15	BC	De 40 a 50	H	Agricultor que vende su producto directamente a través de asentadores en mercados centrales (MercaLleida, MercaBilbao, etc.). 7 ha de fruta de hueso.
P16	BC	De 50 a 60	H	Propietario explotación dedicada a la fruta de hueso (25 ha), que vende a través de empresas comercializadoras. También cultiva granada para la transformación de zumos y venta a través de canales de proximidad. También tiene una empresa familiar de distribución de productos fitosanitarios que es su actividad principal.
P17	BC	De 40 a 50	H	Agricultor en ecológico que inició la reconversión hace cuatro años. Vende su producto a través de empresa comercializadora, pero está iniciando la colaboración con otras distribuidoras de menor escala. 14 ha.
P18	BLL	< 40	M	Hija de agricultor con explotación que combina el cultivo de viña, comercializado a través de una cooperativa para hacer vino, y de melocotón (distintivo «*Pressec d'Ordal*»), que venden directamente en la explotación.7 ha.
P19	BLL	< 40	M	Copropietaria junto a su marido de la explotación dedicada a viña, fabrican su propio vino y melocotón (distintivo "*Pressec d'Ordal*"). Cultivo en ecológico y venta directa al consumidor. 7 ha.

236

ID	Caso	Edad	Género	Descripción
P20	BLL	> 60	H	Agricultor jubilado, vendía su producto en los mercados de la zona del Baix Llobregat. Cultivo de fruta (pera, manzana, melocotón y ciruela) con huerta. 4 ha.
P21	BLL	De 40 a 50	H	Agricultor que vende su producto a través de su propia tienda. Cultivo de melocotón (11,5 ha) y huerta (6 ha).
P22	BLL	De 50 a 60	H	Agricultor y presidente de una de las cooperativas en el Baix Llobregat, a través de la cual vende su producto. Tiene cultivo de melocotón (7 ha) y alcachofa (3 ha).
P23	BLL	De 40 a 50	H	Agricultor en ecológico que vende su producto a través de cooperativas de consumo y de su propia tienda. Tiene cultivos de huerta. 7,5 ha. Joven agricultor.
P24	BLL	De 50 a 60	H	Agricultor que vende su producto a través de varios asentadores en mercados centrales. Tiene cultivo de fruta y huerta (10 ha)
P25	BLL	> 60	H	Agricultor que vende su producto directamente al consumidor a través de los *mercats de pagès* y en Mercabarna. Tiene cultivo mayoritariamente de huerta. También tiene algún melocotonero y ciruelo (6,5 ha)
P26	BLL	De 50 a 60	H	Copropietario de empresa familiar que está formada por la parte productiva, de la que es responsable, y la parte comercial, una parada para comercializar el producto en Mercabarna. Está especializado en producción hortícola. 20 ha.
P27	BLL	> 60	H	Agricultor que vende su producto a través de asentadores en Mercabarna. Especializado en cultivo hortícola. 35 ha.
P28	BLL	De 40 a 50	H	Agricultor que vende su producto a través de la tienda propia y de una de las cooperativas del Baix Llobregat, que tiene parada en Mercabarna, es socio y presidente. 50 ha de cultivos hortícolas.
P29	BLL	< 40	H	Agricultor que vende su producto a través de una de las cooperativas del Baix Llobregat en Mercabarna. Joven agricultor. 8 ha de cultivo hortícola, aunque antes tenía también melocotón.
P30	BLL	< 40	M	Agricultora que vende su producto directamente al consumidor. Tiene cerezas y melocotón, ahora está pensando en diversificar hacia algún cultivo de invierno también. 5 ha. Recién incorporada.
P31	BLL	> 60	H	Copropietario de la explotación familiar junto a su hermano. Tiene mayoritariamente melocotón y ciruela (17,1 ha), también alcachofa y olivos (3,5 ha).

TABLA A3. IDENTIFICADOR DEL INFORMANTE DEL GRUPO DE TRABAJADORES Y DESCRIPCIÓN DEL PERFIL

ID	Descripción
T1	Trabajadora indefinida que trabaja en una empresa comercializadora, tiene experiencia en el trabajo de campo también. Su país de origen es Mali y lleva viviendo en España siete años.
T2	Trabajador temporal durante la época de recolección en verano. Es de Mali y lleva trabajando tres años trabajando en la zona. Cuando termina la temporada de recogida, va a trabajar a Huelva, Logroño y Valencia.
T3	Trabajador temporal durante la época de recolección en verano. Es de Mali y es su primer año en la zona. Apenas habla español.

Índice

Este libro, número 21 de la colección
Monografías de Historia Rural,
se terminó de imprimir
en los talleres del Servicio de Publicaciones
de la Universidad de Zaragoza
en noviembre de 2025

Títulos publicados

1. *Historia y economía del bosque en la Europa del Sur (siglos XVIII-XX).* José Antonio Sebastián Amarilla y Rafael Uriarte Ayo (editores) (2003)

2. *El laberinto de la agricultura española. Instituciones, contratos y organización entre 1850 y 1936.* Juan Carmona y James Simpson (2003)

3. *Revolución en los campos. La reinterpretación de la revolución agrícola inglesa.* Robert C. Allen (2004)

4. *Sociedades agrarias y formas de vida. La historia agraria en la historiografía alemana, siglos XVIII-XX.* Jesús Millán García Valera y Gloria Sanz Lafuente (editores) (2006)

5. *«Ni un español sin pan». La Red Nacional de Silos y Graneros.* Carlos Barciela (2007)

6. *El paisaje en perspectiva histórica. Formación y transformación del paisaje en el mundo mediterráneo.* Ramón Garrabou y José Manuel Naredo (editores) (2008)

7. *De la Iglesia al Estado. Las desamortizaciones de bienes eclesiásticos en Francia, España y América Latina.* Bernard Bodinier, Rosa Congost y Pablo F. Luna (editores) (2009)

8. *Breve historia económica de la agricultura.* Giovanni Federico (2011)

9. *The reason why. The post civil-war agrarian crisis in Spain.* Thomas Christiansen (2012)

10. *Paisaje rural y explotación agropecuaria. Los recursos naturales y la vida cotidiana en el aragonés, navarro y romance vasco (siglos XIII-XVI).* Ángeles Líbano Zumalacárregui y Consuelo Villacorta Macho (2013)

11. *Jornaleras, campesinas y agricultoras. La historia agraria desde la perspectiva de género.* Teresa María Ortega López (ed.) (2015)

12. *La historia rural en España y Francia (siglos XVI-XIX). Contribuciones para una historia comparada y renovada.* Francisco García González, Gérard Béaur y Fabrice Boudjaaba (eds.) (2016)

13. *Construyendo la nación: reforma agraria y modernización rural en la Italia del siglo XX.* Simone Misiani y Cristóbal Gómez Benito (eds.) (2017)